高职高专物联网应用技术专业系列教材

# 物联网概论


主　编　彭　聪

副主编　罗德安　夏林中　张春晓

　　　　赵德坤　张伟槟

主　审　许志良


西安电子科技大学出版社

## 内 容 简 介

本书共9章，主要内容包括物联网初探、物联网的演进、物联网设备识别、物联网信息感知、物联网通信、物联网的计算、物联网服务、物联网的典型应用、物联网综合应用实例等。

本书在修订时融入了课程思政以及党的二十大精神内容；补充了微课视频；根据时代发展的需要更换了大部分章节的思考题。本书提供了电子课件、电子教案、课程标准、课后习题答案以及期末试卷和答案等资源，读者可在西安电子科技大学出版社官网(https://www.xduph.com/)进行下载。

本书可作为高职高专及应用型本科院校物联网应用技术专业的教材，也可作为从事物联网相关工作的技术人员的参考书。

**图书在版编目(CIP)数据**

物联网概论 / 彭聪主编. —西安：西安电子科技大学出版社，2021.1(2024.1 重印)
ISBN 978-7-5606-5990-9

Ⅰ. ①物…　Ⅱ. ①彭…　Ⅲ. ①物联网—概论　Ⅳ. ①TP393.4　②TP18

中国版本图书馆 CIP 数据核字(2021)第 019091 号

策　　划　明政珠
责任编辑　马晓娟
出版发行　西安电子科技大学出版社(西安市太白南路 2 号)
电　　话　(029)88202421　88201467　　邮　　编　710071
网　　址　www.xduph.com　　电子邮箱　xdupfxb001@163.com
经　　销　新华书店
印刷单位　咸阳华盛印务有限责任公司
版　　次　2021 年 1 月第 1 版　2024 年 1 月第 5 次印刷
开　　本　787 毫米×1092 毫米　1/16　印 张　15.75
字　　数　371 千字
定　　价　42.00 元
ISBN 978 - 7 - 5606 - 5990 - 9 / TP
**XDUP 6292001-5**

# 前　　言

物联网的概念在20世纪90年代被正式提出，至今已有三十多年的历史。随着识别、感知、存储、计算、通信等领域相关关键技术的快速发展，物联网不断地迭代演进，在不同的垂直应用领域衍生出各种为适应物联网设备和应用的特征而开发的解决方案。物联网行业服务增长突飞猛进，促进着物联网应用的开展，为物联网的持续创新发展注入了新的动力，为各领域带来相当可观的经济增长，也对相关专业的人才培养提出了更高要求。

我国高职高专学校的物联网专业教学尚处在摸索阶段，缺乏成熟、系统、紧跟行业发展的物联网教学体系和教材。本书是一本全面介绍物联网相关知识的专业通识教材，全书共9章，具体内容包括物联网初探、物联网的演进、物联网设备识别、物联网信息感知、物联网通信、物联网的计算、物联网服务、物联网的典型应用、物联网综合应用实例等。通过第1～8章的学习，可使读者对物联网系统的起源、概念、发展演进及关键技术要素有从全局到局部的递进了解和认识，充分理解基于各类技术特征的物联网创新典型应用。党的二十大报告提出，高等职业教育应注重“产教融合、科教融汇”，要“加强企业主导的产学研深度融合，强化目标导向”。作为适用于高等职业院校的物联网概论教材，除了介绍基本知识和理论外，亦应注重培养读者理论联系实际的能力，引导读者从来自物联网企业的真实应用案例中透彻理解技术方案和行业需求的匹配，领会所学所悟如何转化为实用之策。第9章通过从产业界多家企业收集的一系列基于实际场景需求构建的物联网综合解决方案的介绍，帮助读者进一步理解物联网行业综合解决方案的架构设计、技术要素整合与应用实践，以期更好地支撑应用型人才培养体系之“产学研用结合”的培养模式。

本书紧跟产学研界物联网最新动态和发展趋势，组织结构系统合理，内容新颖丰富，笔者希望本书能引起读者对物联网这一国家战略性新兴领域的更多关注，也希望可为有志在物联网方向深入学习、研究的读者提供有效指导。

本书由彭聪负责内容规划并主持编写，是深圳信息职业技术学院“物联网概论”和“物联网技术与应用”课程组经过多年的实践授课的结晶，受到了深圳市教育科学规划课题“物联网应用技术专业产教融合的人才培养方案研究(课题批准号 zdfz18020)”的支持。新技术应用及综合应用板块的部分内容系与深圳市信锐网科技术有限公司合作完成，极富市场价值和实用意义的新技术应用案例以及综合应用解决方案，为读者深入理解物联网应用和物联网技术落地提供了借鉴。在编著本书的过程中，笔者得到来自深圳信息职业技术学院许志良、夏林中、罗德安、张春晓等领导和同事们的大力支持，也得到来自深圳市信锐网科技术有限公司赵德坤、张伟槟等人的鼎力支持和协助，还得到西安电子科技大学出版社明政珠编辑的很多帮助，在此一并表示最诚挚的谢意！

限于时间和水平，书中难免存在不足之处，恳请广大读者提出宝贵意见，也希望本书读者有所收获。

编　者

2020 年 10 月

(2023 年 7 月修改)

# 目　　录

# 第 1 章

# 物联网初探

根据国际电信联盟(ITU)发布的数据，截至 2018 年底，世界上已有超过 50%的人口(约 39 亿)使用互联网浏览网页、发送和接收电子邮件、获取多媒体内容和服务、进行游戏竞技、使用社交网络以及进行很多其他的应用。目前我国的网民已达到 7 亿以上，成为全球第一大互联网市场。随着全球化的信息和通信基础设施——互联网的不断普及和发展，越来越多的人可以接触到互联网服务，人与人通过互联网相互连接并交流已经非常普遍。在这样的背景下，一个新的需求开始萌发：是否可以由“人”及“物”，依托互联网作为全球化平台，将机器和智能物体相互连接，让物与人、物与物之间也可以如人与人一般地交流、对话、计算和协作？

可以预见，在未来的十到二十年，各种传统的经典网络以及具备上网功能的物体就可以互联作为全球化基础设施平台，相互无缝连接。在这样的泛在式连接下，内容和服务变得无处不在，这将为各种新颖应用的兴起铺平道路，而新的应用将利用各种内容和服务创造出新型的工作、娱乐和生活方式。物体联网时代的到来，意味着更多的设备被互相连接，并会对人类的生产生活带来比之前的数字时代更大的影响。在理想的情况下，物联网能实现真正的“万物互联”，每个联网设备都应该有一个物理层(PHY)、一个接口和一个互联网协议(IP)地址。当互联的设备和物联网系统能够在云端共享数据并分析数据时，人类的生产生活将发生翻天覆地的变化。毋庸置疑，物联网将成为促进人类社会经济增长的新引擎。

自 20 世纪 90 年代末业界首次引入物联网(Internet of Things, IoT)概念至今，物联网持续获得发展，并将在未来继续进一步增长——越来越多的物品被联网，包括智能手机、自动取款机、工业系统、工业产品、运输集装箱等。图 1-1 中给出了 21 世纪的前 20 年物联网设备相对于人口的增长情况。

物联网不能只被简单地理解为“能抵达终端设备的基础设施网络”，而应被理解为“能将各种智能对象互联互通的普适计算环境”。为达到这样的目的，互联网不会消亡，而是会继续发挥出更大的作用：我们可以把互联网看作是物联网能够依托的基础设施，它能将拥有计算/通信能力的物理对象互联互通，并提供最广泛的服务和技术。

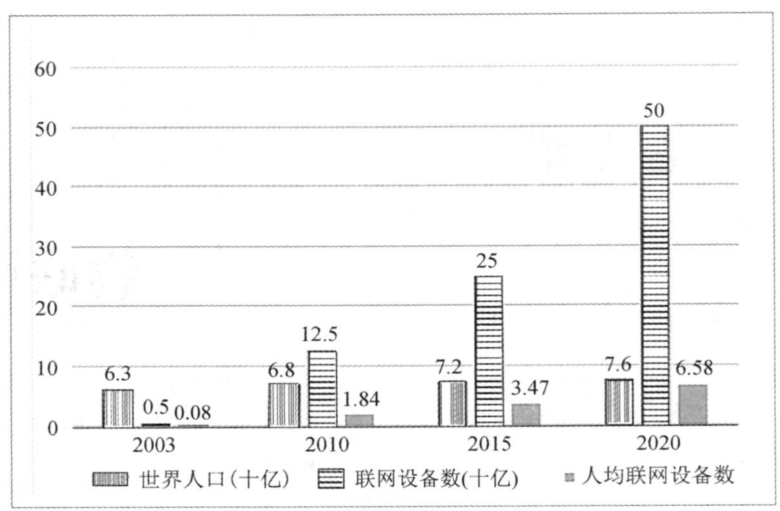


图 1-1　21 世纪前 20 年物联设备相对人口的增长情况

在这场物联网的技术革新中，嵌入式技术发挥着关键的作用。通过在日常物理对象中嵌入电子系统，从而使得这些物理对象变得“聪明”起来，进而能被无缝地集成到全球化网络化的物理基础设施中。嵌入式系统催生了能将真实物理世界和虚拟世界互联的新型服务和应用，这为信息和通信技术行业带来了新一轮高速发展的机遇。

物联网将为几乎每个行业领域带来巨大的创新和机遇，给经济发展和生活方式带来无限的机会和影响，代表了继互联网之后最令人激动的技术革命。通过物联网，我们可以构建智慧城市，对诸如车位、废品、照明、噪声、空气质量、交通、工厂等各种城市要素实行实时监控和高效管理。在物联网技术的加持下，空气质量和水污染程度能被自动监测，地震、火灾等破坏性灾难能被及时发现和处理，住宅变得更加安全和节能，工厂的生产制造更加简捷和智能。在传感器的帮助下，物联网技术可以监测桥梁、高楼和历史遗迹等关键建筑的振动情况和材料状况并提供早期预警，以避免灾难，挽救生命。

基于“交流、对话、计算和协作”的观点，我们对物联网(IoT)内涵的理解应该相对宽泛些。物联网是通过扩展互联网技术将各种智能物体广泛互联的全球性网络。为了实现这样的愿景，物联网需要一系列关键技术的支撑，这些关键技术进而催生一系列新的应用与新的服务，带来全新的市场和商业契机。

## 1.1　物联网的起源

物联网的起源与概念

业界较为普遍的观点认为，物联网的起源可以追溯到发生在 20 世纪 90 年代的三件事，这三件事分别关联着一只壶、一本书和一个人。

首先是 1991 年发生在剑桥大学特洛伊计算机实验室的咖啡壶事件。为了解决工作期间查看咖啡是否煮好而需要来回上下楼的烦恼，某研究者在咖啡壶旁边安装了一个镜头对准咖啡壶的便携式摄像机，并编写了一套简单的程序以 3 帧/秒的速率将咖啡壶影像传送至工作区域的计算机上，以方便随时查看煮咖啡的情况，确认咖啡煮好之后再下去拿。时隔两年，科研工作者又对这套本地“咖啡观测系统”进行更新，为咖啡壶特意设立了网页，将咖啡壶影像以 1 帧/秒的速率传到了互联网上。未曾预料到的是，这只咖啡壶的影像吸引了全世界的互联网用户，超过两百万人通过互联网点击了这个“咖啡壶”网站。2001 年，这只闻名世界的咖啡壶在 eBay 以 7300 美金的价格卖出。这只“特洛伊咖啡壶”可以看作最早的物联网设备。一个不经意的小发明，通过互联网在全世界引起了巨大轰动和意想不到的连锁反应。

其次要提到的是 1995 年微软创始人比尔·盖茨发表的著作《未来之路》。在这本书中，盖茨提到了物联网的构想(参见表 1-1)。他指出，互联网仅仅实现了计算机的联网，并没有实现将万事万物联网。囿于当时的网络技术以及传感器技术的水平，盖茨提出的“物物互联”的理念并没有引起重视。

**表 1-1 《未来之路》对科技应用走势的预测与当前现实对比**

| 《未来之路》的预测 | 现 实 |
|---|---|
| 未来，您将会自行选择收看自己喜欢的节目，而不是等着电视台为您强制性选择 | 数字电视已经实现视频点播功能，人们也可以通过互联网在视频网站实现这一目标 |
| 如果您计划购买一台冰箱，您将不用再听那些喋喋不休的推销员的说辞，电子论坛将会为您提供最为丰富的信息 | 互联网能够提供丰富的信息内容，各类论坛、购物网站、交友网站时刻更新以提供新鲜资讯。与线下购物相比，网上自主购物更为盛行和受人钟爱 |
| 一对邻居在各自家中收看同一部电视剧，然而在中间插播电视广告的时段，两家电视中却出现完全不同的节目。中年夫妻家中的电视广告节目是退休理财服务的广告，而年轻夫妇的电视中播放的是假期旅行广告 | 高科技公司利用大数据技术实现对个性用户画像，进而实现广告业务的定制和精准推送。网络电视应用场景也大为丰富，不限于电视收看，也包括购物网站、搜索引擎、论坛、社交网络等 |
| 音乐销售将出现新的模式。那些对光盘和磁带等产品感到头疼的用户将可以不再受它们的侵扰，以全新数字模式出现的音乐产品将会登陆市场，并且数字音乐将会成为互联网信息高速公路上一个重要的组成部分 | 磁带机被淘汰，光驱不再是电脑标配，DVD 也被淘汰，数字音乐产品大行其道。音乐内容的销售从传统的线下门店钱物交换模式进化到网上音乐商店售卖数字音乐内容的模式。传统唱片发行逐渐衰落，网络销售成为主流。网上音乐商店通过购买或者以利润分成等方式获得音乐版权，将音乐产品数字化内容在互联网上销售给消费者 |
| 如果您的孩子需要零花钱，您可以从计算机钱包中给他转 5 美元。另外，当您驾车驶过机场大门时，电子钱包将会与机场购票系统自动关联，为您购买机票，而机场的检票系统将会自动检测您的电子钱包，查看是否已经购买机票 | 信用卡、网上支付、移动支付、无卡支付(微信钱包、支付宝、百度钱包、京东钱包等)共同开启电子支付时代 |
| 您可以亲自进入地图中，这样可以方便地找到每一条街道、每一座建筑 | 地图软件提供的地理信息几乎可以覆盖地球上任何地方，并同时提供二维、三维及实景图。驾车出行更多依赖地图软件导航，精准高效 |
| 您丢失或者失窃的摄像机将自动向您发送信息，告诉您它现在所处的具体位置，甚至当它已经不在您所在的城市时也可以被轻松找到 | 基于 GIS 和物联网技术，能够轻而易举地实现对目标物体的识别、定位、跟踪、监控和管理 |

最后，我们要提到的是后来被尊称为“物联网之父”的英国工程师——凯文·艾什顿。20世纪90年代中期，凯文·艾什顿受雇于宝洁公司负责品牌管理。作为宝洁负责营销业务的副总裁，他发现畅销货品常常存在这样的尴尬：产品畅销导致相应的货架经常被清空，然而由于商品查补速度跟不上，常常出现前台货架售罄状态与后台仓库库存充分并存的现象。畅销货品的潜在购买需求不能得到及时满足，本能够得以成交的销售额白白从“售罄的货架”流失了。根据当时美国零售连锁业联盟的估计，美国几大零售业者在一年内因为货品管理不良而遭受的损失高达700亿美元。造成这一现象的根源在于，当时的零售商利用条形码管理库存，但是这并不能帮助选择应该在货架上摆放何种商品，因为条形码技术的局限性，货架上摆放商品的信息并不能被人们及时和方便地获知。与此同时，在当时零售商推出的会员卡中内置了射频识别(Radio Frequency Identification，RFID)技术的无线通信芯片，这给凯文·艾什顿带来了灵感。受此启发，他想如果在商品包装中内置这种芯片，并且有一个无线网络能随时接收芯片传来的数据，零售商们就可以及时方便地获知货架上有哪些商品，通过与后台库存的比对，可以更高效地规划库存并安排补货。

1998年，凯文·艾什顿开始在宝洁公司的内部讲座中使用“物联网”的概念。他认为，移动互联技术可以使万物相连，帮助人们更好地做出决策。物联网能够实现把所有物品通过射频识别等信息传感设备与互联网相连接，从而实现智能化的识别和管理。这次“物联网”概念的提出，终于引起研究界和产业界的广泛关注。作为美国麻省理工学院(MIT)赞助商的宝洁公司派遣凯文·艾什顿与MIT进行合作与研究，双方共同成立了自动识别(Auto-ID)中心，致力于将物联网的概念变成现实，专注研究RFID技术以及智能包装系统。MIT自动识别中心提出，要在互联网的基础上，利用RFID、无线传感器网络(Wireless Sensor Network，WSN)、数据通信等技术，构造一个覆盖世界上万事万物的“物联网”。在这个网络中，物品(商品)能够彼此进行“交流”，而无需人的干预。

在这之后，凯文·艾什顿的职业生涯始终与物联网紧密相连，并最终为他带来“物联网之父”的美誉。后来离开了MIT自动识别中心的艾什顿，先后领导了三个成功的技术初创企业，包括与ThingMagic公司共同创办的清洁技术公司EnerNOC、与Shwetak Patel等共同创建的能量传感公司Zensi以及建立了家居自动化系统Belkin WeMo。他说：“物联网从20世纪发展至今已经进程过半，深刻地影响了人们的生活。”

## 1.2 物联网的概念

自物联网的概念被提出以来，不同的组织或机构给出了多种定义和解读，这也从侧面印证了物联网在学界和工业界的高活跃度和高关注度。对于对物联网产生浓厚兴趣的读者而言，若去翻阅各类文献和资料，会发现物联网的定义似乎还很模糊，但无论如何变化，围绕着物联网概念的讨论一般聚焦在这几个问题上：首先，物联网究竟意味着什么；其次，在物联网概念的背后有哪些基本观念和关键技术；最后，物联网的全面部署给人类的生产生活将带来什么样的深刻影响。

按国际电信联盟(ITU)给出的定义，物联网是通过二维码识读设备、射频识别装置、红外感应器、全球定位系统、激光扫描器等信息传感设备，按约定的协议，将任何物品与互联网相连接，进行信息交换和通信，以实现智能化识别、定位、跟踪、监控和管理的一种网络。它通过将短距离移动收发装置嵌入到各种额外的小工具或日常物品中，实现人与物以及物与物之间的新形式的信息沟通。和互联网提出的“在任何时间、任何地点、任何人都能实现连接”的愿景相比较，ITU 给出物联网的愿景是：在任何时间、任何地点、任何事物都能实现连接，即万物互联，如图 1-2 所示。

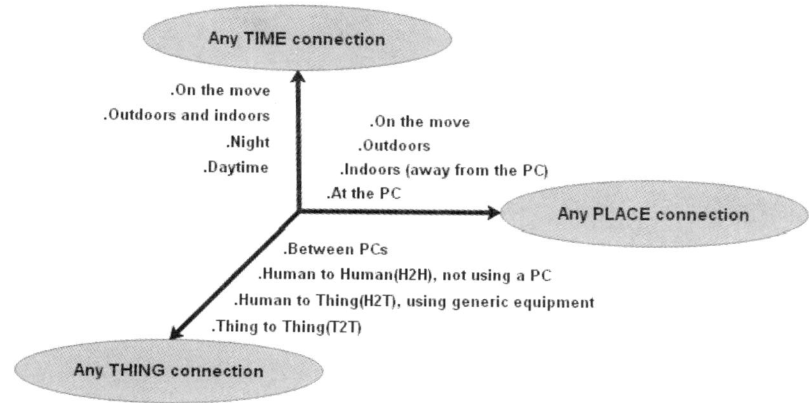


图 1-2　ITU 的物联网愿景

按维基百科给出的定义，物联网将各种物理设备、车辆、家用电器和其他嵌入了电子器件、软件、传感器、执行器的物件连通起来，这些物体之间能够连接和交换数据，由此使现实的物理世界更紧凑和直接地被整合为一个基于计算机的系统，从而提高效率、提升经济效益，并减少人力消耗。

《牛津词典》(Oxford Dictionary)于 2013 年 8 月将物联网一词收入。根据词典的定义，物联网是互联网的延伸发展，意味着日常物品能够具备连接互联网的能力，可以发送和接收数据。

在技术进步和应用创新快速迭代的现代社会，物联网的概念在随着时间的推移而不断发展。在未来几年内，随着新技术的涌现，可预见的变化仍将持续下去。例如云计算、以信息为中心的网络、大数据、社交网络、人工智能等新概念新技术的出现，正在影响着物联网概念的演变，也将持续影响未来物联网服务的模式，这一切已经渐见端倪。

## 1.3　物联网的体系架构

物联网的体系架构和关键要素

众所周知，传统互联网是使用成熟的 TCP/IP 协议栈进行网络主机之间的通信。不同于传统互联网，物联网要通过互联网将数十亿乃至数万亿个异构对象(物与物、物与人)互连并彼此交换信息，这必然会带来网络中的流量和存储量呈指数级的增长，因此需要一个更灵活的分层架构，这个架构要能够解决包括可扩展性、互操作性、可靠性、服务质量(Quality of Service，QoS)等在内的一系列新问题。此外，物联网还将面临许多与隐私和安全相关的挑战。物联网想要健康发展，必须依赖于技术进步，以及各类新的应用和商业模式的设计。这当中首先需要解决的是要设计一个适应于物联网特点的更合理的分层架构。

关于物联网架构应该如何分层才更合理有各种不尽相同的设想，这些设想都试图在分析行业需求和功能分工的基础上设计一个通用的架构。其中比较流行的有基本三层模型和扩展五层模型，如图 1-3 所示。

图 1-3　物联网三层模型和物联网五层模型

### 1.3.1　IoT 三层架构

物联网的主要功能可以归纳为全感知、可靠传输和智能操作三个方面。全感知是指利用感知捕获和测量等方式，随时随地采集信息，采集信息的手段包括 RFID、二维条码、摄像头、传感器和传感器网络等。可靠传输是指将实物对象与信息网络连接，并通过通信网络和互联网的融合实现信息的可靠交换和共享。智能操作是指通过云计算、模糊识别、机器学习等多种智能计算技术，对不同地域、行业或领域的海量数据和信息进行分析，增强对物理世界、经济社会各种活动和变化的洞察力，实现智能的决策和控制。

从全感知、可靠传输和智能操作这三方面的典型功能出发，可将物联网的架构划分为三层，即感知层、网络层和应用层，这也是最早被人们熟知并接受的物联网三层架构，如图 1-4 所示。

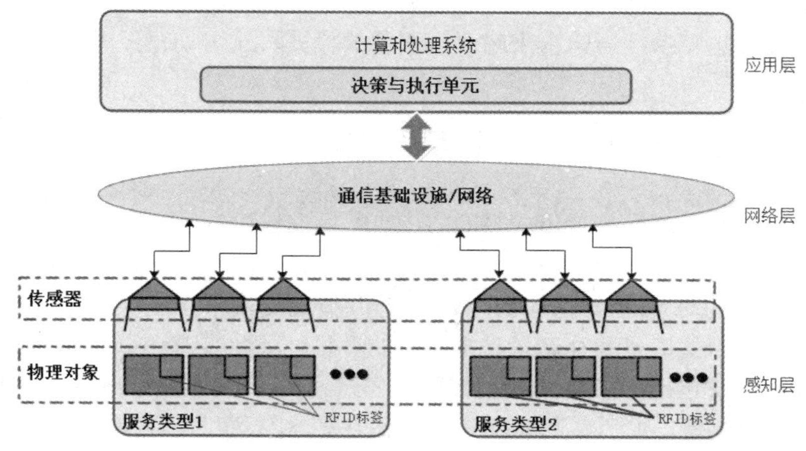


图 1-4　物联网三层架构

感知层类似于物联网的皮肤和五官等器官，这一层的主要功能是通过收集、捕获信息来识别物体和感知环境。感知层包括二维条码标签和读卡器、RFID 标签和阅读器、摄像头、GPS、传感器、终端和传感器网络。在感知层，最重要和亟待突破的难点是如何获得更敏感、更可理解的感知能力，以及如何解决设备的低功耗、小型化、低成本等问题。

网络层如同物联网的神经网络和大脑，这一层的主要功能是将从感知层获得的信息进行传输和处理。物联网网络层是在现有移动通信和互联网的基础上建立起来的。网络层包括各种基于 Internet 的通信网络和综合网络，是物联网架构中最成熟的部分。此外，它还包括智能处理海量信息的部分，如网络管理中心、信息中心和智能处理中心等，以实现对信息进行处理的功能。在物联网三层架构中，网络层不仅具有网络运营的能力，而且增强了信息运营能力，是物联网提供公共服务的基础设施。例如在手机支付系统中，一旦网络层对通过简单设备收集并上传到互联网的内置 RFID 信息完成确认，就会通过银行网络进行支付。

应用层的主要任务是发现和提供服务。应用层通过分析和处理来自感知层的数据为用户提供特定的服务。应用层是物联网开发的最终目标，软件开发和智能控制技术将为物联网提供丰富多彩的应用。在应用层面临的一个关键问题是：如何将信息共享给社区，并同时确保信息安全。

在应用层，为了实现广泛的智能操作，需要将物联网在不同领域的分工和不同行业对物联网的需求相结合。应用层是物联网技术与行业专业技术的连接，通过提供各种解决方案实现广泛的智能应用，最终实现信息技术与行业深度融合。应用层不仅体现了物联网与各类技术的深度融合，也体现了日益明确的智能工业分工的需要，这有点类似于通过更精细的社会分工最终形成更先进成熟的人类社会。适用于各个行业和场景的物联网应用的开发和发展，不断促进物联网技术向各行业普及和泛化，从而使得整个物联网产业链受益。

### 1.3.2　IoT 五层架构

IoT 三层模型的想法来源于网络堆栈，但这并不太符合真实的物联网环境，因为网络堆栈的网络层并不包括将数据传输到物联网平台的所有底层技术。事实上，三层模型较为适用于处理特定类型的通信网络，如主要由资源受限的设备构成的无线传感器网络。总之，IoT 三层架构并不能全面地体现物联网的特征。

在三层架构的基础上，结合物联网的具体特点，一个全新的物联网架构被提了出来，这是一个已被人们广泛接受的五层架构。五层架构比三层架构能更好地解释物联网的特征和内涵，如图 1-5 所示，这个架构的 5 层分别是业务层、应用层、中间件层、网络层和感知层。

第一层是感知层(又称设备层或对象层)，它由物理对象和传感器设备组成，其目标是对特定对象进行识别和信息搜集，由物联网创建的大数据在此层启动。这一层包括能够实现不同功能的传感器和执行器，它们可以是 RFID 标签、二维条码、红外传感器、摄像头、GPS 模块等。根据传感器的类型，要搜集的信息可以是位置、温度、重量、方向、运动、振动、加速度、湿度等。感知层需要使用标准的即插即用机制来配置异构的对象。感知层将数据数字化之后通过安全通道传输到网络层。

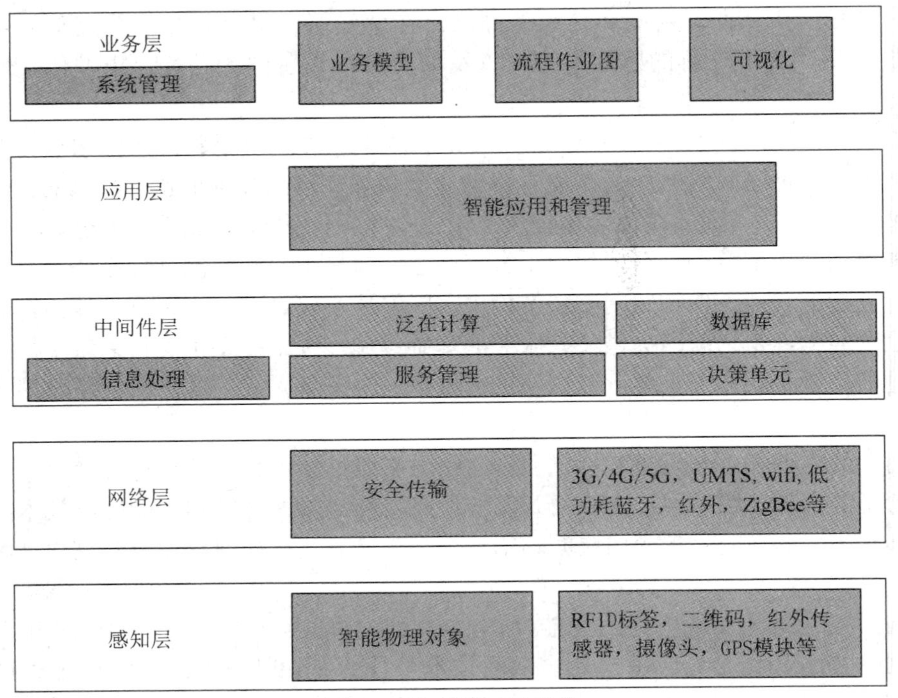


图 1-5　物联网五层架构

第二层是网络层(也可称为对象抽象层)，该层通过安全通道将感知层生成的数据传输到中间件层。传输数据的通信技术多种多样，具体是哪种技术取决于传感器设备对通信技术的支持情况。

第三层是中间件层(也可称为服务管理层)，该层负责在物联网设备上实现不同类型的服务。每个设备仅与实现相同服务类型的其他设备连接和通信。中间件层负责根据地址和名称将服务与其请求者配对。中间件层的存在，使得上层的物联网应用程序能在不考虑特定硬件平台的情况下处理异构对象。此外，这一层还会处理接收到的数据，执行信息处理和计算，根据结果进行决策，并交付需要的服务。

第四层是应用层，该层基于中间件层提供不同种类应用程序的全局管理，从而为用户提供所需要的服务。例如，应用层可以向请求温度和空气湿度数据的客户提供相关测量数据。应用层对物联网非常重要，它能够提供高质量的智能服务来满足客户的需求。应用层覆盖了许多垂直市场，涉及智能健康、智能医疗、智能农业、智能城市、智能家居、智能建筑、智能交通、工业自动化等领域的应用。应用层是终端用户与设备交互并查询感兴趣数据的接口，访问数据的控制机制也在应用层进行处理。它还提供了一个到业务层的接口，以便业务层可以生成高级分析和报告。

第五层是业务层，该层负责管理整个物联网，包括系统活动和服务。业务层的主要任务是基于对数据的再加工和对结果的分析来确定适当的行动和业务策略。该层的主要功能包括基于从应用程序层接收到的数据来构建业务模型、图表、流程图等，还包括设计、分析、实施、评估、监控和开发物联网系统的相关元素。业务层使得支持基于大数据分析的决策过程成为可能。业务层还实现了对底层四层的监控和管理。业务层将每一层的输出与预期的输出进行比较，以增强服务并维护用户的隐私。

物联网技术的真正成功还取决于良好的商业模式，而不仅仅是技术本身。业务层的良性发展对物联网的成功至关重要。

## 1.4　物联网的关键要素

将互联网与物联网的发展愿景作对比，在互联互通的对象以及侧重解决的问题方面都有所不同：互联网的发展着重于信息的互联互通和共享，从而解决人与人之间的信息沟通问题；物联网致力于通过人与人、人与物、物与物的互联互通，解决信息化的智能管理和决策控制问题。在互联网的基础上，物联网将连接和信息交换的对象从人延伸和扩展到了任何物品与物品之间，这就是物联网“万物互联”的愿景。

为实现“万物互联”的愿景，物联网的关键要素与互联网有很大不同。了解构建物联网的关键要素有助于更好地了解物联网的真正意义和功能。物联网功能所需的五大关键要素包括识别、感知、通信、计算和服务，如图 1-6 所示。

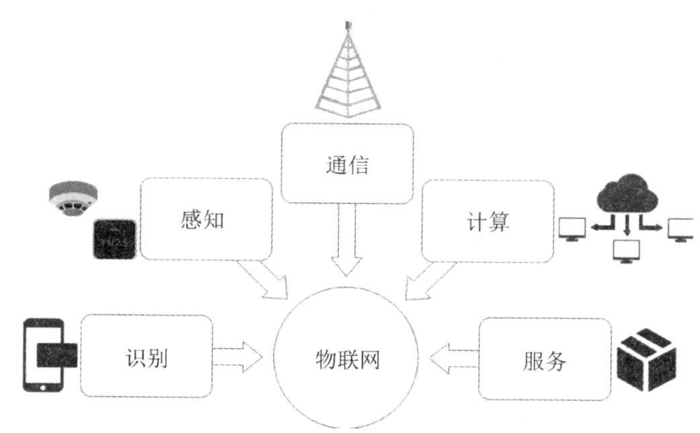


图 1-6　物联网五大关键要素

表 1-2 总结了物联网五大关键要素分类及涉及的技术示例。显而易见，多样化的标准和技术以及它们之间的互操作方式，是物联网应用开发所要面对的主要挑战。物联网构成要素的异质性、物联网环境中使用的协议和技术的多样性，意味着需要构建一个彻底的解决方案才能实现“万物互联”，提供无所不在的物联网服务。在本书的第 3 章～第 7 章，将对物联网五大关键要素分别进行介绍。

**表 1-2　物联网关键要素分类及涉及的技术示例**

| IoT 关键要素 | | 涉及的技术示例 |
|---|---|---|
| 识别 | 命名 | 电子产品代码(EPC)、泛在码(UCode) |
| | 寻址 | IPv4、IPv6 |
| 感知 | | 智能传感器、可穿戴设备、嵌入式传感器、执行器、射频识别标签 |

续表

<table>
<tr><td colspan="2">IoT 关键要素</td><td>涉及的技术示例</td></tr>
<tr><td colspan="2">通信</td><td>射频识别通信(RFID)、近场通信(NFC)、超宽带通信(UWB)、蓝牙通信(BT)、蓝牙低功耗通信(BLE)、紫蜂通信(Zigbee)、Z-Wave、WiFi、LTE、LTE-A</td></tr>
<tr><td rowspan="2">计算</td><td>硬件</td><td>Arduino、树莓派、Media Tek LinkIt ONE 等物联网硬件平台</td></tr>
<tr><td>软件</td><td>Contiki、TinyOS、LiteOS、Android Things 等物联网操作系统</td></tr>
<tr><td colspan="2">服务</td><td>身份服务(如供应链管理)<br>信息聚合服务(如智能电网)<br>协作感知服务(如智能家居)</td></tr>
</table>

# 1.5　物联网对生产生活的影响

截至 2019 年，地球人口已突破 75 亿大关。随着地球人口的不断增长，当前社会所面临的挑战是多方面的，例如：健康、人口老化与福利，食品安全以及可持续农业，安全、清洁、高效的能源，智能、绿色的综合运输，气候变化、环境、资源效率和原材料，包容、创新和社会发展，社会安全等。物联网在面临诸多挑战的现代社会发挥着举足轻重的作用，为人类的生产生活带来了深远的影响。

## 1.5.1　物联网能够协助解决的社会问题

### 1. 人口老龄化

党的二十大报告提出，为了“增进民生福祉、提高人民生活品质”，需要坚持“推进健康中国建设”，这就要实施积极应对人口老龄化的国家战略。人口老龄化给人类社会带来的首要挑战就是健康和福利问题。为了应对人口老龄化，需要引进创新的系统和技术来优化传统流程，为人们提供更为高效智能的健康医疗服务。在这样的应用场景下，物联网能够发挥关键的作用。物联网系统可以实现持续地监测环境(生活、工作、旅行等环境)状态，及时获取有关人类自身状况的数据。医生、护士、亲属等能够便捷地获得这些数据，并根据对数据的分析采取适当的行动。此外，该系统也应能基于获取的数据进行自动或智能的上下文感知和协作，例如自主引导病人正确地服用药物。在健康医疗服务的场景中，监测状况类的设备应当是可穿戴的，并可以被广泛地嵌入到应用环境中，以持续监视各类所需要的个人信息和数据。个人数据被获取后，必须以安全的方式进行处理。

### 2. 食品安全

食品安全是人类所面临的又一重大挑战，为此，人们提出了可持续农业的概念。可持续农业是指采取某种合理使用和维护自然资源的方式，实行技术变革和机制性改革，以确保当代人类及其后代对农产品需求可以持续发展的农业系统。利用物联网技术建立智慧农场，农作物和田地的情况可以得到实时掌握，农民可以远程控制和操作生产过程。通过将农作物的时间表共享给外部系统，销售和生产的同步得以实现。在设计智慧农场解决方案时，要控制好系统的部署及维护成本，以便整个系统容易部署和使用，将物联网带来的好处充分发挥出来。智慧农场解决方案能达到对可用生物资源的最优化利用，并尽可能地实现资源供给与实际需求的相互匹配，避免不必要的浪费，这也是可持续农业概念的落地实践。

3. 能源紧缺

如今，很多传统能源都面临着低效使用、短缺甚至濒临枯竭的问题。为了获得人类社会的可持续发展，应该采取各种手段实现经济增长与能源使用之间的“解耦合”，这已经成为大多数国家的共识。减少温室气体排放、发展可再生能源、提升能源使用效率都是达到“解耦合”目的的有效手段。在提升能源使用效率、舒缓能源短缺压力方面，物联网技术扮演着重要的角色。

以智能电网的应用场景为例，电网通常对于故障检测有较高的 QoS 需求，一旦故障被检测到，需要立刻采取适当的行动。此外，整个电网应能够有高度的弹性来应对和适应随时间变化的再生能源生产系统以及能源消耗系统。物联网解决方案凭借分布在电网系统中的传感器和执行器，可以实现电能的生产、管理和分配的自动化。

在运输领域，为了使得系统能更高效地利用资源、更加环保安全，从而为人类提供无缝服务，人们也在尝试利用新技术将传统的运输系统改造得更智慧、更环保，并具有集成的移动性。在这一领域，RFID 标签被广泛地用于跟踪货物，结合实时信息处理技术，可以更及时准确地获取产品信息，供应链链条上各个环节得到了实时监控，运输和物流过程的效率被大大提高，而供应链涉及的各部门可以在最短的时间内对复杂多变的市场做出协同的反应。

在智慧家居、智慧建筑的应用场景中，可以借助物联网技术实现对各类能源消耗的自动化管理，最大程度减少能源的浪费。物联网系统可以通过分布式智能感知实现对能源使用的各种关键指标的感知，从而能基于能源的使用情况采取适当的局部决策。

4. 安全的社会

全球化意味着全球各国高度相互依存，这给人类社会带来了前所未有的经济和政治挑战。受此影响，社会越来越难以维系经济增长、高就业水平和稳定状态。社会所面临的诸多棘手问题包括经济增长缓慢、难以有效实施有利于创新和就业的结构性改革等。物联网新技术能帮助人类更精准和深刻地掌控物理世界，并为有远见的创新者和企业家带来了造福社会的巨大机会。由公共机构部署和提供的物联网系统及物联网服务所生成的数据应当对所有人都是可用的；整个过程应当开放，从而促进服务的互操作性和重用性。在这样的背景下，数据和系统的安全性应该是被重点关注的问题之一。

我们可以从数据和系统两个角度去理解物联网系统的安全性。第一，物联网部署越来越普遍，这意味着会有数万亿个设备对象在直接或间接地观察人类的日常活动。在这样的背景下，应当确保各种物联网终端收集到的数据能以最可靠安全的方式被使用。第二，在云计算和大数据等技术的加持下，可以通过对相互连接的智能设备收集到的数据进行分析，识别数字世界和物理世界中的恶意行为，这意味着物联网系统可以被用作支持社会安全性的有效工具。因此，物联网系统本身必须是可信的，要能够提供确保 QoS 的服务。总而言之，物联网系统要以既安全又自由的方式处理收集到的数据。

表 1-3　总结了为应对来自社会的诸多挑战，物联网的可能贡献及期望特性。

**表 1-3　物联网应对社会挑战的可能贡献和期望特性**

| 社会挑战 | 物联网的可能贡献 | 物联网的期望特性 |
|---|---|---|
| 健康与福利 | 监控人类的健康和生活质量 | 普遍性<br>透明性<br>鲁棒性<br>安全性 |
| 食品安全和可持续农业 | 智慧农场 | 可用性<br>可持续性 |
| 安全清洁有效的能源 | 智能电网 | 严格的服务质量<br>适用性 |
| 智慧绿色一体化运输 | 物流管理 | 互操作性 |
| 气候应对、天气、资源效率及原材料 | 能源消耗的智慧管理 | 分布式局部感知 |
| 包容创新和反思的社会 | 为人们提供创造新应用新商业的机会 | 开放的数据<br>开放的流程<br>透明的参与协作 |
| 安全的社会 | 恶意行为的自动监测 | 安全可信 |

### 1.5.2　政府和公共机构的作用

为推动物联网持续快速、有序、健康的发展，实现物联网在经济社会重要领域的规模示范应用，政府和公共机构应当在物联网产业规模化中发挥关键的作用。

首先，政府和公共机构应引领和推动物联网数据和流程的开放。从物联网起源可以看到，其发展初期的动力主要来自社会各行各业的实际需求。随着各行业垂直领域的需求不断涌现，催生出各种物联网应用的创新，这是一个相对彼此割裂的蓝海市场。政府有责任敦促和鼓励将物联网生产出的数据和所提供的相关服务向外部社会提供，这些数据和服务就可以被用于其他的公共或私人活动，实现跨行业的数据共享，为构建全新的商业生态提供方便。行业内和跨行业利用物联网创造商业价值的对比如图 1-7 所示。

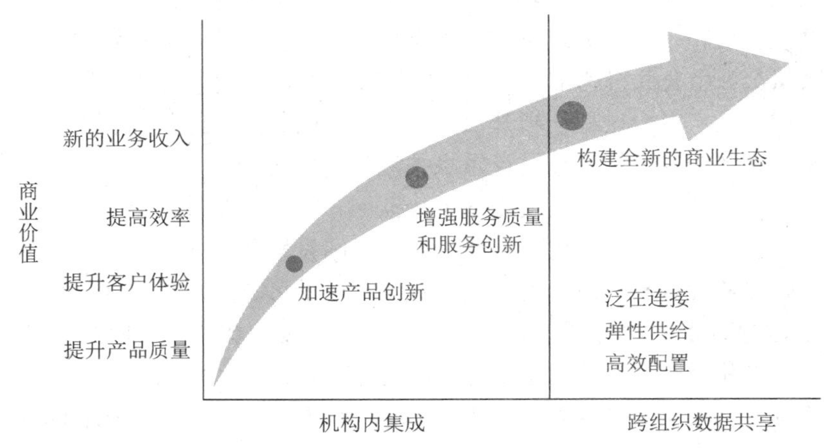


图 1-7　利用物联网创造商业价值——行业内与跨行业的对比

首先，目前各国政府相继出台一些规划或法规要求公共机构以开放的方式提供相关数据，并鼓励形成跨领域的数据开放和共享机制；此外，政府也鼓励私营公司提供可用的数据，将那些和公共环境状态相关的数据开放，与公众共享。数据的价值在与各种应用充分融合的过程中被逐步彰显，如图 1-8 所示。

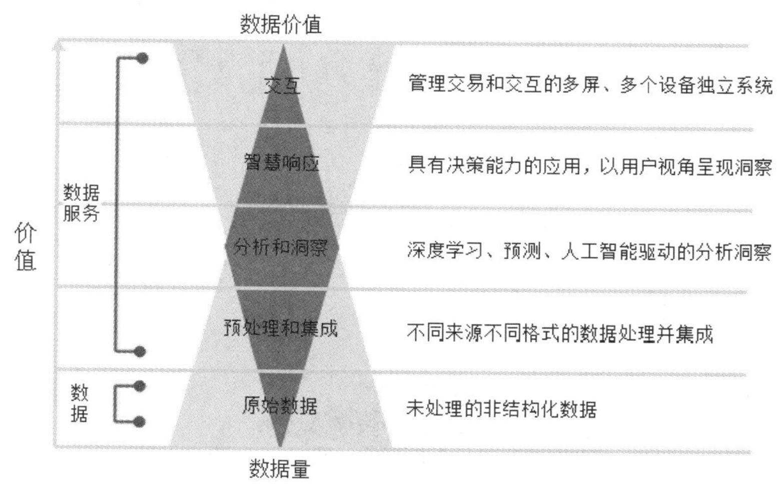


图 1-8　数据价值的逐步彰显

其次，政府和公共机构应该引领构建安全可靠的物联网基础设施，并促进其被充分利用。物联网的支撑性基础设施主要包括网络设施、云计算平台、大数据平台等。以智慧城市的应用为例，在兼顾安全和隐私的同时共享和应用大数据是智慧城市综合管理和民生服务的重要支撑。通过对多元化分布式的数据资源进行联合管理、分析和可视化，能够帮助人们更好地理解城市的发展模式。

以国家物联网标识管理公共服务平台(官网为 http://www.cniotroot.cn/home，简称国物标识平台)为例，该平台由中科院、工信部以及中国物品编码中心联合打造，是支撑物联网应用跨行业、跨领域互联互通，促进物联网产业规模化发展的核心基础设施，可以为我国物联网产业链提供跨行业、跨平台、跨管理机构的标识管理公共服务。国物标识平台支持对 Handle、Ecode、OID、EPC、ISLI、CSTR 等主流标识体系的兼容互通，支撑物联网应用跨行业、跨平台、跨领域的互联互通，如图 1-9 所示。平台向所有行业开放，实现行业数据对接合作。平台在智慧城市所涉及的多个领域，如物流配送、商贸流通、经营管理、安全生产、城市管理、公共安全、社会事业、节能环保等，推进数据整合，以提供物联网标识一物一码、互联互通全流程可追溯的标识码解决方案。

最后，政府和公共机构应当对数据变更做出监管，防止数据滥用。2018 年，欧盟出台了号称史上最严的数据监管条例——《通用数据保护条例》(General Data Protection Regulation，简称 GDPR)。该条例在数据收集、数据存储、数据处理、数据跨境传输(向欧盟境外的传输)等各个环节都进行了系统的规范，还赋予了数据主体广泛的数据权利和自由。只要一家企业向欧盟境内的个人提供了商品或服务、并收集或处理了个人数据，不管该企业是否在欧盟境内设有机构，都适用于 GDPR。GDPR 对违法行为，轻者处以 1000 万欧元或者上一年度全球营收的 2%(两者取其高)的罚款；重者处以 2000 万欧元或者企业上一年度全球营收的 4%(两者取其高)的罚款。2018 年 5 月，Facebook 和谷歌等美国企业成为 GDPR 法案下第一批被告。2019 年 7 月，英国航空公司因英航网站遭受攻击泄露了约 50 万用户信息而触犯了 GDPR，被罚近两亿英镑。

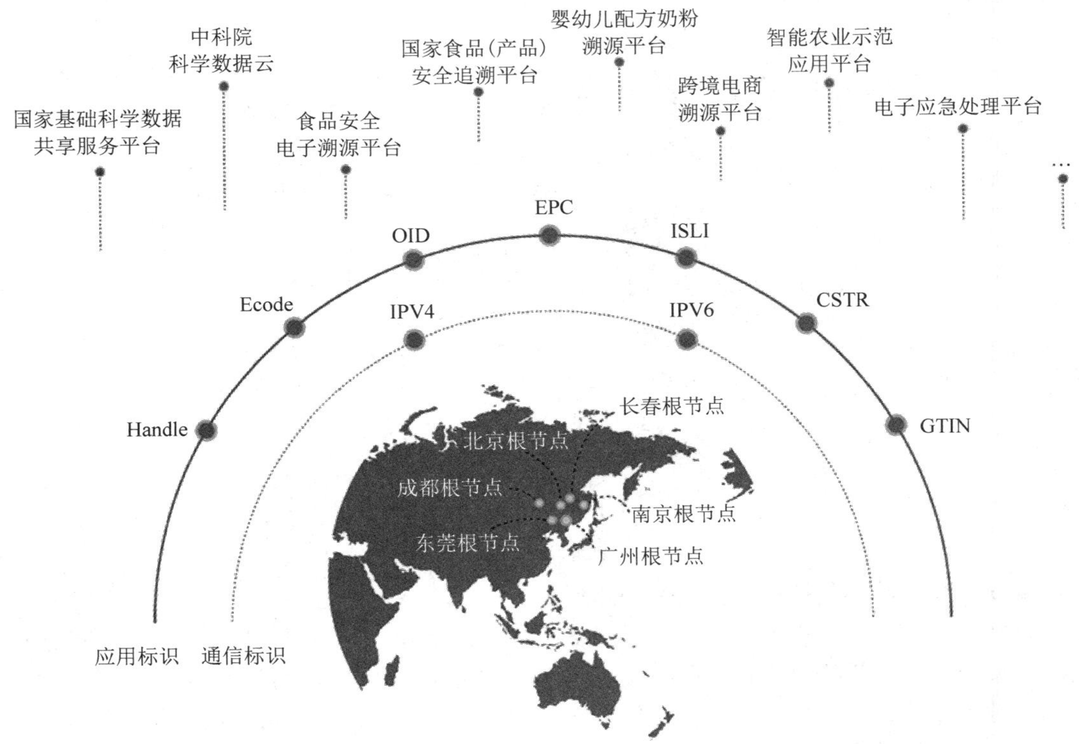


图 1-9　国家物联网标识管理公共服务平台

## 1.6　物联网面临的机遇与挑战

物联网为设备制造商、互联网服务提供商和应用程序开发商提供了巨大的市场机会。据美国国际数据集团(International Data Centre, 简称 IDC)的预计，到 2020 年底，全球范围部署的物联网智能对象将达到 2120 亿个实体。到 2022 年，机器对机器通信的流量预计将占整个互联网流量的 45%。

仅以医疗保健、制造业以及建筑领域的应用为例来看，可以看到物联网服务能够为各个领域带来相当可观的经济增长。医疗保健应用相关的物联网服务包括移动医疗和远程保健，这类物联网服务能够提供更高效的医疗保健、预防、诊断、治疗和监测服务，这将使得全球经济每年创造出约 1.1～2.5 万亿美元的增长。另一方面，市场调研公司 Wikibon 的预测，到 2020 年工业互联网创造的价值约为 1279 亿美元，投资回报率(ROI)从 2012 年的 13%增长至 149%。此外，独立咨询机构 Navigant 发布的报告宣称，在智慧建筑领域的物联网服务——建筑楼宇自动化系统(Building Automation Systems, BAS)的市场预计将从

2013 年的 581 亿美元上升至 2021 年的 1 千亿美元，获得近 60%的增长。预计到 2025 年，物联网造成的年度经济影响约在 2.7 万亿美元至 6.2 万亿美元之间。

来自各方面的统计和预测数据显示，物联网相关行业和服务的增长速度在显著加快。这样的发展势头为传统设备和电器制造商提供了独特的机会——将其产品转变为“智能产品”。在全球范围内推广物联网和相关服务需要互联网服务提供商(ISP)提供网络，以支撑包括“机器对机器”“人对机器”以及“人对人”在内的混杂的业务流。

物联网被人类寄予厚望，但也面临着一系列挑战。

首先，物联网要赢得用户的信任。物联网能为人类建立一个智能的数字世界，这个数字世界通过设备感知对人类生产活动和生活习惯做出记录，并通过对收集到的数据进行分析和计算来探究人类的所做所说、所思所想，进而修正和完善系统的行为。这样的智能世界固然为人类的生产和生活带来方便，但同时也会令人感到恐惧。

例如，如果控制个人健康和医疗相关流程的物联网系统出现错误怎么办？我们已经习惯于电脑和智能手机的软硬件故障，但如果电脑或者智能手机是确保人类健康生活的关键因素，那它出错了又当如何呢？换言之，物联网系统和相关技术应当功能强大且使用灵活，可以提供具有一定 QoS 的服务。又例如，如果有黑客侵入了物联网系统，破坏了系统流程和功能，会出现什么情况？黑客会不会利用用户的私人数据？不言而喻，物联网解决方案需要给出确保安全和隐私的机制，使用户放心。

在用户对其内部操作一无所知的情况下获取用户信任，是所有技术面临的普遍而典型的问题。为了获得用户的认可与接受，一方面需要对用户进行有关新技术新方案的科普，帮助用户理解新技术。另一方面，甚至也采用“欺骗”的手段，即将真实的操作流程隐藏在人们已经习以为常的界面后面。但归根究底，使得物联网变得更有弹性、更强大、更安全、更易理解，是获取用户信任、提升用户接受度的根本。

其次，物联网解决方案必须切实可行。譬如，充满大量传感器和执行器的智能感知环境固然意味着自动化、高效率的工作流程，但如果附带的先决条件是必须频繁地更换每个传感器和执行器上的电池，势必在能量补充环节额外消耗人力成本。和过去的方案相比，或许更加得不偿失。目前，智能传感器和执行器还并未达到满足物联网应用实际需求的成熟水平，在能源效率和能源补充领域都需要有更新的技术带来赋能和进步。

最后，定义明确、易于编程、可扩展并且相对稳定、更改并不频繁的应用程序编程接口(Application Programming Interface，API)是帮助开发者快速开发物联网应用的关键。因此，一个较为稳定的开发框架或模型对物联网应用程序的快速开发和丰富有很大帮助。当前，物联网仍在不断发展，各大公司都在推出各自独立的开发框架，并不能保证其所拥有的典型 API 已经发展成熟并趋于稳定。最理想的做法应当是，由产业技术联盟或联合工作组等公共机构牵头，对开放式 API 做出明确的规定并广泛开源共享；这些 API 向公众免费开放，即公众共同拥有这些 API，可以访问由公共资金部署的传感器收集的数据。

# 思　考　题

## 一、选择题

1. 在物联网三层架构中，(　　)的主要任务是发现和提供服务。

A. 感知层　　B. 网络层　　C. 应用层　　D. 中间件层

2. 在物联网三层架构中，(　　)如同物联网的神经网络和大脑，这一层的主要功能是将从感知层获得的信息进行传输和处理。

A. 感知层　　B. 网络层　　C. 应用层　　D. 中间件层

3. 在物联网三层架构中，(　　)类似于物联网的皮肤和五官等器官，这一层的主要功能是通过收集捕获信息来识别物体和感知环境。

A. 感知层　　B. 网络层　　C. 应用层　　D. 业务层

4. (　　)被尊称为物联网之父。

A. 凯文·艾什顿　　B. 比尔·盖茨　　C. 尤瓦尔·赫拉利　　D. 史蒂夫·乔布斯

## 二、填空题

1．交付物联网功能所需的五大关键要素包括_____、_____、_____、_____和_____。

2．物联网五层架构，自下而上包括_____、_____、_____、_____和_____。

3．从全感知、可靠传输和智能操作这三方面的典型功能出发，可将物联网的架构划分为三层，包括_____、_____以及_____。

4．在物联网三层架构中，网络层不仅有_____的能力，而且增强了_____的能力。

## 三、简答题

1．简述物联网的起源。

2．什么是物联网？物联网的“物”主要指什么？

3．简述物联网体系架构的设计原则。

4．简述三层物联网体系架构和五层物联网体系架构。

5．简述交付物联网功能所需的五大关键要素以及所涉及的技术示例。

# 第 2 章

# 物联网的演进

物联网的发展演进的过程，是信息与通信技术领域的所有研发经验在发展过程中交织融合的结果。如图 2-1 所示，物联网自引入以来，在关注重点、关键支撑技术、表现形式等方面都在持续发生变化，呈现出各有侧重的特征。我们可以从进化的角度对物联网的发展历程进行归纳和总结。迄今为止，可将物联网的进化划分为三个阶段：第一代物联网的重点在于如何标记物理对象；第二代物联网的重点在于如何将物理对象通过网络技术互相连通；第三代物联网则重点关注物理对象之间的社交、语义数据表示和物云(Cloud of Things)。

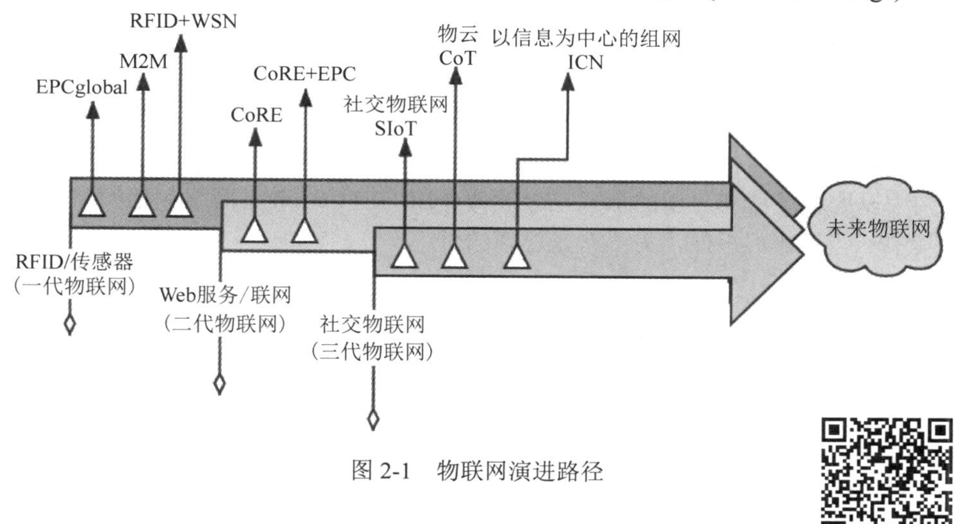


图 2-1　物联网演进路径

物联网的演进及
第一代物联网的特征

## 2.1　第一代物联网——标记物理对象

第一代物联网的重点是完成针对物理对象的标记，所涉及的解决方案主要包括三个方面的内容：EPCGlobal 网络，机器对机器通信(Machine to Machine，M2M)以及 RFID 系统和无线传感器网络(Wireless Sensor Network，WSN)的集成。每一类解决方案的形成和提出都离不开特定的背景和动机。

### 2.1.1　EPCGlobal 网络

在 20 世纪末，后来被誉为物联网之父的凯文·艾什顿开创性的提出将 RFID 技术应用于产品包装，从而发掘出更为智能的跟踪产品的办法。后来，凯文·艾什顿代表其雇主宝洁公司与麻省理工学院联合成立了自动识别中心(Auto-ID Labs)，专门研究 RFID 技术和智能包装系统。自动识别中心提出通过将载有物品(或称实体对象)信息的 RFID 标签植入实体对象包装，可以将物品网络化映射为 RFID 网络化，实现物品间的联网，这就是第一代物联网的重要特征之一——物品标签化。

沿着这样的思路，在物联网发展的早期，为了基于物品的标签化来实现物品联网，就需要创建一个行业驱动的全球标准，该标准要支持在全球范围内广泛地使用电子产品代码(Electronic Product Code，EPC)和 RFID 标签解决方案。EPC 码是一种分配和解释全球唯一的标签标识符的编码体系。EPC 码存储在附着于物品的 RFID 标签中。RFID 标签解决方案凭借全球唯一标识符——EPC 码实现对物品的唯一标识。该方案克服了传统条形码方法的局限性，从功能的角度是行之有效的，而从成本的角度考虑也是比较经济的。

EPCGlobal 网络是一种新兴的基于互联网的全球信息架构，基于计算机网络、RFID 和 EPC 编码等技术实现，是一个可以识别任何物品，同时可以追踪物品在供应链中位置的开放性全球网络。EPCGlobal 网络将信息与实物对象链接起来，这个实物对象带有标签，标签内放置了为该物品所配备的全球唯一的 EPC 编码。通过整合现有信息系统和技术，EPCGlobal 网络能够即时、准确、自动的识别和跟踪贸易单元在全球供应链上的位置。有了 EPCGlobal 网络，供应链上贸易单元信息的透明度与可视性得到提高，供应链关联的各机构组织则能够更有效地运行。

EPCGlobal 网络体系结构主要基于面向服务的分层体系结构。面向服务的体系架构的重点是要定义好不同组件之间的接口，这样各个组件可以模块化的形式工作，多种技术得以在架构中以比较经济和易用的形式充分发挥作用。EPCGlobal 网络包括的组件如图 2-2 所示，其中一些是物理组件，另一些是逻辑组件。

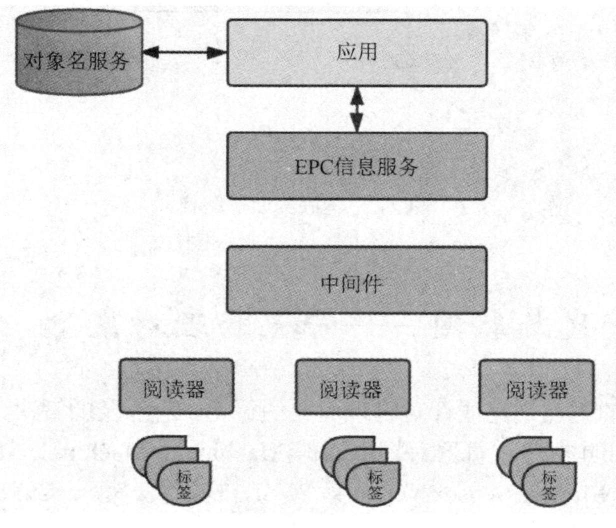


图 2-2　EPCGlobal 网络组件

RFID 标签(Tag)是和实体对象所关联的标签。每个标签都具有唯一的 ID，标签可以具有一定的数据处理能力。

RFID 阅读器(Reader)负责查询附近的 RFID 标签，并将从 RFID 标签收集到的信息传递给后端服务器。

中间件(Middleware)负责接收来自上层的应用程序的请求(这些请求由 EPC 信息服务组件进行翻译)，以及处理来自下层的 RFID 阅读器的数据，并将数据返回到请求者(或请求中所指定的其他系统)。注意，RFID 标签的数据是以 EPC 标识符的形式被 RFID 阅读器捕获。

EPC 信息服务(EPC Information Service，EPCIS)负责存储 EPCIS 事件，并响应来自应用程序的查询。

对象名服务(Object Name Service，ONS)的功能类似于互联网上的域名系统，主要负责将 EPC 码转换为 URL(统一资源定位符)，反之亦然。

组件之间的交互需要通过标准接口进行。在 EPCGlobal 网络体系中，RFID 阅读器可以读取具有不同复杂度和功能的 RFID 标签。根据能力的不同，RFID 标签分为 1 类(class 1)、2 类(class 2)、3 类(class 3)和 4 类(class 4)，如表 2-1 所示。1 类标签指仅存储物品识别码的身份标签。2 类标签具有额外内存存储，可重写。3 类标签指电池辅助类标签，该类标签可以使用内置电源向内置传感器供电，但不会向阅读器主动发送通信信号。4 类标签使用电池向通信模块供电，可以主动发送信号给阅读器。RFID 阅读器和标签之间的无线电通信由空中接口标准、EPC Gen-2 协议和 ISO18000-63 标准所控制。这些标准在核心功能上进行了调整，并定义了调制、编码、媒体访问方案以及一组用于选择、清点和访问标签的基本命令。

**表 2-1　RFID 标签：Class 1 到 Class 4**

| | 最小功能 | 用　途 | 读取范围 |
|---|---|---|---|
| Class 1(被动式) | 唯一标识符<br>禁用标签功能<br>一写多读 | 驾照(美国)<br>钥匙卡<br>应用于商品识别、驾照(美国)、钥匙卡等 | 10 米 |
| Class 2(被动式) | 标识符扩展<br>可重写额外内存<br>密码访问 | 电子护照<br>信用卡<br>身份证 | 10 米 |
| Class 3(半主动式) | 标识符扩展<br>可重写额外内存<br>密码访问<br>内置电源<br>内置一个或多个传感器 | 温度、湿度、气压等外在环境变化的记录 | 30 米 |
| Class 4(主动式) | 可读写<br>内置电源<br>主动发送信号给阅读器<br>较 Class 3 功能更多、电池能量更多、可用内存更大<br>能与同频段主动式标签通信 | 智能车钥匙<br>动物标签<br>通行卡 | 100 米 |

为了帮助各类应用程序广泛采用和充分利用 RFID 技术，与 RFID 阅读器交互的各类应用程序的消息结构和模式需要由特定的协议来定义。在 EPCGlobal 网络体系(图 2-2)中，互操作性问题是促进和方便应用程序开发的关键。其中的一个关键性组件就是中间件，这个组件能实现一个应用程序级事件(Application Level Event，ALE)协议接口。客户端的应用程序可以通过这个 ALE 接口与阅读器所提供的已经过滤和合并的 EPC 数据进行交互。EPC IS 组件也会调用这个 ALE 接口。有时这个 ALE 接口也可以利用智能 RFID 阅读器直接实现和提供。通过 ALE 接口，应用程序能生成高级描述，例如要读取或要写入标签的数据、时间段以及选择特定标签的过滤器，或者低级阅读器协议(Lower Level Reader Protocol, LLRP)会提供特定的参数和控制，以设置 RFID 空口协议的命令和定时参数。

ONS 和 EPCIS 组件也实现了特定功能的接口，应用程序使用这些接口来检索与逻辑名称(例如 URL)相关联的 EPC 码，或者向系统查询有关某些事件的信息。

### 2.1.2 机器对机器通信

机器对机器通信(Machine to Machine，M2M)是由电信运营商在实际业务发展的过程中挖掘并发起的。随着电信市场的不断成熟，低价竞争逐渐加剧，直接导致移动通信业务的单用户平均收入(Average Revenue Per User，ARPU)持续下降，运营商急待开发新的收入契机。在 M2M 推广的过程中，移动网络运营商敏锐地看到，不只是人类用户，机器同样可以被纳入目标用户池，这可以为运营商在传统电信业务之外持续带来新的利润增长点。

M2M 也称为机器类型通信(Machine-type Communication，MTC)，它是一种涉及一个或多个实体的不需要人为干预的数据通信。欧洲电信标准协会(European Telecommunications Standards Institute，ETSI)定义的 M2M 高级体系架构如图 2-3 所示，其架构被分为两个域：网络域和设备/网关域。

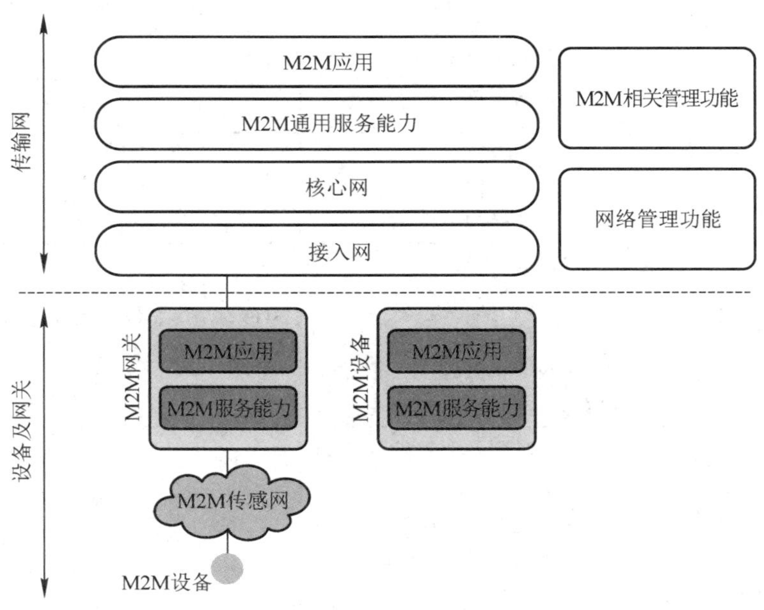


图 2-3　ETSI 定义的 M2M 高级体系架构

#### 1. 设备/网关域

设备/网关域的主要组件包括 M2M 应用组件和 M2M 服务能力组件。M2M 服务能力组件的主要任务是提取 M2M 设备的资源，并在运行在网络域中的应用程序和运行在 M2M 设备中的应用程序之间建立安全通信。M2M 服务能力组件允许不同的应用程序在同一个 M2M 设备上运行。M2M 应用组件则定义了应用程序的逻辑。M2M 应用组件和 M2M 服务能力组件的实例可以同时在设备/网关域和网络域中运行。

在设备/网关域，M2M 应用组件和 M2M 服务能力组件的实现有两种情形。如果 M2M 设备能力较为强大，M2M 应用组件和 M2M 服务功能组件的功能可以在 M2M 设备中实现，由 M2M 设备直接执行。如果 M2M 设备相对能力较为受限，并没有足够的资源来运行和执行这些组件功能，则 M2M 应用组件和服务功能可以在 M2M 网关中实现和运行，M2M 网关则可以看作网络域和多个 M2M 设备之间的代理。

当需要 M2M 网关作为代理的情况下，M2M 设备是通过 M2M 传感网连接到 M2M 网关的。M2M 传感网是基于某种 LAN 标准(比如 IEEE 802.15.4)的区域网络。ETSI 作为欧洲电信运营商牵头成立的标准化联盟组织，其立场无疑是受蜂窝网络运营商的强烈影响的，在 ETSI 定义的 M2M 架构中，M2M 设备或 M2M 网关必须配备蜂窝无线接口。

#### 2. 网络域

M2M 网络域包括广域网和 M2M 应用系统组件。具体地说，网络域的组件包括接入网组件、核心网组件、M2M 通用服务能力组件、M2M 应用组件以及 M2M 相关管理功能组件和网络管理功能组件。接入网组件为 M2M 设备提供对核心网络的访问能力(实现相应功能的设备通常是独立于 M2M 技术，支持大多数可用的数据访问标准)。核心网组件至少会提供 IP 连接、服务和网络控制、与其他网络的互联和漫游等功能。

### 2.1.3 集成 RFID 系统以及无线传感器网络

对将真实世界和数字世界相互连接的第一代物联网来说，无论是 EPCGlobal 网络，还是基于无线传感网络的 M2M，都是非常关键的核心技术，有着同等重要的地位。为了进一步构建能让两者融合的全球通用标准基础设施，研究人员提出的思路是：将 WSN 集成到 EPC 框架中，使得传感器设备所生成的数据也能适用于 EPC 框架，并被上传到互联网加以利用。

基于 EPC 框架有两种集成方法：对象级集成和系统级集成。

#### 1. 对象级集成

对象级集成又称设备级集成，其操作对象是对象(设备)，其目标是将物联网中的任何一种类型的对象(设备)都能集成一个统一的系统中。随着设备微型化、能量收集和能源效率方面的技术进步，设备硬件平台(比如被动式能源消耗型 RFID 标签)和存储数据所需要的环境传感器和内存能够被集成在一起。典型例子是由美国英特尔公司研究院和华盛顿大学联合开发的无线识别和传感平台(Wireless Identification and Sensing Platform，WISP)，WISP 实际是一个支持感知和计算的 RFID 设备，亦可以被看做一个由射频能量驱动的微控制器。RFID 阅读器将 WISP 作为一个被动 RFID 标签，读取 WISP 的数据并向 WISP 供电。在 WISP 内部，WISP 利用从阅读器收集到的能量来运行一个 16 比特的通用微控制器，微控制器可以执行各种计算任务，包括对传感器数据采样，向阅读器报告传感器数据等。

支持对象级集成的体系结构可以划分为两大类：第一类解决方案将终端节点看做配备传感器的 RFID 标签；第二类解决方案将终端节点看做具有唯一 ID 的无线传感器节点。

第一类解决方案以 EPCGlobal 网络体系结构为基础，在此基础上扩展以支持新的消息格式，新的消息格式可以容纳和兼容传感器测量值。这种解决方案没有办法集成已经部署于环境中的传统传感器网络生成的数据，也不支持节点之间的直接通信，也就是说，需要在节点附近有一个阅读器来收集测量数据。

在第二类解决方案中，终端节点之间是凭借 WSN 解决方案支持的多跳无线通信机制实现相互通信的，我们把具有感知能力和唯一标识 ID 的终端节点看做是能够互相通信的智能对象。和第一类解决方案不同，第二类解决方案所针对的智能对象要具有较强的通信能力、交互能力以及更高的管理自主性。此外，还可以将多个终端节点分簇，每一簇有指定的簇头。簇头负责收集簇中的其他节点生成的信息，并将这些信息传输到网络基础设施。对于无线传感器网络来说，使用簇头是提高网络效率的常用方法。

无论是第一类还是第二类对象级集成解决方案，都对终端节点提出了一定的要求，这样的方案比较适合应用于全新部署的物联网。然而对于那些已经事先在环境中部署好的对象来说，则很难在对象级集成解决方案中被集成。

### 2. 系统级集成

系统级集成的操作对象是系统，这里的“系统”理解为任何类型设备对象的唯一抽象。系统级集成解决方案并不考虑终端设备的具体类型，而是针对终端设备的抽象进行集成。为此，需要在网络基础设施的边缘引入一个组件，该组件要能够隐藏节点之间的差异和异构性。

如图 2-4 所示，为了将 WSN 和 RFID 系统集成，可以在无线传感器网络和 EPCGlobal 网络的基础设施之间引入一种网关，这个网关可以将无线传感器网络生成的事件转换为适当的格式。这种解决方案的优点在于可以在不改变具有强大工业支持的 EPCGlobal 网络基础设施的情况下，将无线传感器网络集成进来。然而，由于系统级集成解决方案并不是为处理传感器生成的信息而量身定做的，并且将无线传感器网络的管理置于系统其余部分的管理之下，整个系统的效率可能会比较低下。

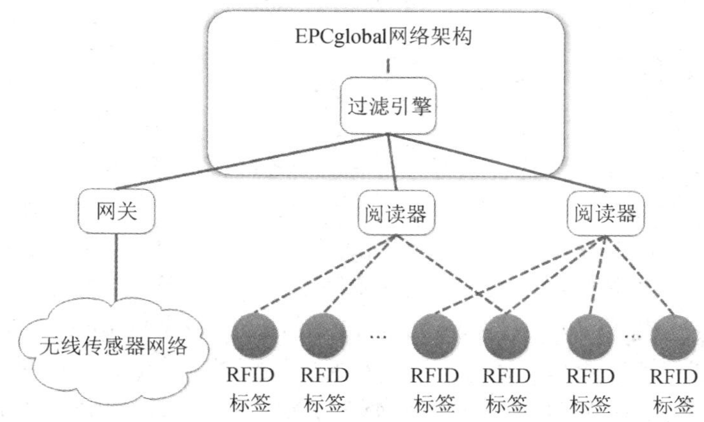


图 2-4　基于 EPCGlobal 网络架构在系统级层次集成 RFID 和 WSN

系统级集成方案的主要思想在于将物理设备实体的细节剥离，只在抽象的层面考虑集成方案。除了基于 EPCGlobal 网络基础设施，还有一种基于 IoT-A 架构实现 RFID 标签和 WSN 节点的集成的解决方案，如图 2-5 所示。

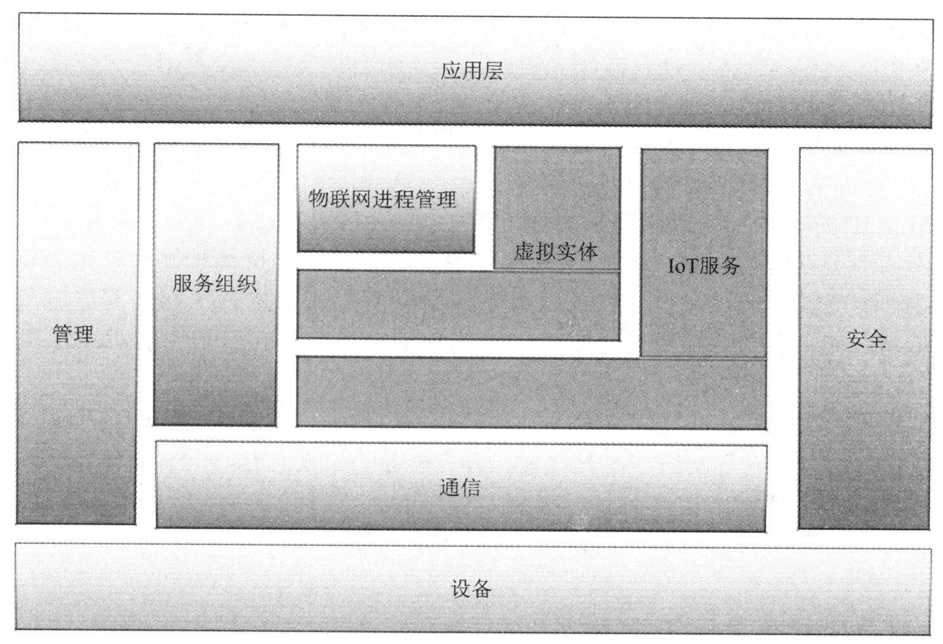


图 2-5　基于 IOT-A 架构在系统级层次集成 RFID 和 WSN

如图 2-5 所示的 IoT-A 物联网体系结构中，物理实体与物联网设备相关服务之间是清晰分离的。比如针对智能家居应用场景，可以将建筑物中的房间看做一个物理实体，部署在该房间中的温度传感器提供与房间这一物理实体相关的服务。物理实体在数字世界的表示被称作虚拟实体(Virtual Entities，VE)。虚拟实体与物联网设备所提供的服务相关联，提供有关虚拟实体的信息，这种服务称为物联网服务。通过一些传感器实现环境参数的测量，或者通过 RFID 系统实现物体的定位，都可以看作是某种物联网服务。涉及单个虚拟实体(VE)的进程由物联网进程管理组件管理。

在这个 IoT-A 的结构中，服务组织组件也非常重要。服务组织组件是一种集线器，该组件将应用程序触发的流程进行集成，以实现有意义的业务逻辑。

服务组织组件、物联网进程管理组件、虚拟实体组件以及 IoT 服务组件，都利用了通信组件提供的服务。管理组件和安全组件跨越体系结构的所有层。

IoT-A 架构是一种能够完全集成 RFID 标签和无线传感器节点的架构，但相关模块的实现仍处于原型阶段，大多数系统级集成解决方案还是基于 EPCGlobal 网络架构实现。

## 2.2　第二代物联网——物理对象的网络化

第二代物联网的特征

在物联网发展的第二阶段，研发重点开始转向如何将功能受限的实体对象直接连接到互联网。以物理实体标签化为中心的解决方案不再是关注的重点。

国际互联网工程工作组(Internet Engineering Task Force，IETF)提出基于 IP 协议部署物联网的思路，并很快在业界获得了共识，这也是第二代物联网的发展重心转向的驱动力。IETF 提出的是很轻量的解决方案，不但支持连接大量传统通信设备，更重要是可以在小型的电池驱动嵌入式设备上运行。这样一来，在第二代物联网解决方案中，半径仅为若干米的个人区域网络(Personal Area Network，PAN)的参考标准也被纳入二代物联网体系结构。在这样的设计思想指引下，研究人员做出了一些有趣尝试，比如尝试将 RFID 设备集成到 IETF 基于 IP 的物联网愿景中。

在基于 IP 的第二代物联网解决方案发展的同一时期，将互联网应用程序设计为 Web 应用程序的新方法开始出现，这种 Web 程序由基于浏览器支持的程序设计语言创建，能够在 Web 浏览器中运行。在这样的背景下，物联网大跨步进入了网络互联时代。Web 标准被重新起用，人们开始考虑将支持嵌入式设备或计算机的日常生活对象连接和集成到网络中。

第二代物联网时期，社交网络相关的概念开始渗透到信息通信技术的各个领域，这些概念包括延迟耐受、对等网络、内容搜索、内容推荐等。人们开始尝试如何在物联网领域中引入社交组网的概念。这只是社交网络和物联网结合设计的初步尝试。在随后的物联网时代，这种方法还在以完全革新的形式继续发展和丰富。

### 2.2.1 将受限设备集成到 IP 网络

对于以 IP 协议为核心协议的互联网来说，要想将实体对象特别是移动的实体对象无缝和高效地集成到无处不在的互联网中，意味着要入网的实体对象应能够使用与其他传统主机完全相同的 IP 协议和相关设施。毫无疑问，需要对正在运行的 Internet 体系结构做出修改，以扩展和完善传统的互联网技术和协议。

在这一思路框架下，2005 年开始，IETF 围绕着适用于低功耗无线个人网络的 6LoWPAN (IPv6 over Low power WPAN)开展一系列工作。6LoWPAN 将 IEEE 802.15.4 纳入基于 IPv6 协议的网络，IEEE 802.15.4 是低速率无线个人网络(简称 LR-WPAN，指网络覆盖半径在几米的短距离网络)的参考标准。IETF 的主要目标是利用 IEEE 802.15.4 链路支持基于 IPv6 的通信，且需要遵守开放标准以及保证与其他 IP 设备的互操作性。6LoWPAN 指定了一个轻量级的 IPv6 版本，该版本可以由资源受限的设备运行。有了 6LowPAN，半径几米的短距离无线个人网络也进入了 IP 体系架构。

数据包的报头越简单，处理过程就越快。为了使得 IPv6 数据包可以在 LR-WPAN 上传输，需要解决标准 IPv6 数据包包头过大的问题。作为轻量级 IPv6 版本，6LowPAN 为数据包头的压缩定义了适当的策略，目的是使 IPv6 的报文头可以在 LR-WPAN 上传输，其特征是短帧，其有效负载几乎可以通过 IPv6 和 TCP 头的组合完全填满。

将 6LoWPAN 网络集成到互联网中需要部署网关，网关的主要功能是将 6LoWPAN 的数据包转换为标准的 IPv4(或 IPv6)数据包。通过部署 6LoWPAN，无线传感器节点就可以被视为 Internet 的节点。6LoWPAN 还提供将每个设备转换为 Web 服务器的功能。此外，可以利用传感器虚拟化技术创建传感器的抽象对象，从而屏蔽传感器节点的特定特性，上层的物联网应用去调用和使用传感器设备提供的 Web 服务时，只需要直接查询传感器节点对应的抽象对象。

### 2.2.2 Web 技术对物体联网的支持

对于以“网络化物理实体对象”为主要关注点的第二代物联网来说，要实现将传感器设备这样的简单实体对象直接连接到互联网的目标，仅仅做到支持功率受限的传感设备在 IP 网络中通信是不够的。将无线传感器节点集成到物联网中还需要实现对 Web 服务的支持，换言之，要以访问 Web 服务的方式来访问无线传感器节点。这样，传感器节点才能真正成为万维网中的设备。

随着互联网技术的发展和盛行，大多数软件开发人员已经在 Web 技术和编程方面有非常充分全面的积累。从软件开发人员的角度看，利用 Web 服务(包括但不限于 http 服务)来管理和处理所有连接到 Internet 的设备是可行的。为了满足这样的迫切要求，嵌入式技术开始兴起，这些技术支持在最微小的通信设备中嵌入 Web 服务器功能。

物体联网概念的引入正是上述的客观环境和技术趋势自然演化的结果。在第二代物联网解决方案中，物联网设备被视作万维网的资源。设备被视作 Web 服务，可以像 Internet 中的网页那样，由通用资源标识符(URI)唯一标识。

例如对于一个配备了若干传感器、执行器以及内部组件(如无线电收发器和电池)的 Java 可编程嵌入式系统，系统中每个组件可以被看作是网络资源，分别被分配了唯一的 URI。可以使用 RESTful 方法(一种网络应用程序的设计风格和开发方式)执行与这些资源的交互。一般来说，RESTful 方法可以利用经典的 HTTP 方法。

在物联网中交换信息，信息的格式需要简单易解释。大多数解决方案建议使用用于构建网页的流行语言 HTML 或者 JSON 语言。

不过 Web 技术虽然有助于实现将设备连接到互联网并加以利用，但在复杂性和流量生成方面的效率较为低下，直接应用于资源受限的网络环境较为不便。为此，IETF 于 2010 年 3 月正式成立了 CoRE(Constrained RESTful Environment)工作组，主要讨论在资源受限的网络环境下如何进行信息读取及操控的应用问题。CoRE 工作组提出了 CoAP(Constrained Application)协议。CoAP 协议是一种类似 HTTP 的应用层协议，该协议可以很容易地转换成 HTTP，并且具有简单、低开销和支持多播通信的特点，特别适合资源受限的设备。它在应用程序之间提供请求/响应交互模型，并支持内置服务和资源发现。

在开放式系统互联参考模型(Open System Interconnection，OSI)中有两个具有代表性的传输层协议：用户数据报协议(User Datagram Protocol，UDP)和传输控制协议(Transmission Control Protocol，TCP)。UDP 是一种面向无连接的传输层通信协议，提供面向报文的简单不可靠信息传送服务。TCP 则是一种面向连接的、可靠的、基于字节流的传输层通信协议。和 TCP 相比，UDP 的报文头开销小，传输数据报文时更为高效。为了获得低开销，CoAP 通常在 UDP 上执行。相比之下，HTTP 是基于 TCP 协议开发，运行在 TCP 协议之上。

CoRE 工作组指出，需要有一个网关将 CoAP/UDP/6LoWPAN 设备与互联网的其余部分互连。这个网关负责将消息格式从 CoAP/UDP/6LoWPAN 设备所指定的格式转换为

Internet 所使用的格式，反之亦然，如图 2-6 所示。

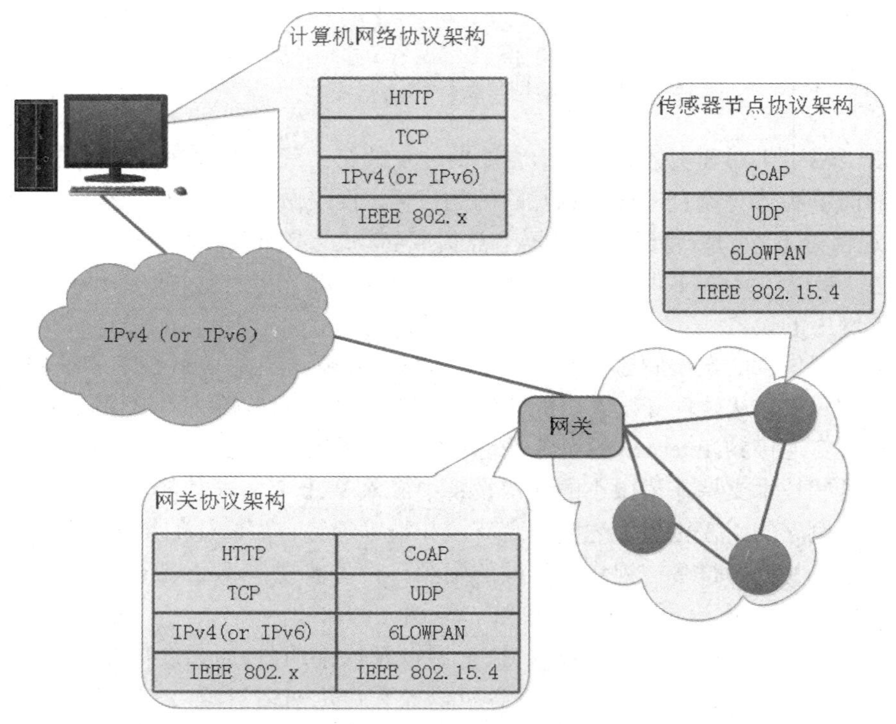


图 2-6　来自 IETF CoRE 工作组的物体联网方案

在第二代物联网阶段，RFID 领域也在着力解决将物体连入网络的问题。最主流的解决方案是在 RFID 平台中使用 RESTful 服务，可以将 EPCGlobal 网络无缝地集成到 Web 中。这样一来，终端用户可以基于 HTTP 协议对所标记的对象直接做搜索、索引、添加书签、交换标记等操作，还能为未来的物联网或移动原型和产品创建源。

关于如何将 RFID 技术进一步集成到终端设备能力受限的物联网系统组网中，比较有代表性的做法是将 RFID 技术纳入 IETF 的 CoRE 工作组提出的 CoAP 协议中。CoAP 中的 RESTful 机制可以确保通过特定的代理功能，将 RFID 资源无缝且有效地集成。这些方案的核心做法是，要通过 IETF 提出的标准化物联网协议去访问常见的 RFID 资源，标准化协议的使用屏蔽了底层物理资源的细节，访问方式和访问其他非 RFID 的智能对象并没有分别，这样就解决了在物联网内 RFID 应用部署的互操作性问题。

在物联网的实际部署中，还有大量不能提供 Web 服务器功能的设备。对于这些设备可以使用适当的代理(又称作智能网关)将它们连接到物联网，如图 2-7 所示。这个智能网关与设备之间的通信可以基于 ZigBee、蓝牙等标准的通信技术。在有些应用程序的场景下，需要智能网关和一个设备集合(或称设备组)进行交互。为了达到这样的目的，需要为智能网关添加设备集合交互模块，该模块主要功能是提供与若干终端设备的集合(而不是单个设备)交互的 API。

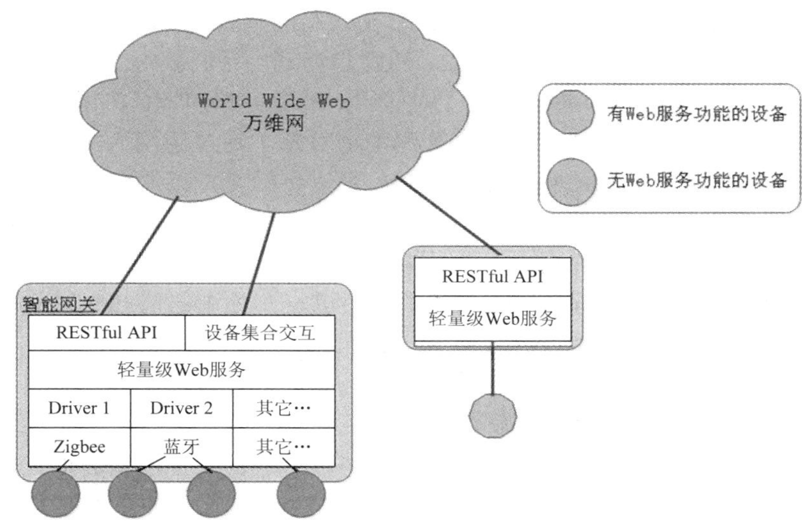


图 2-7　如何将不能提供 Web 服务功能的设备联网

## 2.2.3　社交网络概念的引入

自 21 世纪初至今，社交网络得以迅速兴起并蓬勃发展。社交网络又称为社交网络服务(Social Network Service，SNS)，是指以一定社会关系或共同兴趣为纽带、以各种形式为在线聚合的用户提供沟通、交互服务的互联网应用。社交网络的形式多样，包括但不限于网络聊天(IM)、交友、视频分享、博客、播客、网络社区、音乐共享等多种形式。在传统意义上，社交网络局限在人与人之间的沟通。

借鉴人类社交网络解决互联网中“人人连接”相关问题的思路，研究者提出将社交网络与物联网相融合的想法，利用现有的社交网络技术，帮助用户在社交平台上分享拥有的智能对象生成的数据，比如和他们认识或信任的人(例如亲戚、朋友、同事等)共享数据。这种方式能够帮助将实体对象更紧密地集成到物联网服务中。

在物联网中使用社交网络技术的主要意义和价值在于，通过人类的社交平台(SNS)，人可以获得由实物对象感知到的数据。由实物对象生成的数据可以用于社交网络中的各种应用场景，具有巨大的想象空间和创新空间。

在融合了社交概念的物联网中，允许实物对象在其所有者的社交平台版面上发布消息，这样所有者就能够轻松访问自己所拥有的对象的数据，数据的可见性可以设置限制范围。通过这种方式，用户不但可以和社交网络的好友联系，还可以持续地与所拥有的实物对象发生联系，更新对象的状态。例如在智慧农场应用中，可以允许在农场中部署的传感器在社交网站上发布数据，从而农民可以时刻掌握和检查动物、农作物和温室的状况。又比如，可以支持智能电表直接将其所有者的用电信息在所有者的社交平台上发布，这样社交用户可以在社交平台上将自己的用电情况与朋友进行比较，也可以和对应感兴趣社区内用户的平均行为(用电的基准水平)进行比较，这就是所谓的社交电力原型的想法。

还有一类操作，用户可以共享自己拥有的智能对象所感测到的数据，将数据发布到社交网站，并允许选定的人查看这些数据。所谓选定的人，可以是当前好友，也可以是按某种规则定义的潜在好友。潜在好友一般指通过社交网络的判断，与用户有高度的相似性的陌生人。例如现在的移动电话都支持传感器，将通过移动电话所获得的个人信息与社交网络平台中的用户档案结合，就能够获得关于对应用户的更完整的特征刻画。

此外，可以利用人类社交网络平台来管理实物对象。通过访问人类社交网络帐户，传感设备就与 Web 服务相连接。按着这个思路，可以将社交网络服务设计为人、网络服务和设备的汇聚点，社交网络就成为了一个具有枢纽意义的服务获取端口，最终将物联网服务带给用户。一个有趣的解决方案就是丰田汽车面向车主推出的社交网络平台——丰田朋友(ToyotaFriend)。Toyota Friend 构建了一个以汽车为中心的社交网络，将用户使用的公共社交网络、Toyota 售后服务以及 Toyota 公司联通，支持将实物物体——汽车所生成的数据用于在人类的社交网络中的营销和市场推广。通过 Toyota Friend，用户可以通过手机等移动终端，随时随地的了解汽车的状况。例如，若纯电动车或者混合动力车上电池电压过低，Toyota Friend 将以发“推特”到用户手机或者电脑的形式告知用户，Toyota 也将能通过这个平台提供各种产品和服务的信息，以及基本的维护技巧，创造良好的汽车使用体验。此外，Toyota Friend 是一个私人的社交网络，用户可以将汽车作为处理个人社交关系的一个基点，可以选择通过 Twitter 和 Facebook 等公共社交网络将它扩展到家庭、 朋友和其他人的沟通。

社交应用程序通常需要处理来自不同来源的数据，而用于构建个性化社交应用程序的工具正在不断演变。比如有的工具可以控制设备，设备可以感知环境，并可以通过控制灯、电源插座和其他执行器进行操作，此外还支持透过常见的社交网站(如 Twitter、Facebook、Instagram)来驱动各种动作和感知任务的组合。又比如，设计一种基于 Web 的服务，允许用户透过各种社交网络站点来创建包含任何类型的实物对象的简单条件语句链，这样当实物对象监视的某些事件被观测到且使得条件语句变为真时，将触发指定的对象来执行特定的操作。

在第二代物联网的不少应用场景中，实物对象通过人类的社交网络服务与人类交互。进一步发展下去，更“纯粹”的社交物联网意味着实物对象本身就具备自主的“社交”能力，可以在不使用人类社交网络服务的情况下与外部环境交换数据，这也是第三代物联网的特色之一。比如，爱立信研究实验室领导开发的一个项目中就考虑了更纯粹的社交物联网的愿景。在这个项目的设计中，实物对象更具有自主性，物联网对象之间的交互与人们通常在 Facebook、Twitter 或其他社交网络中体验的交互类似。人们试图通过这样的研究，预测和掌握在引入社交物联网组网模式之后的复杂性。

此外，大数据技术逐渐被用于分析物联网数据，对应地也需要开发专注于物联网的数据分析工具。

## 2.3　第三代物联网——社交物联、云计算和下一代因特网

第三代物联网的特征

第三代物联网解决方案的主要特征有四个方面：一是更“纯粹”的社交物联；二是以信息为中心的网络模式；三是与云计算解决方案的结合；四是 RFID 物联网解决方案继续演进，涌现出各式各样的集成 RFID 技术的新型设备和硬件平台。

### 2.3.1　社交物联网

将社交网络的概念和技术引入物联网领域是一个颇具颠覆性和创新性的想法，第三代物联网开始把关注重点转向对构建物联网的实物对象的社交潜力的挖掘。如果将构成物联网的联网设备看做“新一代的社交对象”，已经发展了十多年的、主要专注于人与人沟通联系的社交网络会如何进化？应该如何考虑适用于社交物联网的新型社交网络机制？这些都是非常有趣且具颠覆性的开放性问题，值得深入思考。

与第二代物联网中仅仅是将社交网络的概念引入物联网，将人类社交网络的联系对象从人扩展到物不同，第三代物联网倡导的是更“纯粹”的社交物联网，它允许构成物联网的实物对象自主地建立社会关系，并创建与人类分离的、属于实物对象自己的社交网络。将实物对象之间的沟通做“社交网络化”处理，有利于促进高效解决方案的部署。基于成熟的人类社交网络已经储备的技术，完全可以同样方便地发现、选择和灵活组合分布式实物对象提供的服务和数据。这样的社交物联网在可导航性、数据交换的可靠性和数十亿设备社区的可扩展性方面表现出有趣的特性。

模仿人类社交网络的形态，研究人员提出，社交物联网同样可以支持联网对象加入对象社区、创建兴趣组，甚至采取协作行动。不过这只是理论层面的社交物联网形态，要想实现，还需要考虑实际如何构建以物为社交个体的社交网络，包括实现社交物联网组网的体系结构和协议。

还有一些研究者提出，可以探索联网对象之间建立友谊关系的机制，这需要为相应的社交物联网设计一个体系架构，其中包含创建和管理社交物联网的主要功能模块。支持友谊关系建立机制的体系架构需要考虑网络中每个节点的可信度评估问题，采取的具体做法可以借鉴人类社交网络处理类似问题的经验——允许联网对象在评估朋友的可信度时模仿人类的行为。

很显然，物联网系统的计算能力提升更有利于促进社交物联网的联网物体之间的自主智能交互，从而有利于提升系统整体的性能，计算能力对社交物联网的重要性不言而喻。

### 2.3.2　以信息为中心进行组网

传统的组网方案是以主机为中心的，这类组网方案与物联网系统严苛的性能要求(可扩展性、健壮性、能量效率等等)之间很难做到好的匹配和支持。在第三代物联网阶段，人们开始提出以数据交换为核心的网络层解决方案，该方案以信息为中心组网(Information Centric Networking，ICN)，取代过去常见的以主机为中心的 IP 组网方案。这种新型的 ICN 解决方案，可以有针对性地解决传统的基于 IP 的解决方案所面临的困难。ICN 解决方案提出了一系列围绕着数据的功能设定，包括有效的内容命名方案、相关的数据检索和数据共享方法、本地的移动支持、网络内缓存和基于内容的安全等。这些功能对创新的物联网设计有更好的适应性，为在物联网环境中应用 ICN 方案开启了新的机遇。

以信息为中心的组网方法(ICN)最早由伊万·斯托伊门诺维奇和斯蒂芬·奥利乌两位学者在 2005 年提出。在当时，人们主要的关注点是在无线传感器网络中如何以数据为中心来考虑问题，提出了不少有趣的想法，例如数据驱动的路由协议的设计。后来，ICN 又被移植到物联网解决方案中，用于物联网数据的处理。

在第三代物联网中，ICN 所提供的优势、机遇以及 ICN 物联网整合方面的相关挑战已经逐渐显露，但该领域的工作仍处于较为早期的阶段。此外，物联网服务的发现和命名问题也是基于 ICN 的物联网解决方案的重要组成部分。

国际互联网工程工作组(IETF)针对如何基于 ICN 组网架构来构建统一的物联网平台展开了一系列工作。相关的工作表明，如果不做任何协调工作，只是简单地将 IP 组网用于在不同的物联网内网之间作为联网中间层是存在很多局限性的。此外，ICN 组网机制可以很好地提升物联网的无缝移动性、可扩展性以及内容和服务交付的有效性。

那么基于 ICN 机制的物联网应该采用什么架构呢？首先了解一下以内容为中心的组网(Content-Centric Networking，CCN)体系结构。CCN 本身是为未来互联网所提供的核心网络，这个网络由内存大、计算能力强、通信性能相对可靠的超级路由器组成，以网络化内存为特征。基于 ICN 的物联网也可以采用这种 CCN 体系架构。然而众所周知的是，对于典型的物联网而言，构成网络的节点多是资源受限的设备，这与核心网络中的超级路由器有很大的不同。因此，基于 ICN 机制的物联网如果要采用 CCN 体系结构，需要配置更加具体的策略，要能适应资源受限的多样化设备的需求，使这些设备更好的发挥物联网数据及应用的生产者和消费者的作用。

为了基于 ICN 的物联网能更好的采用 CCN 体系架构，可以命名数据组网(Named Data Networking，NDN)架构作为基于 ICN 的物联网系统的高级架构。这个设计的思想是，将 NDN 架构凌驾在构建物联网生态系统的诸多设备——即所谓“物层(Thing layer)”之上，扮演网络层的角色。NDN 通过向下调整其模块以适应来自物层的各种异构设备的不同功能，并向其上方的应用程序屏蔽来自物层的“物(设备)”的复杂性和多样性。此外，还可以基于 NDN 架构实现对多样化来源的数据(如环境监测数据)进行检索。

基于 RFID 的物联网，也充分借鉴了以信息为中心的思想。RFID 物联网由被 RFID 技术所标记的实物对象组成，其体系架构允许在整个供应链中对与某个实物对象相关的信息赋予多方所有权和灵活的管理。

### 2.3.3 将物联网搬到云上

近年来，以云计算为代表的新技术浪潮在崛起，带动着整个互联网世界迅速地发展和蜕变。在云计算的支持下，构建互联网服务的方式在改变，人们可以用最便捷的方式来按需访问互联网服务，互联网服务更加显得无处不在了。正在经历深刻变革的互联网已成为各行各业不可或缺的基础设施，内容和服务必然处于网络运营的核心地位。与此同时，在新技术浪潮的刺激和带动下，物联网也在进一步演进。和互联网正在历经的变革类似，物联网解决方案要以人、内容和服务为中心，离不开云计算等新兴技术的支持。

将云计算技术和解决方案扩展应用到物联网领域的原因是多方面的。物联网的设备会产生大量需要存储的数据。由于本地设备内存通常有限且成本高昂，一个更好的解决方案是将数据发送到云端，在云端实现加密、身份验证、复制和注释等功能。并且物联网的设备需要以可扩展且经济高效的方式来按需使用 IT 资源(如计算机、存储和网络)，这种需求也和云计算模式非常匹配。此外，物联网设备在接口、可实现的性能和功能方面都具有高度的异构性。云可以通过提供一个通用的物联网应用程序开发层来帮助管理这种异构性，在上层应用的视角下，不同的硬件设备是虚拟化的。同时，在云端可以合并来自不同物联网设备的服务，或将不同的服务混搭组合，以提供更复杂丰富的服务。

将物联网搬上云端的需求也是由构成物联网的实体对象的特定性质决定的。我们知道，无线传感器网络和 RFID 物联网是物联网的两种典型。对于无线传感器网络，设备通常能量受限，为了节省能耗可以采用为这些设备设置工作周期的方法，即设备的射频接口可以周期性的打开和关闭。类似的对于 RFID 物联网而言，大部分时段里射频识别标签都是处于射频识别阅读器的无线电覆盖范围之外的。一言以蔽之，物联网设备在其存续一生的大部分时间里都是不可触及的。与此相反的是，在物联网应用程序的使用者看来，从应用程序的易用性友好角度考虑，通常要求在应用程序里的物联网设备始终可以被访问。为实现这一目的，要求任何物联网设备所对应的数字抽象组件(或称数字对应物)在互联网服务端始终运行，并使物联网应用程序能与这些物理实体的数字对应物进行交互。借助云计算技术，可以将设备的物理实体“移植”到云端，这可以通过物云(Cloud of Things)解决方案来实现。

物云的参考体系结构如图 2-8 所示，自下而上共有四层：Intranode 层、IntraCloud/Internode 层、InterCloud 层以及顶层 SaaS-IoT 层。Intranode 层是协议栈的底层，主要处理设备所提供资源(服务)的虚拟化。在这一层，SAaaS(Sensing and Actuation as a Service)模块的主要功能是将由传感器或执行器节点提供的服务虚拟化。

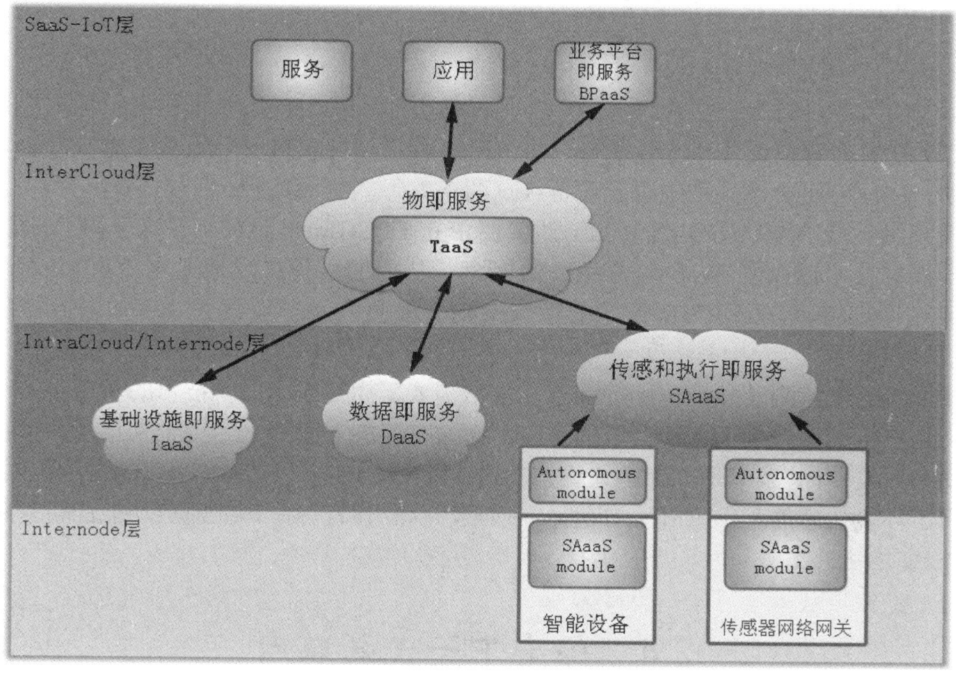


图 2-8　物云的参考体系架构

在 IntraCloud/Internode 层，同一物云所运行的不同节点的虚拟化对象之间能够得到交互。在这一层，SAaaS Provider 是一个关键组件，它提供 API 来管理和使用在同一物云中运行节点的虚拟化对象所提供的服务。

在 InterCloud 层，不同云中运行的实体之间能够得到交互，这一层可看作是平台即服务(PaaS)层，主要执行 TaaS(Thing as a Service)模块，该模块支持不同云中的异构资源之间的互联互通。通过该层提供的 API，可以将在不同的云中运行的物理对象的资源虚拟化。

在物云体系架构的最顶层 SaaS-IoT 层，主要执行物联网软件实例的运行，这些实例可由不同的应用程序使用。

基于云的物联网解决方案的开发受到了各方的关注。由欧盟主导资助的 ClouT 项目的主要目的就是为云物联网定义 API 和相应的基础设施，并开发相关工具。这是一个欧盟-日本合作的项目，利用云计算技术，通过互联网服务将物联网与互联网上的人连接起来，建立一个高效的通信和协作平台，利用所有可能的信息源，为城市赋能，使城市更加智能。

目前，国内外相关公司开发的几个开源的通用物联网平台，试图解决设备接入、数据存储和数据展现等问题，这些平台包括 Xively、Nimbits、Arrayent、Yeelink、Thingspeak、Device Cloud by Etherios 等。这些物联网平台都用到了云计算技术，规定了统一的数据格式和接入方式，可以集成第三方应用并与之交互数据。这些物联网云平台大多采取软硬件结合的策略，允许第三方硬件接入到平台。这些开源的软件平台可以被自由地用来开发各种应用程序，并通过 Restful API Web 界面实现对云服务的访问。

### 2.3.4　演进的 RFID 物联网解决方案

在第三代物联网发展的过程中，RFID 技术解决方案的中心地位相对有所降低，但仍然有一定的发展。为满足物联网应用在各种日常生活场景中日益增长的需求，常常需要集成 RFID 技术的新型设备和硬件平台，将 RFID 系统与物联网平台紧密集成非常必要，这一集成的过程仍然要遵循系统级或设备级这两条并行的集成路径。

系统级集成的解决方案其做法仍然主要依托 EPCGlobal 网络，并充分融合设备虚拟化、云计算技术以及与 Web 服务相关的概念，从而便于更广泛地采用 EPCGlobal 网络标准和工具。基于 EPC-RFID 技术的系统架构一般会涉及智能网关、感知服务器和中间件系统等组件。

在个人健康监测及环境传感等领域，常常需要采用基于 RFID 技术的新型设备和硬件平台，这些可以看作是设备级集成的 RFID 物联网解决方案。比如用于人体生命体征监测的移动个人设备，其集成了非接触式识别(RFID 和 NFC)模块和支持 6LoWPAN 的组网模块。又如用于环境传感的基于 RFID 的无源传感器，以及具有生命体征监测功能的可穿戴和可植入的 RFID 标签。

## 2.4　探索下一代物联网

随着新的存储、计算和通信的模式在各种新技术的催化下进入成熟阶段，物联网将继续发展。基于学界和业界从各个角度对物联网的研究和实践，人们尝试提出从较高层面定义的物联网的概念框架，这个框架独立于各种具体技术。

### 2.4.1 未来物联网的共性特征

很明显，自从“物联网”这个概念出现后，其内涵所指随着其被提出时所对应的概念、技术和解决方案的差异会有所不同。随着存储、计算、通信等领域各类新兴技术的快速发展，物联网跟随着迭代演进，当前一代物联网并不是物联网进化过程的顶点。从三代物联网的演化可以看到，在不同的技术领域存在着各种为适应物联网设备和应用的特征而开发的解决方案。这些林林总总的解决方案将促进物联网应用的开展，并为物联网发展提供新的动力。

综合考虑诸多有关物联网的定义并结合新技术兴起的背景，可以将未来物联网的共性特征进行归纳。不过读者不要机械地仅从字面去理解这些共性特征，一个平台并不是必须具备以下提到的全部特征才有资格被归类为物联网。如果严格按照这个标准，各种专注于物联网体验而获得的解决方案，几乎没有能被称为“真正”的物联网解决方案的。

第一，物联网需要全球网络基础设施或网络连接的支撑，它允许物联网节点之间具有互操作性、可以无缝集成，并有独特的寻址方案。这个基础设施应该是一个全球基础设施(不一定基于 IP 实现)，可以克服物联网的碎片化或局部化。

第二，日常物品和传统的信息通信设备一样，都可以成为物联网的主要参与者。物品应当可读、可识别、可定位、可调整和可控制。这需要有解决方案来连接真实世界的物理实体和网络空间的虚拟对象。为此需要将传感器和执行器嵌入物理实体中，并需要构建凌驾在物理世界之上的数字信息系统，这样人对物理世界的感知和操作就能够通过感知和操控数字信息系统中的虚拟对象来实现。物联网正是人、系统(网络空间)和物理世界(原子空间)的交汇点。

第三，构成物联网的对象应具备一定的自治特性和智能特性。自治性即系统能自我治理和管理，它意味着系统的复杂性可以得到控制。要特别注意设计人与物之间以及物与物之间的有效接口，接口应当尽量具备一定的智能特性。

第四，关键技术的异质性(heterogeneity)。物联网的特征因应所采用的关键技术的不同有不同，不同特征的物联网会长期共存和交迭，这意味着异质的关键技术也会长期共存。因此需要设计适当的解决方案，比如专用网关，使这些技术能在异构物联网的互联大平台内共存。

第五，物联网服务需要与实物对象关联。不论复杂或基本的服务，都是建立在与每个实物对象相关的信息上的。

在工业界，某个技术解决方案本已经存在多年，由于一些新技术的赋能或新功能的叠加，加上出于营销或市场推广的考虑和目的，这个方案可能会在新的概念下改头换面被再次提出——比如以物联网的概念再次被提出被升级。

### 2.4.2 未来物联网的概念框架

如今和物联网密切相关的各类技术解决方案，如泛在计算、无线传感器网络、M2M、基于 RFID 的跟踪以及设备共享等正在不断发展和膨胀。学界和产业界对于这些物联网相关新技术的关注度在以令人难以置信的速度增加，并带来了巨大的成果。随着新技术的发展，物联网的形态和内容正在迭代进化，未来物联网的内涵应当比现存技术框架丰富得多。以发展的眼光看，物联网被视为一个具有“破坏性”潜力的概念框架，在市场需求、产业研发和学界研究的共同推动下，物联网的概念框架不断取得进展，同时对该框架所依赖的现有技术和系统起着推动和促进作用。

我们可以从三个不同的角度分析和理解未来物联网的概念框架。

第一，从技术的角度看，物联网并不是新近出现在信息通信技术领域的某种单一性新技术，也并不能在几年内淘汰所有竞争性技术，数十亿的各类实物都参与到只是基于某种单一技术的物联网世界中并不现实。相反，物联网是包容性的，它可以容纳现存的以及即将到来的各类技术，保留它们各自的特点，并使得整个混合的物联网系统符合未来物联网的基本特征。

第二，从服务设计方法的角度看，物联网集成了多种技术，既可以间接利用使用各种智能设备(笔记本电脑、台式机、手机和类似设备)的人作为源头传递信息，也可以直接利用设备实体和设备实体映射到用户服务环境中的虚拟化对象来传递信息。所获得的数据可以用于特定的应用程序。随着物联网应用在各行业的深入、泛化和普及，这些数据应成为一种通用的信息基础，以方便不同的应用程序在全球范围内以通用网络——物联网的“网”的形式自由共享，这在本质上就意味着对信息来源——物联网的“物”的共享。

第三，从解决问题的角度看，物联网为人类带来解决各类社会问题的新方法，包括新的教育方式、适应于人类全新需求的家庭和城市建构的新方法、解决能源管理问题的新方法，医疗与健康的新方法等等。人和被技术赋能的物体之间以合作的形式紧密交互，都充分参与到整个物联网系统的流程中，最终为人提供更精细化、自动化和智能化的服务。未来物联网将更加注重将更多的日常实物对象(或其虚拟表示物)包含在物联网流程中，以谋求创建出对人类日常生产生活具有更高渗透率的应用程序。

在现有的物联网概念框架下，研究和开发工作主要集中在如何利用可用的异构设备和互连解决方案以及增强的实物对象在全球范围内提供共享信息基础，以支持涉及人或物的应用程序的设计。根据未来物联网的概念框架，预计在未来的物联网平台将向如图2-9 所示的体系结构发展，这是研究人员所畅想的未来物联网的通用框架。适当的软件驱动程序负责创建物联网物理资源的抽象。驱动程序可以在物联网设备或某些服务器中运行。物理资源的抽象意味着构成物联网资源的特定硬件或软件特性可以被隐藏起来。物联网操作系统则可以直接使用物联网资源的抽象，这样的物联网操作系统可以分为三个部分。

(1)　底部(南向)API 层：这是物联网操作系统的公共层，负责创建物联网资源及物联网核心层使用的各种服务的内部表示。底部 API 层要能实现特定物联网资源与这一资源在平台上地址之间的映射，这个物联网资源应具有唯一标识符，该标识符应该独立于平台(即与平台无关)。此外，底部 API 层还要实现物理资源的特定通信/互操作协议。

(2)　核心层：负责物联网操作系统最核心的关键操作的执行。核心层要执行与资源管理相关的重要操作，包括调度、安全和信任管理以及资源搜寻和服务发现。

(3)　顶部(北向)API 层：顶部 API 层负责创建底层物理资源提供服务的抽象，向上对不同的应用程序提供 API 接口，该层工作通常在开放的连接架构内进行。

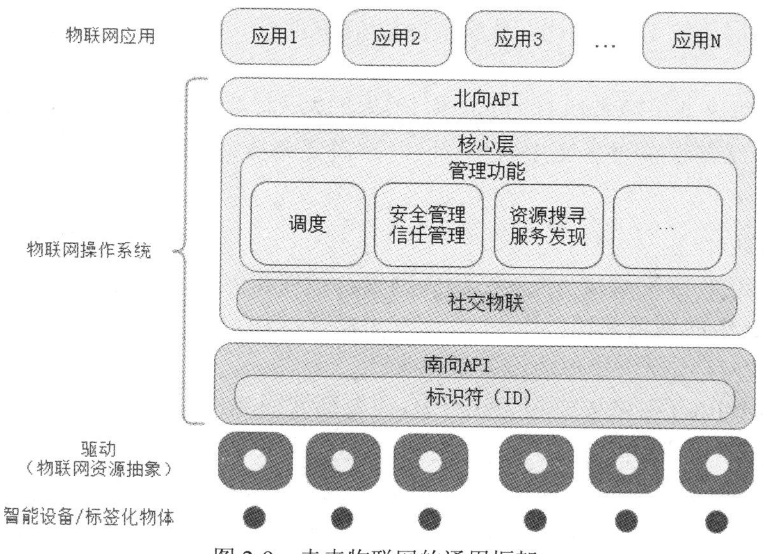


图 2-9　未来物联网的通用框架

## 思　考　题

### 一、选择题

1. (　　)协议是一种类似于 HTTP 的应用层协议，该协议可以很容易地转换为 HTTP，并且具有简单、低开销和支持多播通信的特点，特别适合资源受限的设备。

A. UDP　　B. TCP　　C. CoAP　　D. CoRE

2. 在 EPCGlobal 网络体系结构中，(　　)的功能类似于互联网上的域名系统，主要负责将 EPC 码转换为 URL。

A. EPCIS　　B. ONS　　C. 中间件　　D. DNS

3. 在 EPCGlobal 网络体系结构中，(　　)主要负责接收来自上层的应用程序请求，以及处理来自下层的 RFID 阅读器的数据，并将数据返回到请求者。

A. ONS　　B. EPCIS　　C. DNS　　D. 中间件

4. EPCGlobal 网络是新兴的基于互联网的全球信息架构，基于(　　)技术实现。

A. 计算机网络　　B. RFID　　C. 泛在码　　D. EPC 码

5. 第三代物联网解决方案的主要特征包括(　　)。

A. 更“纯粹”的社交物联　　B. 以信息为中心的网络模式

C. 与云计算解决方案相结合　　D. RFID 物联网解决方案继续演进

### 二、判断题

1. 在实际部署物联网的过程中，对于那些能够提供 Web 功能的设备来说，想要联网还需要智能网关的帮助，智能网关和设备之间的通信可以基于 ZigBee、蓝牙等通信技术。(　　)

2. 传输层协议 UDP 是面向连接的、可靠的、基于字节流的。(　　)

3. 和传输层协议 UDP 相比，传输层协议 TCP 的报文头开销小，传输数据报文时更高效。(　　)

4. CoAP 协议是一种类似 HTTP 的应用层协议，通常在 TCP 之上执行。(　　)

5. 要将传感器设备直接连接到互联网，只需要令功率受限的传感设备支持 IP 协议通信即可。(　　)

**三、填空题**

1. 在第二代物联网解决方案中，物联网设备被视作万维网的资源。设备被视作_____，可以像 Internet 中的网页那样，由__________唯一标识。

2. 6LoWPAN 还提供将每个设备转换为_____________的功能。

3. 将 6LoWPAN 网络集成到互联网中，需要部署网关，网关的主要功能是将 6LoWPAN 的数据包转换为标准的_________或___________数据包。

4. 在第三代物联网阶段，人们提出用以_____为中心的组网方案取代过往以_____为中心的 IP 组网方案。

5. 将 RFID 系统与物联网平台紧密集成，可以遵循_____或_____的集成路径。

**四、简答题**

1. 简述物联网的演进阶段，以及各阶段的侧重重点。

2. 什么是 EPCGlobal 网络？简述构成 EPCGlobal 网络的组件及其功能。

3. 什么是 M2M 通信？简要说明 ETSI 定义的 M2M 通信高层架构。

4. 画图说明应如何基于 EPCGlobal 网络架构在系统级层次集成 RFID 和 WSN。

5. 简要说明什么是 6LowPAN，以及其与标准 IPv6 的关系。

6. 举例说明如何在物联网中使用社交网络技术。

7. 什么是 ICN 解决方案？简述 ICN 解决方案通常应包括的功能设定。

# 第 3 章

# 物联网设备识别

在物联网中，需要给构成物联网的设备/对象提供清晰的标识，这就是所谓的识别功能。识别功能包括两个方面：其一是如何命名，即为设备/对象给出全球唯一的标识号；其二是如何寻址，即为对象匹配全球唯一的网络地址，从而方便匹配物联网服务。则为对象命名，可采用电子产品编码(EPC)和泛在码(UCode)。物联网对象/设备的寻址依赖于 IPv4 和 IPv6 技术。

## 3.1　电子产品编码(EPC)

EPC 码技术

### 3.1.1　EPC 编码体系

1998 年，欧洲商品编码协会(European Article Numbering Association，EAN)和美国统一代码委员会(Uniform Code Council，UCC)两大组织共同制订了一套全球化编码体系——EAN/UCC 系统，这是一套全球开放的物流信息标识和条码表示系统，能为全供应链物流环节的条码应用提供解决方案。EAN/UCC 系统已经成为了一套国际通行的全球跨行业的产品、运输单元、资产、位置和服务的标识标准体系和通信标准体系。全球已有来自 100 多个国家的 120 万家以上企业加入了 EAN/UCC 系统。在中国，EAN/UCC 系统有时也称为 ANCC 系统，ANCC 是中国物品编码协会(Article Numbering Council of China)的英文简称。

提到商品标识，人们最为熟知的是在商场购物随处可见的商品条形码(简称条码)。在 EAN/UCC 系统中，现行的商品条形码有两大类：EAN 条码和 UCC 条码，中国目前主要使用的是 EAN 条码。EAN 条码的标准版有 13 位标识数字，缩短版有 8 位标识数字。时至今日，几乎所有的商品都附加上了条形码。

人类社会进入 21 世纪之后，商品流通与运输高度发展，这套现行的条形码体系在越来越多的场景下都不再能满足人们的要求，尤其并不能适用于物联网“万物互联”的愿景。以 13 位 EAN 标准条码为例，其包含的信息量有限，只能标识到某一类物品，不能识别到该类商品下的某一单品，对识读方式也有限制，而且不能进行有效的防伪。如下面几种典型的物联网应用场景，现行的条形码技术显然无法支持。

超市场景：顾客在超市推着满载商品的购物车时，无需收银员用扫码枪挨个扫商品的条形码，而是以非接触式的方式一次性完成全部商品识别并给出结账金额。

仓库场景：对每天进出仓库的大量产品完成非接触式数据采集，实现快速盘点。

机场场景：在机场里一位中转的旅客错过了登机时间仍未登机，广播通知也没有找到时，需要有一种技术，只要靠近就能够自动显示位置。

军队场景：某次军事行动中，几列火车的军用物资已经送达，各部队的后勤人员要在最短时间内领到各自需要的弹药、装备与食品时，军需官通过非接触式阅读器装置就可以迅速获取每节车厢的物资种类、每件物品的确切位置。

电子产品编码(Electronic Product Code，EPC)是由 EAN 和 UCC 两大组织在 20 世纪末联合推出的新一代产品编码体系。传统的产品条码仅仅是对产品分类的编码，而 EPC 码是对每个单品都赋予一个全球唯一编码，克服了原 EAN/UCC 条形码的缺陷。

EPC 码在 EAN/UCC 条形编码的基础之上做了扩充，可以实现对单品进行标识。作为新一代产品标识代码，EPC 码是全球统一标识系统的重要组成部分，也是整个 EPC 系统的核心与关键。EPC 码遵循唯一性、简单性、可扩展性、保密性和安全性等原则。EPC 码采用 64 位二进制编码结构，并可以拓展到 96 位、128 位、256 位。EPC 码由标头、厂商识别代码、对象分类代码、序列号等数据字段组成。以 96 位的 EPC 码为例，标头、厂商识别代码、对象分类代码和序列号分别占用 8bits、28bits、24bits 和 36bits，共可以为 2.68 亿(约等于 $2^{28}$)个公司赋码，每个公司可以有 1600 万(约等于 $2^{24}$)个产品类别，每类产品有 687 亿(约等于 $2^{36}$)个独立产品编码，这意味着 EPC 码可以真正做到一物一码。

EPC 码的特性总结如表 3-1 所示。

**表 3-1　EPC 码特性**

| | |
|---|---|
| 科学性 | 结构明确，易于使用、维护 |
| 兼容性 | 与 EAN/UCC 编码标准兼容 |
| 全面性 | 可在生产、流通、存储、结算、跟踪、召回等供应链的各环节全面应用 |
| 合理性 | 由 EPCGlobal 以及各国 EPC 管理机构(中国的管理机构称为 EPCGlobal China)分段管理、共同维护、统一应用，具有合理性 |
| 国际性 | 不以具体国家、企业为核心，编码标准全球协商一致，具有国际性 |
| 无歧视性 | 编码采用全数字形式，不受地方色彩、语言、经济水平、政治观点的限制，是无歧视性编码 |

### 3.1.2　EPC 射频识别系统

EPC 射频识别系统是实现 EPC 码自动采集的功能模块，主要由 RFID 标签和阅读器组成。EPC 射频识别系统为数据采集最大限度地降低了人工干预，实现完全自动化的数据采集，是以“物品标签化”为特征的第一代物联网形成的重要环节。

#### 1. RFID 标签

RFID 标签是 EPC 码的物理载体，附着于可跟踪的物品上，主要由天线和芯片组成，可全球流通并对其进行识别和读写。RFID 标签中存储 EPC 码的信息。RFID 标签有主动型、被动型和半主动型三种类型。主动型和半主动型标签可以远距离扫描，在追踪高价值商品时经常使用，但成本相对较高。为了降低成本，RFID 标签通常采用被动式射频标签。

#### 2. 阅读器

阅读器是用来识别 RFID 标签的电子装置，与信息系统相连，可以读取 RFID 标签中的 EPC 码并将其输入后端的信息系统。阅读器与 RFID 标签之间的信息交换以无线感应的方式进行，支持非接触式识别、识别快速移动物品以及同时识别多个物品。阅读器使用多种方式与 RFID 标签交换信息，最常见的方法是用电感耦合的方式近距离读取被动式射频标签。只要阅读器和标签互相靠近，阅读器天线与 RFID 标签天线之间就形成了电磁场，RFID 标签就利用这个磁场发送携带了 EPC 码信息的电磁波给阅读器，返回的电磁波被转换为数据信息，即获取了 RFID 标签中存储的 EPC 码。

阅读器可以工作在低频、高频和超高频的不同频段，不同频段对应不同的专业领域和符合不同标准的产品。阅读器读取信息的距离取决于功率和频率，频率越高，读取距离越远。

阅读器的软件需要提供网络连接的功能，以支持阅读器将 EPC 码的信息输入后端的信息系统。网络连接的功能主要包括 Web 设置、动态更新、TCP/IP 阅读器界面、内建兼容 SQL 的数据库引擎等。

### 3.1.3 EPC 信息网络系统

EPC 信息网络系统由本地网络和全球互联网组成，负责整个 EPC 系统中的信息管理、信息流通等功能。EPC 信息网络系统以全球互联网为基础设施实现全球性的“实物互联”，主要功能组块包括 EPC 中间件、对象名称解析服务和 EPC 信息服务。

#### 1. EPC 中间件

EPC 中间件是连接收集数据的阅读器和企业应用程序的软件，能加工和处理来自阅读器的所有信息和事件流。在数据被送往上层的企业应用程序之前，EPC 中间件负责对标签数据进行校对、阅读器协调、数据传送、数据存储和任务管理等。EPC 中间件可被看作是具有一系列特定属性的程序模块或服务，并能被集成以满足来自用户的特定需求。EPC 中间件能屏蔽不同厂家的 RFID 阅读器硬件设备、应用软件系统以及数据传输格式之间的异构性，从而实现不同硬件(如阅读器等)与不同应用软件系统间的无缝连接与实时动态地集成。如图 3-1 所示为 EPC 中间件和 EPC 系统中其他功能组件的协同关系，特别是 EPC 中间件组件如何与其他应用程序进行通讯。

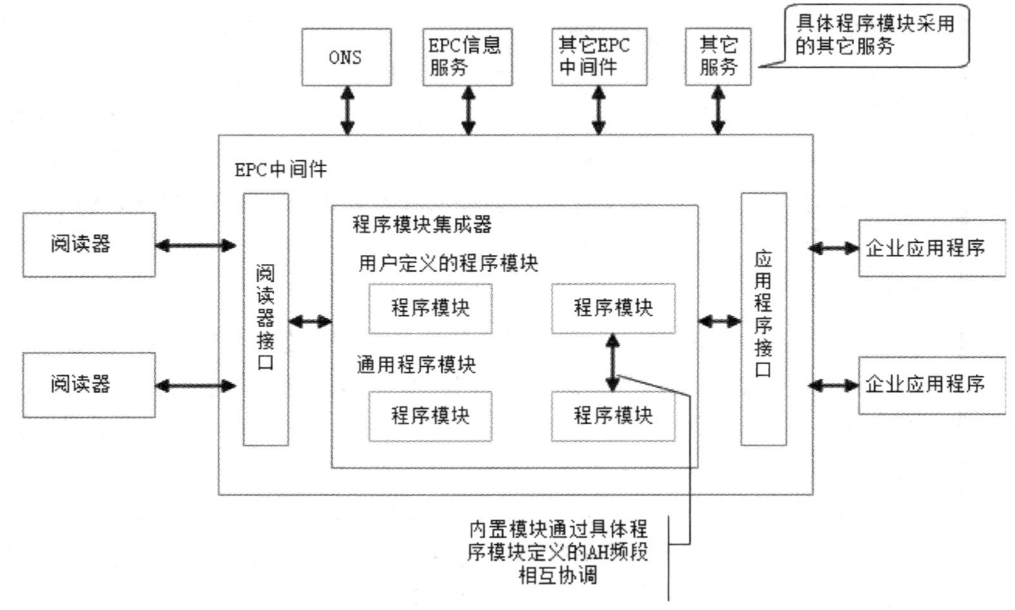


图 3-1　EPC 中间件组件与其他应用程序通信

### 2. 对象名称解析服务

对象名称解析服务(Object Name Service，ONS)是一个自动的网络服务系统，是联系 EPC 中间件和 EPC 信息服务的网络枢纽，它的主要功能是为 EPC 中间件寻找到存储了阅读器读取到的 EPC 码所对应的产品相关信息的服务器。比如当阅读器读取到 RFID 标签携带的 EPC 信息时，EPC 码就被传递给 EPC 中间件，EPC 中间件会利用 ONS 在因特网上寻找到 EPC 码对应的产品信息所在的服务器，即对应着一个 EPC 信息服务，在 EPC 信息服务中所获取的关于产品更详细的信息就会被传递给 EPC 中间件。

ONS 类似于因特网的域名解析服务(Domain Name Service，DNS)，ONS 的设计与架构都以 DNS 为基础，运行在 DNS 之上，如此就确保了整个 EPC 网络能够以因特网基础设施为依托，迅速实现可以延伸到全球的架构。

### 3. EPC 信息服务

EPC 信息服务(EPC Information Service，EPCIS)提供了一个模块化、可扩展的数据服务接口，使得 EPC 的相关数据可以在企业内部或者企业之间共享，在整个 EPC 系统中担负着产品信息采集和交换的核心功能。没有 EPCIS，全世界的业务合作伙伴之间就无法通过网络交换传递 EPC 相关的产品数据。EPC 相关数据就存储在 EPCIS 服务器中。EPCIS 在 EPCGlobal 网络架构中的位置如图 3-2 所示。

为此 EPCIS 定义了一整套服务操作和相关数据标准，以方便 EPC 相关数据能够以 EPCIS 事件的形式被采集和查询。

EPCIS 事件携带的信息——EPCIS 数据从时间、地点、方式、状态等多个角度定义一个产品的行为。EPCIS 数据在 EPC 数据的基础上结合了业务属性即与具体操作或者业务分析，具有更丰富的含义。EPCIS 数据分为静态数据和交易数据。静态数据在产品的生命周期内不改变，包括类别层静态数据和实例层静态数据。一旦对象类别给定，对应产品的类别层静态数据就是给定的。实例层静态数据包括颜色、尺寸、生产日期等。交易数据包括实例观测报告、数量观测报告和商业交易观测报告三类，交易数据在产品的生命周期内随着交易的发生会动态变化，如表 3-2 所示给出了交易数据的举例。

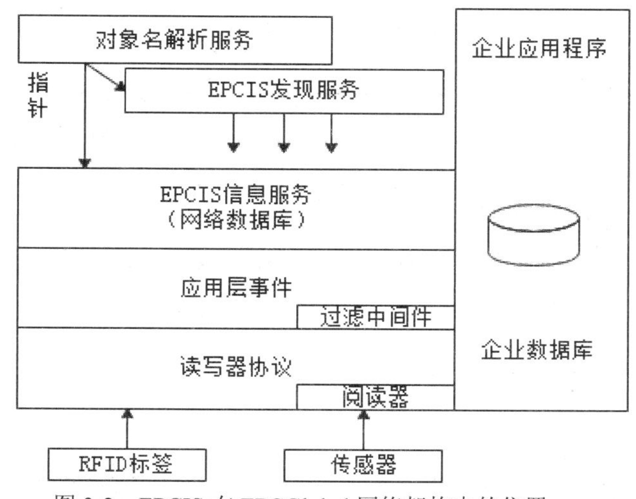


图 3-2　EPCIS 在 EPCGlobal 网络架构中的位置

**表 3-2　交易数据举例**

| 交易数据分类 | 描述内容 | 举　　例 |
| --- | --- | --- |
| 实例观测报告 | EPC 特定产品在生命周期内事件发生的相关记录 | 2019 年 9 月 1 日下午 8 点 EPC X 从 Y 地点被运走 |
| 数量观测报告 | 一个特定产品的类别数量相关的时间记录包括五个要素：时间、地点、对象类别、数量和商业步骤 | 2019 年 9 月 1 日上午 11 点从 Z 地点(仓库)观测到 C 类别的产品 300 件 |
| 商业交易观测报告 | EPC 产品和商业交易之间的相关记录包括四个要素：时间、EPC 产品(一个或多个)、商业步骤和交易标识 | 根据 M 公司的 N 号订单，EPC X 的货盘在 2019 年 9 月 1 日下午 6 点被运走 |

EPCIS 有两种运行模式：一种是 EPCIS 信息被 EPCIS 所支持的应用程序直接应用；另一种是将 EPCIS 信息存储在资料档案库中，以备今后查询时进行检索。

### 3.1.4　EPC 系统——“让产品说话”的系统

一个完整的 EPC 系统由 EPC 编码体系、EPC 射频识别系统及 EPC 信息网络系统三部分组成，所包含的技术环节可以归纳到表 3-3 中。

**表 3-3　EPC 系统的构成**

| 系统构成 | 名　称 | 注　　释 |
| --- | --- | --- |
| EPC 编码体系 | EPC 码 | 用来标识目标的特定代码 |
| EPC 射频识别系统 | RFID 标签 | 贴在物品上或内嵌在物品中，存放 EPC 码 |
|  | 阅读器 | 识读 RFID 标签中的 EPC 码 |

续表

| 系统构成 | 名　称 | 注　　释 |
| --- | --- | --- |
| EPC 信息网络系统 | EPC 中间件 | EPC 系统的软件支持系统 |
| | 对象名称解析服务(ONS) | |
| | EPC 信息服务(EPCIS) | |

在 EPC 系统中，阅读器从 RFID 标签中读取产品的 EPC 码后，将 EPC 码提供给 EPC 中间件。EPC 中间件将 EPC 码提供给 ONS，这个 EPC 码并未存放详细的产品信息，但可以看作是产品详细信息的指针。这个信息指针能帮助从因特网找到产品详细信息存放的服务器的 IP 地址，并获取该地址中存放的相关的产品信息。ONS 以 EPC 码作为指针指示 EPC 中间件到 EPCIS 服务器上查找保存的产品详细信息，存有产品详细信息的产品文件将被 EPC 中间件复制，从而产品详细信息就能传到供应链上。事实上，ONS 提供了一种分布式数据库服务。EPC 系统的完整工作流程如图 3-3 所示。

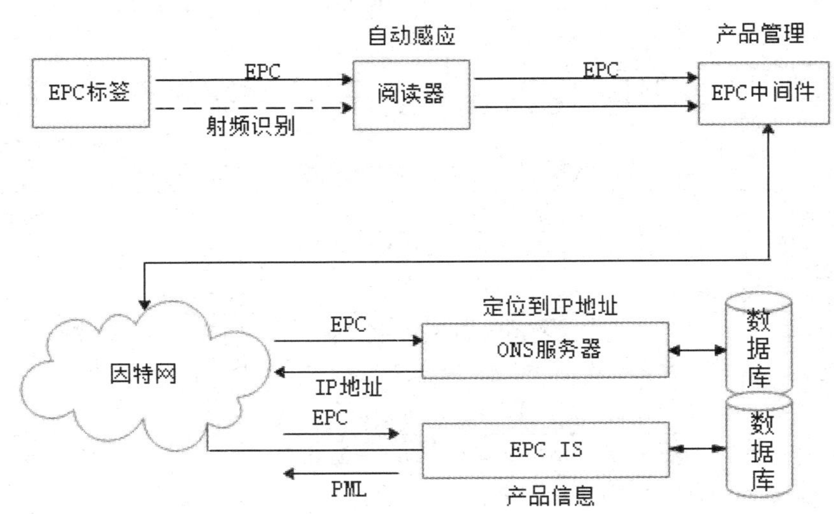


图 3-3　EPC 系统工作流程示意图

EPC 系统被看作是基于 RFID 技术的物联网应用原型系统，也称作 RFID 物联网。EPC 系统主要用于构建和产品生产、产品销售紧密结合的各类应用。EPC 系统实现了对产品流通的全自动监测，以及对产品生产、运输、仓储、销售各环节物品流动监控的管理水平的改善。一个带有 RFID 标签的产品，标签中存储了产品的 EPC 码，当阅读器通过非接触方式从产品读取到 EPC 码后，产品的详细信息就会通过因特网传输到指定的后台计算机。

EPC 系统的典型特征主要归纳为三点：

第一，EPC 系统基于全球因特网系统构建，接口开放，数据类型标准化，实现相对简单，成本低，收益大。

第二，EPC 系统的结构体系开放，平台独立但互操作性强，能够与因特网组件协同工作。高开放性和高互操作性使得 EPC 系统能容纳不同的射频识别技术标准，从而实现针对最广泛的产品实体的识别。

第三，EPC 系统结构体系灵活，可以实现在不替换原有体系的情况下不断升级和演进。

EPC 系统是一个全球化的产品流通监测系统，凡是供应链涉及的各个环节都可以受益。从商业利益的角度来看，那些产品实体中较低价值的识别对象(如食品、日用消费品)对引入 EPC 系统所带来的成本增加较为敏感。为了在供应链领域更广泛的推广 EPC 系统，需要进一步降低 EPC 系统的使用成本，并对 EPC 系统整体进行改善，优化供应链管理应用，提升效益，以抵消、降低所增加的成本。

## 3.2　泛在码(UCode)

泛在码技术

### 3.2.1　什么是泛在码

泛在码(UCode)是分配给单个对象的识别码。所谓“对象”的含义宽泛，可以是现实世界中并无有形实体存在的内容和信息以及更抽象的概念，也可以是现实世界中的有形实体和场所(位置)。UCode 的固定长度为 128 位。为满足未来可能的需求，UCode 支持以 128 位为单位来扩展码长，因此码长度可以超过 128 位。如果为现实世界中的一个实体或位置分配一个 UCode 时，可以将这个 UCode 存储在一个标签中，这个标签被统称为 UCode 标签，实际上可以是条形码标签、二维码标签或 RFID 标签。

UCode 只是一个识别码(或称标识数字)，这个码本身与 UCode 所标识的对象的属性和含义之间没有特别的关系。相应对象的属性和含义是存储在泛在识别(Ubiquitous ID，简称 UID)体系结构的数据库中。对象被分配的 UCode 可以看做键(Key)，该键是用于从数据库中检索对象的属性和含义。

UCode 只是一个标识数字，从整个泛在码系统的层面来看，所颁发的 UCode 是唯一的，这个唯一性包括 UCode 在空间和时间上的唯一性。多个不同的对象不会被分配相同的 UCode。此外，当某个 UCode 的对应对象不再存在，UCode 也会被撤销，并且以后都不能再重用，即只要某个 UCode 曾经被分配过，就不会再被使用。

UCode 的结构由管理字段和分配单元组成，如图 3-4 所示。这只是一种方便 UCode 管理和分配的结构，结构的定义与被分配了 UCode 的对象的属性和含义没有关系。

| 4bits | 16bits | 4bits | 可变长度 | 可变长度 |
| --- | --- | --- | --- | --- |
| ver. | TLDc | cc | SLDc | ic |

| 字 段 名 | 含　义 |
| --- | --- |
| version | 版本 |
| TLDc (Top Level Domain Code) | 顶级字段标识号 |
| CC (Class Code) | 指示 SLDc 和 ic 字段之间边界的代码 |
| SLDc (Second Level Domain Code) | 低级字段标识号 |
| IC (Identification Code) | 独立识别码 |

图 3-4　UCode 结构

### 3.2.2 UCode 的特征

和现存的各类适用于对象的编码系统相比，UCode 主要特征可以归纳为如下六个方面：

(1) UCode 是标识单个对象的代码，与 EAN(国际通用条码)、UCC(国际通用条码)、JAN(日本标准条码)等仅仅显示供应商产品类型的现有产品代码不同。对于后者，同一产品代码可以分配给同一产品类型的两个包装。相比之下，UCode 可以为每个包装分配不同的编号，即使它们是相同的产品类型。

(2) UCode 可以分配给位置、实体对象以及并无实体的内容、信息等抽象概念。UCode 是唯一能够统一通用地识别实物对象、位置和内容的编码系统。

(3) UCode 不依赖于应用领域和业务类型，并不仅限于物流等特定行业。作为一个编码系统，UCode 可以广泛用于各类目标，如电子产品、食品、场所和音乐内容，不会被特定的应用场景和业务类型所限制。作为一个简单的编号系统，UCode 仅仅是将单独的目标识别为对象和位置，并且和该目标本身所表征的意义没有关联。这种特点使得 UCode 非常适用于跨行业和应用的服务和目标管理，以及管理同一系统中多个位置和对象的服务等场景。

(4) UCode 仅仅是简单的数字，没有确切的含义。UCode 基础体系结构会将有关对象的属性和含义的信息存储在网络中的服务器上。这种方法特别适用于那些属性和含义会随着时间变化的对象或位置。比如，在道路上设置护栏，在被运到施工现场之前，护栏是工厂生产的产品。当把护栏安装在路边，它们可以成为场景的一部分，可以被视作位置。使用多年后，护栏被移除，在被移除后和被摧毁之前，它们属于工业废物。在护栏的全生命周期内，它作为对象的意义是不断变化的，先是产品，再是位置，最后变为废物。显然，UCode 可以在每个时刻识别到护栏这个对象。

(5) UCode 对存放它的存储载体并无特别限制，它可以存储在不同类型的标签中，如条形码、二维码、RFID、主动红外标签等。我们可以根据应用和使用环境的状况灵活选择最合适的标签来存储 UCode。

(6) UCode 是安全的。UCode 的应用框架是 UID 体系结构，该体系架构整合了 eTRON 功能，eTRON 是用于泛在计算环境的一套安全认证框架，由此确保 UCode 实现强大的安全和隐私信息保护。

### 3.2.3 UCode 的解析

作为识别对象和位置的编码系统，UCode 本身并无特别含义。与 UCode 相关的信息存储在网络上的分布式数据库中。终端设备读取到 UCode 后，需要按照一定的步骤检索 UCode 对应对象的属性和语义信息，这个过程就是 UCode 的解析。

UCode 的解析过程分三个步骤(如图 3-5)：首先，泛在通信终端读取分配给对象或位置的 UCode；然后，在分布式泛在码关系数据库中按读取到的 UCode 作为索引进行查询，可以获取存放了该 UCode 所表征的对象或位置的相关属性和语义信息的服务器地址(URL 等)；最后，按此地址从泛在码信息服务器那里获取该 UCode 相关的对象或位置的属性和信息。

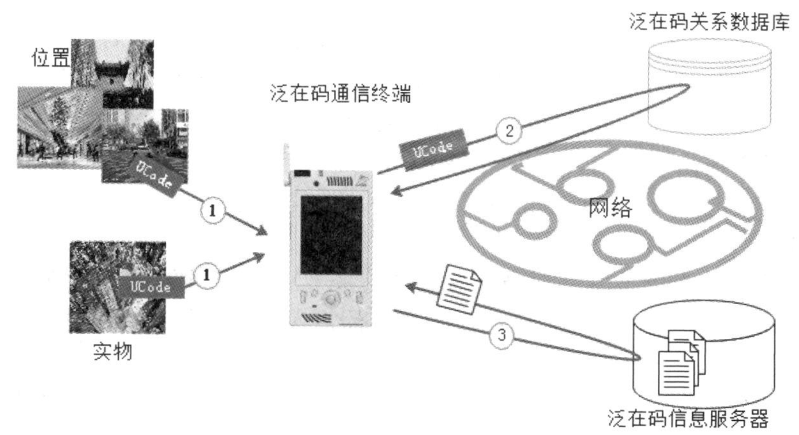


图 3-5　UCode 解析过程

用搜索引擎检索实体对象或场所的信息需要关键词，这个关键词便是对应的 UCode。在泛在码信息服务器的帮助下，即便对查询的对象或位置的线索完全不了解，也可以仅凭其 UCode 来获取对象和位置的具体信息。

泛在码信息服务器是具有层次结构的一组分布式服务器，它们根据 UCode 的范围彼此相连，是实现泛在码解析功能的关键。获取了 UCode 的通信终端利用泛在码关系数据库提供的标准化 API，对彼此互联的分布式泛在码信息服务器实施搜索，检索与 UCode 表征的对象或位置相关的属性和语义信息。

不难理解，泛在码体系以及支撑技术和 EPC 码有不同但也有相似之处，如表 3-4 所示为二者的编码体系和技术支撑体系的简明对比。

**表 3-4　EPC 码和 UCode 码编码体系和技术支撑体系的对比**

| | | EPC 码 | UCode 码 |
|---|---|---|---|
| 编码体系 | | EPC 码长通常为 64 位或 96 位，也可扩展为 256 位，主要存放企业代码、商品代码和序列号等信息，不同的应用规定不同的编码格式。最新 Gen2 标准 EPC 码可兼容多种编码 | UCode 码长为 128 位，可以 128 位为单元扩展至 256 位、384 位或 512 位。UCode 能包容现有编码体系的元编码设计，可以兼容多种编码，这是其最大的优势所在 |
| 技术支撑体系 | 对象名解析服务 | 对象命名服务(ONS) | 泛在码解析服务 |
| | 中间件 | Savant 系统 | 泛在通讯器 |
| | 网络信息共享 | EPC 信息服务器 | 泛在码信息服务器 |
| | 安全认证 | 基于互联网的安全认证 | 安全认证体系 eTRON，可以用于多种网络 |

### 3.2.4　UCode 的应用

日本东京的泛在技术项目(Tokyo Ubiquitous Technology Project)是一个较大规模的UCode 应用，该泛在码技术项目的成果首先被用于建筑物引导参观。在泛在通讯终端的引导下，游客可以方便地参观东京都议会大厦，这项服务在国内外游客中非常受欢迎。

泛在码技术还被用于动物园泛在导游服务。日本上野动物园所引入的导游系统在 20 个地点安装了无线电 Marker，还在近 120 个地点安装有电子标签，可以提供有关动物的各种信息和资讯。

泛在码技术可以用于艺术品导览。在日本东京部署了一项被称为泛在艺术之旅的服务，这个服务旨在引导游客参观东京市中心的多件艺术和设计作品。在部署区域的室内和室外，预先放置了几百个 UCode 标签(Marker)。游客持有的泛在通讯终端能够接收这些 Marker 发出的 UCode，从而引导游客浏览 UCode 所对应的艺术作品，还能以多种语言提供诸如解释、作品创作过程以及对创作者的采访等内容。

泛在码技术可以用在建筑物室内导览。日本的青森美术馆提供的美术馆泛在导览系统将泛在通信设备和红外室内定位管理系统(SmartLocator)集成在一起。在馆内的天花板上大约 70 个不同位置预装了智能定位装置。参观者在馆内游览时，随身携带的泛在通讯终端可以接收来自智能定位装置的 UCode。参观者可以得到自动的路线引导并查看 UCode 相关的信息，包括艺术品、作者和博物馆信息等内容。

泛在码技术也可以用在旅游路线导航方面。沿着旅游路线，在景点或遗址附近，游客借助泛在通信设备可以获取有关路线导航以及卫生间、遗迹、商店、休息站等旅游设施的信息。

## 3.3　寻址(Addressing)

寻址技术

虽然 EPC 和 UCode 都能够做到为对象分配全球唯一的标识，然而并不是所有构建物联网的底层设备/装置都能被分配 EPC 或 UCode 作为全球唯一标识。如果标识不能全球唯一(或说对象 ID 不唯一)的时候，还可以借助寻址功能在网络中唯一地识别对象。因此，我们把寻址也纳入物联网的识别要素的范畴。当对象 ID 在网络中并不唯一，要想正确地在网络中找到对象，寻址功能是至关重要和不可或缺的。对象 ID 是指对象的名称，例如特定温度传感器的“T1”，对象地址是指它在通信网络中的地址。在物联网中，对象的寻址方法包括 IPv6 和 IPv4 技术。6LowPAN 提供了一种基于 IPv6 报头的压缩机制，使 IPv6 寻址适合于低功耗无线网络。网络中的对象可能使用公共 IP，也可能使用私有 IP。

### 3.3.1　IPv4 和 IPv6

计算机网络最早诞生于 20 世纪 60 年代的美国。在那时，计算机体形尺寸巨大、数量很少，为了共享计算机资源，大家把几台计算机连接起来，就形成了网络。到了 20 世纪 90 年代，随着计算机体形尺寸的减小和数量的增加，接入网络的计算机越来越多，逐渐形成了互联网。计算机和计算机之间联网，需要互联网协议的支持。IPv4 是互联网协议

(Internet Protocol，IP)的第四版，也是第一个被广泛使用的互联网协议，是互联网技术的基石协议。从 20 世纪 90 年代到现在，互联网一直都是基于 IPv4 协议建设的。互联网高速发展进入移动互联网时代，IPv4 也随之经历了快速发展，视频、游戏、网络支付都是建立在 IPv4 的基础上。

IPv4 协议支持 32 位地址空间，它的最大问题是网络地址资源有限：采用 A、B、C 三类编址方式后，可用的网络地址和主机地址的数目大打折扣。从理论上讲，可以编址 1600 万个网络和 43 亿台主机，其中北美占有 3/4，约 30 亿个，而人口最多的亚洲只有不到 4 亿个，IPv4 地址供应严重落后于网民的需求。利用动态 IP 及网络地址转换(Network Address Translation, NAT)等技术可以实现一定的缓冲，但 IPv4 地址仍然面临着枯竭。2019 年 11 月 26 日，负责英国、欧洲、中东和部分中亚地区互联网资源分配的欧洲网络协调中心宣布，全球所有 43 亿个 IPv4 地址全部分配完毕，这意味着再没有更多的 IPv4 地址可以分配给 ISP(网络服务提供商)和其他大型网络基础设施提供商，全球的 IPv4 地址全部耗尽，基于 IPv4 协议的互联网所能容纳的设备已经饱和。

为了在互联网中容纳更多的设备，互联网工程任务组(Internet Engineering Task Force，IETF)提出用 IPv6 协议作为替代现行 IPv4 协议的下一代 IP 协议。IPv6 将 IPv4 的 32 位地址长度扩展到了 128 位，与 IPv4 相比，其地址空间增加了 $2^{128}-2^{32}$ 个。使用 IPv6 协议足以让全世界的每一粒沙子都能分配到一个 IP 地址。IPv4 与 IPv6 的应用对比如图 3-6 所示。

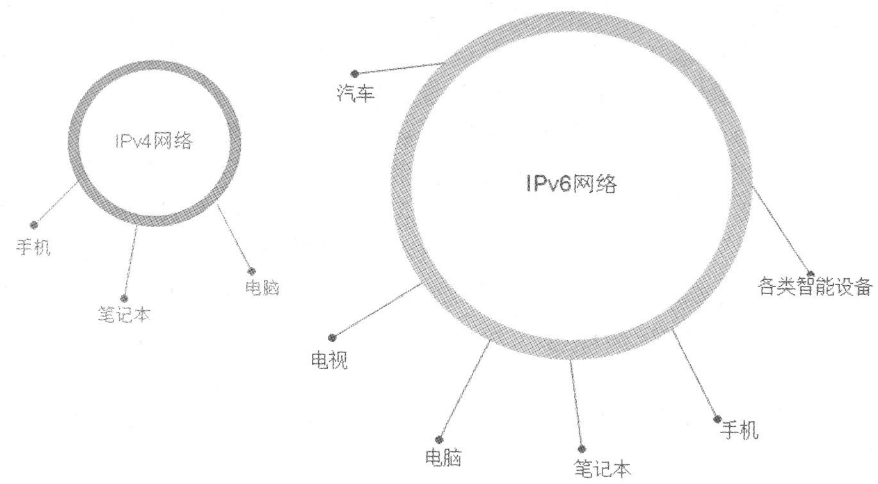


图 3-6　IPv4 vs IPv6

与 IPv4 协议相比，IPv6 协议具有五大优势。第一，IPv6 支持更大的地址空间。IPv4 规定 IP 地址为 32 位长，理论最多可以支持 $2^{32}-1$ 个地址。IPv6 规定 IP 地址为 128 位长，理论最多可以支持 $2^{128}-1$ 个地址。第二，IPv6 使用更小的路由表。IPv6 的地址分配遵循聚类的原则，路由器在路由表用一条记录表示一片子网，从而大大减小了路由器中路由表的长度，提高了路由器转发数据包的速度。第三，IPv6 支持增强组播以及流控制，这大大促进了多媒体应用的发展，也为服务质量控制提供了良好的网络基础。第四，IPv6 支持自动配置功能。通过在 DHCP 协议的基础上做改进和扩展，网络管理变得更加方便快捷。第五，IPv6 的安全性有一定的提升。表 3-5 列举了常见的网络层攻击方式以及 IPv4 和 IPv6 的解决方案的对比。IPv6 和 IPv4 相比，不但能支持更多的设备联网，还有更快的速度和更高的安全性。在 IPv4 协议互联网中常出现的木马或病毒，在 IPv6 互联网中将明显减少。

表 3-5　常见的网络层攻击以及 IPv4/IPv6 解决方案对比

| 网络层攻击 | IPv4 | IPv6 | 解决方案 |
|---|---|---|---|
| 广播风暴 | 有 | 无 | vlan、STP |
| ARP 欺骗 | 有 | 无 | MAC 绑定 |
| 互联网/局域网扫描 | 有 | 几乎没有 | 防火墙 |
| 数据包分片攻击 | 有 | 有改进 | 路径 MTU 探测减少分片 |
| 数据包监听和篡改 | 有 | 有 | IPSec 或上层协议加密 |
| Dos/DDos 攻击 | 有 | 有 | 探索中 |
| 源地址欺骗 | 有 | 有 | 探索中 |
| 目的主机地址暴露 | 几乎没有 | 有 | 防火墙 NAT |
| 基于 ICMP 的攻击 | 无 | 有 | 探索中 |
| 基于扩展包头的攻击 | 无 | 有 | 探索中 |
| 针对 DNS 的攻击 | 少 | 多 | 探索中 |

IPv6 协议的设计初衷是解决 IPv4 地址枯竭问题，同时对 IPv4 进行大量改进并最终取代 IPv4。然而，由于动态 IP 以及 NAT 等技术的广泛应用，IPv4 足够好用，导致 IPv4 在互联网中长期占据主要地位，1995 年便已发布的 IPv6 的使用实际增长非常缓慢。

自 2016 年 6 月 1 日起，苹果要求所有提交 App Store 的 iOS 应用必须支持全 IPv6(IPv6 Only)环境。2017 年 7 月，通过 IPv6 使用 Google 服务的用户百分率首次超过 20%。2017 年底，中共中央办公厅、国务院办公厅印发《推进互联网协议第六版(IPv6)规模部署行动计划》。2018 年 6 月，三大运营商联合阿里云宣布，将全面对外提供 IPv6 服务，包括计算、存储、网络、数据库、安全和 CDN 等产品线已支持或即将支持 IPv6，并计划在 2025 年前助推中国互联网真正实现“IPv6 Only”。2018 年 7 月，百度云制定了中国的 IPv6 改造方案。2018 年 8 月 3 日，工信部通信司在北京召开 IPv6 规模部署及专项督查工作全国电视电话会议，宣布中国将分阶段有序推进规模建设 IPv6 网络，实现下一代互联网在经济社会各领域深度融合。

随着 5G、IoT 技术的逐渐成熟，万物互联的时代即将到来，会有更多的设备(如各类家用电器、可穿戴设备甚至各类大小家具等)接入互联网。业界对 IPv6 的呼声不断升高。

根据工信部《推进互联网协议第六版(IPv6)规模部署行动计划》的部署，我国将用 5 到 10 年时间，形成下一代互联网自主技术体系和产业生态，建成全球最大规模的 IPv6 商业应用网络，实现下一代互联网在经济社会各领域深度融合应用，成为全球下一代互联网发展的重要主导力量。按照行动计划，IPv6 规模部署分三步走：

第一步，到 2018 年末，市场驱动的良性发展环境基本形成，IPv6 活跃用户数达到 2 亿，在互联网用户中的占比不低于 20%，并在以下领域全面支持 IPv6：国内用户量排名前 50 位的商业网站及应用，省部级以上政府和中央企业外网网站系统，中央和省级新闻及广播电视媒体网站系统，工业互联网等新兴领域的网络与应用；域名托管服务企业、顶级域运营机构、域名注册服务机构的域名服务器，超大型互联网数据中心(IDC)，排名前 5 位的内容分发网络(CDN)，排名前 10 位云服务平台的 50%云产品；互联网骨干网、骨干网网间互联体系、城域网和接入网，广电骨干网，LTE 网络及业务，新增网络设备、固定网络终端、移动终端。

第二步，到 2020 年末，市场驱动的良性发展环境日臻完善，IPv6 活跃用户数超过 5 亿，在互联网用户中的占比超过 50%，新增网络地址不再使用私有 IPv4 地址，并在以下领域全面支持 IPv6：国内用户量排名前 100 位的商业网站及应用，市地级以上政府外网网站系统，地级市以上新闻及广播电视媒体网站系统；大型互联网数据中心，排名前 10 位的内容分发网络，排名前 10 位云服务平台的全部云产品；广电网络，5G 网络及业务，各类新增移动和固定终端，国际出入口。

第三步，到 2025 年末，我国 IPv6 网络规模、用户规模、流量规模位居世界第一位，网络、应用、终端全面支持 IPv6，全面完成向下一代互联网的平滑演进升级，形成全球领先的下一代互联网技术产业体系。

实际部署中，从 IPv4 进化到 IPv6 不是一蹴而就的。在相当长的一段时间内，二者会在网络中共存，IPv6 的使用比例逐渐增大，IPv4 逐渐被淘汰，实现平滑演进。如图 3-7 所示以美国运营商 T-Mobile 的 IPv6 beta 实验蜂窝网为例，简要阐明了借助 IPv4 到 IPv6 的转换机制将只支持 IPv4 网络及服务的手机终端连入 IPv6 only 蜂窝实验网的过程。在这个例子里，利用了网络地址转换协议(Network Address Translation，NAT)的代表技术——464XLAT 技术。464XLAT 采用翻译的方式实现“IPv4 over IPv6”，在 IPv4 和 IPv6 的网络边界进行 NAT 翻译，在 IPv6 网络中以 IPv6 报文将原有的 IPv4 报文进行转发和处理。

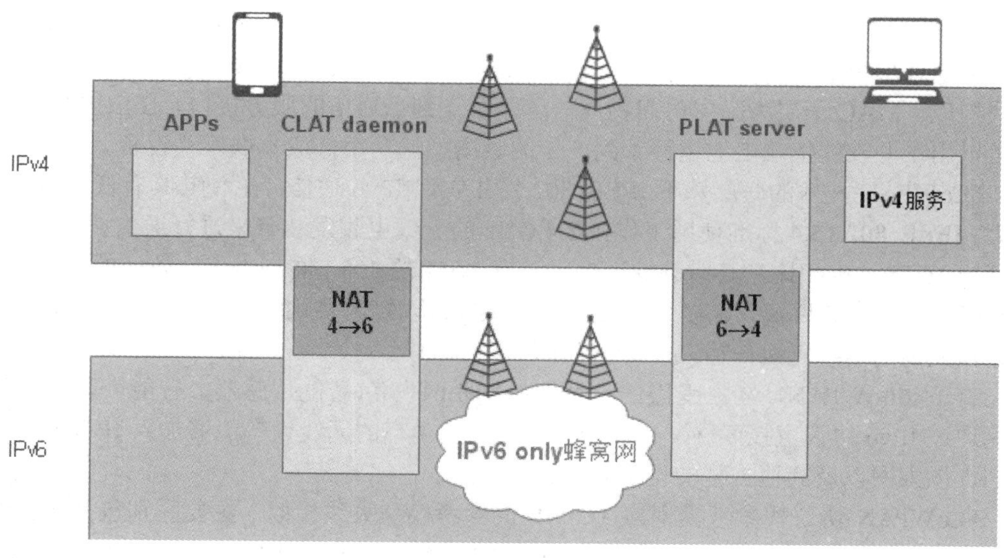

图 3-7　IPv4 蜂窝网与 IPv6 only 蜂窝网如何转换支持手机通信

### 3.3.2　6LoWPAN

随着传感器的类型和功能不断拓展和增强，各种传感器应用也越来越丰富，人们开始考虑把各类设备直接纳入互联网以实现全自动化的数据采集、管理以及分析计算。基于数量巨大、来源分散、格式多样的数据做关联分析并从中发现知识、创造价值的行业大数据应用也随之而来。物联网的智能化不再局限于小型设备和局域网，而是进入到更完整的智能工业化领域。加之大数据、云计算、虚拟现实等技术慢慢成熟，物联网的联网设备更加多样化、智能化，并倾向被纳入全球互联网。不过，必须面临的现实状况是很多非手机类的智能传感器类产品或装置还不具备直接进入互联网的能力，而是通过短距离通信技术(如蓝牙、Zigbee 等)先与手机连接，手机再连接网络，从而间接将传感器收集的数据送到互联网。

当前，计算机、智能手机支持 IPv6 已经在技术上可行，也在逐步推进规模化商用。在这个基础上，一个自然延伸的想法便是各类非手机类智能终端和传感器是否也能支持 IPv6。事实上，随着智能传感器、智能嵌入式设备的不断发展和壮大，令它们能够直接支持 IPv6 网络和服务，作为终端节点直接接入互联网(而不是依靠短距离通信技术与手机联网后间接入网)，已经成为较为迫切的需求。然而，标准 IPv6 协议对联网设备的内存和带宽要求较高，不能直接用于各类智能传感器/嵌入式设备等各类物联网智能设备。要想将物联网中的智能设备和传感器直接接入互联网，需要降低 IPv6 的运行环境要求，以适应微控制器及低功率的无线连接。为此，一些标准化组织(如 IETF、IPSO 等)开始介入和推动相关标准。

6LoWPAN 是 IPv6 over Low power Wireless Personal Area Network 的简写，是面向低功耗低速率无线个域网的 IPv6 协议。6LoWPAN 采用在 IPv6 包头上的压缩机制，使 IPv6 寻址适合于低功耗低速率的无线网络。2004 年 11 月，IETF 组织正式成立 6LoWPAN 工作组，着手制定基于 IPv6 的低速无线个域网标准，旨在将 IPv6 引入以 IEEE 802.15.4 为底层标准的无线个域网。

IEEE 802.15.4 网络协议栈基于开放系统互连模型(OSI)，标准主要描述了模型中的低层——物理层(PHY 层)和媒体接入控制层(MAC 层)。PHY 层由射频收发器以及底层的控制模块构成。MAC 子层为高层访问物理信道提供点到点通信的服务接口。IEEE 802.15.4 标准可以用于开发能依赖电池运行 1 到 5 年的紧凑型低功率低成本嵌入式设备。

6LoWPAN 技术的底层基于 IEEE 802.15.4 实现 IPv6 通信，这使其具有低功率运行的潜力。IEEE 802.15.4 标准使用工作在 2.4 GHz 的无线电收发装置来进行通信。与使用相同频带的 WiFi 技术相比，其射频发送功率只有 WiFi 的 1%左右。当然，较低的发送功率也限制了设备的传输距离，需要多个设备一起工作，以接力多跳的方式绕过障碍物，完成较远传输距离的信息无线传输。

有了 6LoWPAN，功率受限的小型智能物联网设备(智能传感器、智能嵌入式设备等)都能通过 IPv6 协议直接联网，也就意味着各类低功率的无线设备能够加入 IP 家庭中，与 WiFi、以太网以及其他类型的设备并网。

6LoWPAN 协议栈参考模型与 TCP/IP 的参考模型大致相似，主要区别包括两点(如图 3-8 所示)：第一，6LoWPAN 的底层(PHY 层和 MAC 层)使用 IEEE 802.15.4 标准；第二，基于低速无线个域网的特性，6LoWPAN 的传输层没有使用 TCP 协议。

TCP/IP协议栈

| HTTP | RTP | | 应用层 |
|---|---|---|---|
| TCP | UDP | ICMP | 传输层 |
| IP | | | 网络层 |
| Ethernet MAC | | | 数据链路层 |
| Ethernet PHY | | | 物理层 |

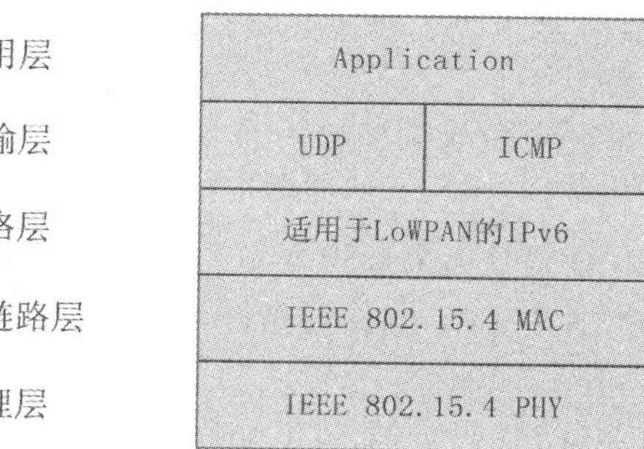


图 3-8 TCP/IP vs 6LoWPAN 对比

# 思 考 题

## 一、选择题

1. EPC 码采用二进制编码结构，(　　)不是 EPC 码支持的位数。

A. 32 位　　B. 64 位　　C. 96 位　　D. 128 位　　E. 256 位

2. UCode 的固定长度为(　　)，为满足未来可能的需求，UCode 码长可以在固定长度的基础上进行扩展。

A. 32 位　　B. 64 位　　C. 128 位　　D. 256 位

3. UCode 支持以(　　)为单位来扩展码长。

A. 32 位　　B. 64 位　　C. 128 位　　D. 256 位

4. 6LoWPAN 采用在(　　)包头上的压缩机制，使寻址适合于低功耗低速率的无线网络。

A. IPv4　　B. IPv6　　C. UDP　　D. TCP

5. 以下编码系统中，(　　)能够统一通用地识别实物对象、位置和内容。

A. EAN　　B. UCC　　C. JAN　　D. EPC　　E. UCode

6. EPCIS 数据从(　　)等角度定义一个产品的行为。

A. 时间　　B. 地点　　C. 方式　　D. 状态

7. 一个完整的 EPC 系统由(　　)组成。

A. EPC 编码体系　　B. EPC 射频识别系统

C. EPC 信息网络系统　　D. 泛在通讯器

8. 存放 UCode 的存储载体可以是(　　)。

A. 条形码　　B. RFID　　C. 二维码　　D. 主动红外标签

## 二、判断题

1. EPC 码与 EAN/UCC 编码标准兼容。(　　)

2. 6LoWPAN 的 PHY 层和 MAC 层使用 IEEE 802.15.1 标准。(　　)

3. 6LoWPAN 的传输层使用 TCP 协议。(　　)

4．只支持 IPv4 网络及服务的手机无法连入只支持 IPv6 的蜂窝试验网。(　　)

5．和 IPv4 相比，IPv6 使用更大的路由表，路由器转发数据包的速度会变慢。(　　)

6．阅读器可以工作在低频、高频和超高频的频段，频率越高，读取信息的距离越远。(　　)

7．当某个 UCode 的对应对象不再存在，该 UCode 会被收回，以便以后分配给其他对象。(　　)

8．EPC 码是用来标识产品的特定代码，会存放详细的产品信息。(　　)

9．ONS 以 EPC 码作为指针指示 EPC 中间件到 ONS 服务器上查找保存的产品详细信息。(　　)

10．和 EPC 码类似，UCode 可以一定程度上表达有关对象的属性和含义。(　　)

**三、填空题**

1．EPC 码遵循_____、_____、_____、_____和_____等原则。

2．EPC 码由_____、_____、_____、_____等数据字段组成。

3．RFID 标签有_____、_____和_____三种类型。

4．IPv6 将 IPv4 的_____位地址长度扩展到了_____位，与 IPv4 相比，其地址空间增加了_____个。

5．有了____________，功率受限的小型智能物联网设备(智能传感器、智能嵌入式设备等)能通过___________协议直接联网，也就意味着各类低功率的无线设备能够加入 IP 家庭中，与 WiFi、以太网以及其他类型的设备并网。

四、简答题

1．现行的 EAN/UCC 条形码体系为什么不适用于物联网“万物互联”的愿景？

2．简要总结 EPC 码的特性。

3．画图并简要阐述 EPC 系统的完整工作流程。

4．画图并简要阐述 UCode 的解析机制。

5．举例说明泛在码的应用。

# 第 4 章

# 物联网信息感知

在物联网“万物互联”的愿景下，作为网络节点的“物”能够主动的生产、表达和传输信息。海量信息无时无刻不在产生，人类有限的感知、采集和分析能力与海量信息的采集和分析需求之间存在不可回避的矛盾。为了把人从海量信息的困局中解放出来，物联网需要变得更加智慧，这也必然需要把大量信息直接交给设备和网络去处理，而无需人力的介入。和互联网相比，对感知能力的充分运用是物联网的最大不同，也是优势所在。随着物联网的继续发展和进化，构成网络的终端节点会更加多样化、异构化、智慧化，它会以智能化自动化的方式直接服务人类，而无需人类用户直接互动。

物联网的感知全过程可以这样来理解：物联网传感终端负责收集数据并将数据发送回数据仓库、数据库或云端；接下来对收集的数据进行分析，以便传感终端根据服务需要采取特定行动。物联网的传感终端可以是智能传感器、执行器或可穿戴传感设备。在这些传感终端内，可以集成单板计算机(单片机)，并内置 TCP/IP 及安全功能，从而构建物联网的硬件平台。传感终端设备被连接到中央管理门户，以提供客户所需要的数据。很多公司在提供物联网传感终端的同时，也提供配套的智能网关和能够安装在智能手机上的移动应用程序，使人们能够使用智能手机监测对象的环境以及控制物联网中的目标设备或装置。

按照感知目的和感知信息的不同，可以将实现信息感知的具体技术划分为四类：身份感知技术、位置感知技术、状态感知技术以及过程感知技术。这些感知技术并非专门为物联网而生，却因为物联网的蓬勃发展而得到广泛应用。

## 4.1　身份感知技术

身份感知技术

身份感知技术也称自动识别技术，该技术应用一定的识别装置，通过非接触式地接近被识别物品就能自动获取被识别物品的相关信息，并提供给后台的计算机处理系统来完成相关后续处理。随着物联网的动态发展及概念框架的不断丰富，物联网相关关键技术的解读始终保持着动态更新并可以有不同角度的阐述。从给实物命名的角度，本书第 3 章对 EPC 码和 UCode 码做了介绍，并把这两种全球唯一编码的技术列入“识别”要素的范畴。从身份感知技术的内涵看，也可将命名所涉及的各类编码技术纳入“感知”要素的范畴。

主流的身份感知技术包括条形码、二维码和 RFID 技术。

### 4.1.1　条形码

条形码(barcode)诞生于 20 世纪 40 年代，是将宽度不等的多个黑条和空白按照一定的编码规则排列以表达一组信息的图形标识符。常见的条形码由反射率相差很大的可变宽度的矩形黑条(简称条)和白条(简称空)平行排列而成，如图 4-1 所示。进行辨识的时候，条码阅读器(又称条码扫描器或条码扫描枪)扫描条形码，得到一组反射光信号，此信号经光电转换后变为一组与黑条、白条相对应的电子信号，经解码后还原为相应的数字，再传入电脑。条形码能表示物品的生产国家、制造厂家、商品名称、生产日期、图书分类号、邮件起止地点、类别、日期等许多信息，在商品流通、图书管理、邮政管理、银行系统等领域都得到了广泛的应用。

日本邮政条形码

澳大利亚邮政条形码

EAN-8（国际通行）

UPC码（美、加）

EAN-13（国际通行）

图 4-1　常见各种条形码

EAN 商品条形码又称为通用商品条形码，是目前国际上使用最广泛的一类商品条形码。EAN 商品条形码分为 EAN-13(标准版)和 EAN-8(缩短版)两种。EAN-13 通用商品条形码由前缀部分、制造厂商代码、商品代码和校验码共四个部分组成，如图 4-2 所示。前缀码的赋码权在国际物品编码协会，占 3 位，是标识国家或地区的代码。00-09 代表美国、加拿大；45、49 代表日本；690-699 代表中国内地，471 代表中国台湾地区，489 代表中国香港特别行政区。制造厂商代码的赋码权在各个国家或地区的物品编码组织，占 5 位，如中国的制造厂商代码就由国家物品编码中心赋予。商品代码占 4 位，是用来标识商品的代码，赋码权由产品生产企业自行行使。校验码占 1 位，用来校验商品条形码中左起第 1 到 12 位数字代码的正确性。

图 4-2　EAN-13 的结构

### 4.1.2　二维码

二维码/二维条码(2D BarCode)是按一定规律在二维空间分布的光学可识读符号，以黑白相间的图形来记录数据信息，需要在水平和垂直方向配合识读全部信息。二维码比传统的 Bar Code 条形码能存储更多的信息，也能表示更多的数据类型。随着近年来移动设备的兴起，二维码逐渐流行。二维符号同样具有检错与纠错特性。各种二维码如图 4-3 所示。

图 4-3　各种二维码

根据排列方式的不同，二维码分为两大类：行排式和矩阵式。行排式二维条码又称堆积式或层排式二维码，它是将条码堆积成多行，如 Code 16K、Code 49、PDF417、Ultracode 等。矩阵式二维条码又称棋盘式二维码，是在一个矩形空间通过黑、白像素在矩阵中的不同分布进行编码，如 Code One、MaxiCode、QR Code、Data Matrix 等。

近些年最流行的二维码是 QR Code，是由日本 Denso 公司于 1994 年 9 月推出的矩阵式二维码，该类型二维码具有超高速识读、全方位识读、有效表示汉字等特性和优点。首先，QR Code 码具有超高速识读的特点，QR 码的名称源自“Quick Response”，意指追求高速读取能力的研发概念。码的读取是通过码符号的位置探测图形，用硬件实现，信息识读过程所需时间短，平均每秒可识读 20 个含有 100 个字符的 QR Code 符号，是传统的 PDF417 及 Data Matrix 二维码平均每秒识读符号量的 30～50 倍。超高速识读特性使 QR Code 能够广泛应用于工业自动化、生产线管理等领域。其次，QR Code 具有全方位 360°识读的特点，优于识读方位角仅为±10° 的 PDF417 码。最后，QR Code 表示汉字的效率更高。QR Code 用特定的数据压缩模式表示汉字，仅用 13bit 就可以表示一个汉字。相比之下，PDF417、Data Matrix 等二维码需用 16bit 才能表示一个汉字。

### 4.1.3 RFID

RFID 技术是通过无线电信号识别特定目标并读写相关数据，且无需识别系统与特定目标之间建立机械或光学接触的身份感知技术。RFID 技术萌芽于 20 世纪 40 年代的军事和实验室领域，早期商业应用始于 20 世纪 80 年代。直至 20 世纪 90 年代，RFID 在供应链领域开始得到重视，EPC 码作为可以附着于 RFID 的全球唯一商品代码被推出。如今，RFID 应用已经走入人们日常生活和工作中。身份证、食堂就餐卡、图书馆借书卡、超市购物卡、餐饮卡、娱乐卡、景区门票、小区门禁卡以及仓储、物流、公共交通、畜牧业等领域都采用了 RFID 技术，如图 4-4 所示。

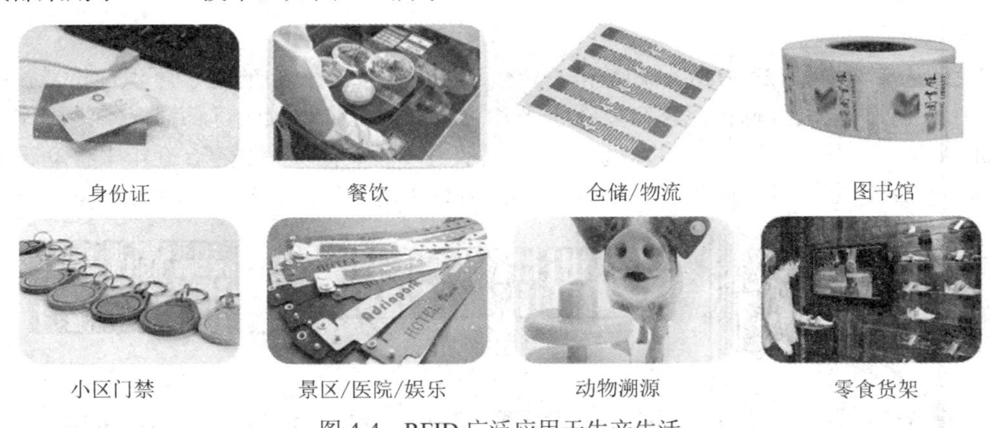


图 4-4　RFID 广泛应用于生产生活

例如，RFID 可以应用于图书馆借还书、防盗以及顺架整架。将每本书对应的 RFID 标签贴在书上，则每本书就有了“身份证号”。借还书时，无需像过去的条码技术那样必须逐本扫描，RFID 支持批量处理。贴了 RFID 标签的书通过无线电波侦测门时，可以被无接触地自动识别是否已办理了借书手续，没有办理借书手续的，系统会自动报警。RFID 技术也极大地方便了书架盘点、书籍寻找以及顺架整架的过程，只需管理员携带手持式阅读器通过书架，就可以发现目标书籍或查看书籍是否放错位置。

一个基本的 RFID 系统由标签和阅读器组成。标签由耦合元件及芯片组成，每个标签存有唯一的电子编码(比如 EPC 码)，附着在物体上标识目标对象。阅读器是负责读取(有时也支持写入)标签信息的设备，典型的 RFID 阅读器由 RFID 射频模块(发送器和接收器)、控制单元以及天线构成。阅读器上的天线负责在标签和阅读器间传递射频信号，实现阅读器对标签内信息的读写操作。RFID 阅读器有移动式(手持式)和固定式。

如图 4-5 所示，标签进入磁场后会被动(凭借磁场感应电流所获得的能量向阅读器被动地发送某频率信号)或主动(主动地向阅读器发送某频率信号)地向阅读器发送某频率信号，信号携带了存储在标签芯片中的产品代码，由阅读器读取该信息并解码后，送到后台信息系统进行相关数据处理。

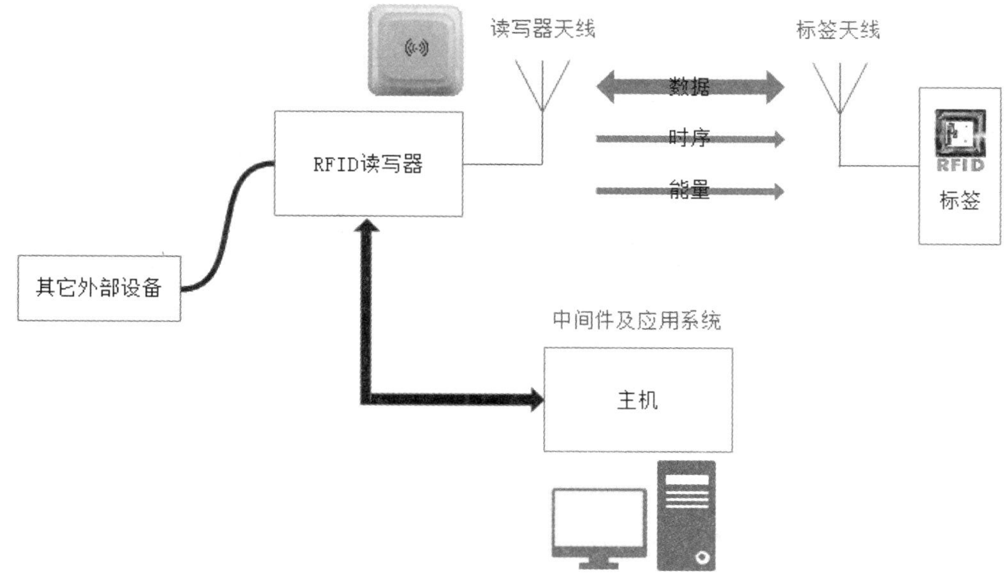


图 4-5　RFID 技术基本工作原理

RFID 标签常见的工作频率分布在无线电频谱的低频、高频、特高频以及超高频段，频率设定范围和 RFID 标签所应用的专业领域有关。ITU 对无线电频谱波段的划分如表 4-1 所示。

**表 4-1　ITU 对无线电频谱波段的划分**

<table>
<tr><th>段号</th><th>频段名称</th><th>频段范围<br>(含上限不含下限)</th><th colspan="2">波段名称</th><th>波长范围<br>(含上限不含下限)</th></tr>
<tr><td>1</td><td>甚低频(VLF)</td><td>3～30 kHz</td><td colspan="2">甚长波</td><td>100～10 km</td></tr>
<tr><td>2</td><td>低频(LF)</td><td>30～300 kHz</td><td colspan="2">长波</td><td>10～1 km</td></tr>
<tr><td>3</td><td>中频(MF)</td><td>300～3000 kHz</td><td colspan="2">中波</td><td>1000～100 m</td></tr>
<tr><td>4</td><td>高频(HF)</td><td>3～30 MHz</td><td colspan="2">短波</td><td>100～10 m</td></tr>
<tr><td>5</td><td>甚高频(VHF)</td><td>30～300 MHz</td><td colspan="2">米波</td><td>10～1 m</td></tr>
<tr><td>6</td><td>特高频(UHF)</td><td>300～3000 MHz</td><td>分米波</td><td rowspan="4">微波</td><td>100～10 cm</td></tr>
<tr><td>7</td><td>超高频(SHF)</td><td>3～30 GHz</td><td>厘米波</td><td>10～1 cm</td></tr>
<tr><td>8</td><td>极高频(EHF)</td><td>30～300 GHz</td><td>毫米波</td><td>10～1 mm</td></tr>
<tr><td>9</td><td>至高频(THF)</td><td>300～3000 GHz</td><td>亚毫米波</td><td>1～0.1 mm</td></tr>
</table>

按照供电方式、载波频率、调制方式、作用距离、芯片类别的不同，可以对 RFID 标签从不同角度做出分类，并根据不同类别考虑合适的应用场合，如表 4-2 所示。

表 4-2　RFID 标签的分类

| 分类依据 | 类别 | 应 用 场 合 |
| --- | --- | --- |
| 供电方式 | 无源标签 | 无源标签内没有电池，主要利用波束供电技术将接收到的射频能量转化为直流电实现标签供电，工作距离相对较短，但寿命长，对工作环境要求不高 |
| | 有源标签 | 有源标签本身有电源供电，作用距离远，但标签体积较大，成本较高，寿命有限，不适合在恶劣环境下工作 |
| 载波频率 | 低频标签 | 低频射频标签的频率主要包括 125 kHz 和 134 kHz 两种，主要用于短距离、低成本的应用，如门禁控制、校园卡、货物跟踪等 |
| | 高频标签 | 高频射频标签的频率主要为 13.56 MHz，主要用于门禁控制和需传送大量数据的应用系统 |
| | 特高频及超高频标签 | 特高频及超高频射频标签频率包括 433 MHz、915 MHz、2.45 GHz、5.8 GHz 等，可应用于需要较长的读写距离和较高读写速度的场合，在火车监控、高速公路收费等系统中有广泛应用，价格相对较高 |
| 调制方式 | 主动式标签 | 主动式射频标签用自身的射频能量主动将数据发送给阅读器。射频标签发射的信号仅穿过障碍物一次，该标签主要用于有障碍物的场合，传送距离可达 30 m |
| | 被动式标签 | 被动式射频标签利用阅读器的载波来调制自己的信号，采用调制散射方式发送信息给阅读器。由于阅读器可以确保只激活一定范围之内的射频卡，被动式标签主要适用于门禁或交通等读写距离较近的场合 |
| 作用距离 | 密耦合标签 | 作用距离最小，一般小于 1 cm |
| | 近耦合标签 | 作用距离一般小于 15 cm |
| | 疏耦合标签 | 作用距离约 1 m 左右 |
| | 远距离标签 | 作用距离可为 1 m～10 m，甚至更远 |
| 芯片类别 | 只读标签 | 只读不写，在产品生产时就将信息存储进去，不能再做更改，价钱比读写标签便宜，适用于普通商品 |
| | 读写标签 | 有读写功能，可以在现有信息的基础上对信息做改动，比只读标签贵很多，适用于价值比较高的商品 |
| | CPU 标签 | 内置微控制器，可编程 |

RFID 技术已经被广泛应用于各类产品和解决方案，典型应用有动物晶片、汽车晶片、防盗器、门禁管制、停车场管制、生产线自动化、物料管理等。RFID 的蓬勃发展需要标准化工作的支持。目前，国际上有影响力的 RFID 标准化体系制定方主要有三个，分别为 ISO/IEC、EPC Global 和 UID。在各方组织的带领下，逐渐形成了 RFID 三大体系。

### 1. ISO/IEC 的 RFID 体系

国际电工委员会(International Electrotechnical Commission，IEC)成立于 1906 年，作为国际性电工标准化机构，负责电气工程和电子工程领域中的国际标准化工作。国际标准化组织(International Organization for Standardization，ISO)是世界上最大的非政府性标准化专门机构，与 IEC 有密切联系，作为一个整体担负着制订全球协商一致的国际标准的任务。RFID 领域的 ISO 标准由 ISO 主导或联合 IEC 共同制定，包括 RFID 通用技术标准(见表 4-3)和 RFID 应用技术标准(见表 4-4)两部分。RFID 通用技术标准主要针对不同应用领域中涉及的共同要求和属性；RFID 应用技术标准则是在通用技术标准的基础上，根据各个行业自身的特点制定，主要针对行业应用领域涉及的共同要求和属性。

**表 4-3　ISO/IEC RFID 通用技术标准**

| RFID 通用标准分项 | 内 涵 表 述 | 涉及标准 |
| --- | --- | --- |
| 数据内容标准 | 规定数据在标签、阅读器到主机(中间件或应用程序)各个环节的表现形式 | ISO/IEC 15961<br>ISO/IEC 15962<br>ISO/IEC 24753<br>ISO/IEC 15963 |
| 空中接口通信协议 | 规范阅读器和电子标签之间的信息交互，确保不同厂家生产设备之间的互联互通。包括一组协议，分别规范了参考结构和标准化参数定义、中频 125~134 kHz、高频段 13.56 MHz、微波频段 2.45 GHz、超高频段 860~960 MHz 以及超高频段 433.92 MHz 的相应协议 | ISO/IEC 18000-1<br>ISO/IEC 18000-2<br>ISO/IEC 18000-3<br>ISO/IEC 18000-4<br>ISO/IEC 18000-6<br>ISO/IEC 18000-7 |
| 测试标准 | 规范设备(标签、阅读器)的性能测试方法，包括性能参数和检测方法<br>规范设备(标签、阅读器)的一致性测试方法，包括不同厂商设备实现互联互通互操作必需的技术内容 | ISO/IEC 18046<br>ISO/IEC 18047 |
| 实时定位系统 | 实时定位系统(RTLS)可以改善供应链透明性。RFID 短距离定位、GPS 定位、手机定位与无线通信技术共同实现物品位置的全程跟踪监视。需要制定和实时定位系统有关的标准 | ISO/IEC 24730-1<br>ISO/IEC 24730-2<br>ISO/IEC 24730-3 |
| 软件系统基本架构 | 提供 RFID 应用系统的框架，规范数据安全和多种接口，便于 RFID 系统之间的信息共享，从而令应用程序不再关心不同类型设备之间的差异，方便应用程序的设计和开发 | ISO/IEC 24791-1<br>ISO/IEC 24791-2<br>ISO/IEC 24791-3<br>ISO/IEC 24791-4<br>ISO/IEC 24791-5<br>ISO/IEC 24791-6 |

表 4-4　ISO/IEC RFID 应用技术标准

| RFID 应用技术标准分项 | 内 涵 表 述 | 涉及标准 |
| --- | --- | --- |
| 货运集装箱系列标准 | 与 RFID 相关的集装箱标准，包括集装箱标识系统(包括集装箱尺寸、类型等数据的编码系统，相应标记方法，操作标记和集装箱标记的物理展示)，基于微波应答器的集装箱自动识别标准，以及集装箱电子密封标准 | ISO 6346<br>ISO 10374<br>ISO 18185 |
| 物流供应链系列标准 | 与 RFID 相关的物流供应链系列标准，包括应用要求、货运集装箱、装载单元、运输单元、产品包装、单品五级物流单元共六个应用标准 | ISO 17358<br>ISO 17363<br>ISO 17364<br>ISO 17365<br>ISO 17366<br>ISO 17367 |
| 动物管理系列标准 | 与 RFID 相关的动物管理标准，规范了编码结构、技术准则、高级标签共三个应用标准 | ISO 11784<br>ISO 11785<br>ISO 14223 |

RFID 通用技术标准提供了一个基本框架，RFID 应用技术标准是对通用技术标准的补充和具体规定。这样的标准制订思想既保证了 RFID 技术具有互通与互操作性，又兼顾了应用领域的特点，从而满足应用领域的具体要求。

### 2. EPCGlobal 制定的 RFID 体系

在本书第 2 章和第 3 章中我们已对 EPCGlobal 网络、EPC 编码体系以及 EPC 系统有了一定的了解。EPCGlobal 由美国统一代码协会(UCC)和国际物品编码协会(EAN)于 2003 年 9 月共同成立，并吸收了众多企业和机构加入。EPCGlobal 的目标是解决供应链的透明性，帮助供应链各环节的参与方了解单件物品的相关信息。为了实现这样的目标，EPCGlobal 对 RFID 标准的制定主要针对 EPCGlobal 体系架构中各组件和组件之间的接口部分，涉及数据采集、信息发布、信息资源的组织管理、信息服务的发现等方面。

EPCGlobal 制定的 RFID 标准包括的协议和规范有：EPC 标签数据规范、空中接口协议、阅读器数据协议(RP)、低层阅读器协议(LLRP)、阅读器管理协议(RP)、应用层事件标准(ALE)、EPCIS 捕获接口协议、EPCIS 发现接口协议、标签数据转换框架(TDT)、用户验证接口协议、物理标记语言(PML)。

EPCGlobal 将已经制定的一系列 RFID 标准递交给 ISO/IEC，部分内容被 ISO/IEC 采纳，以参与到 ISO/IEC RFID 标准的制定工作中，借助 ISO 的强大推广能力，使其制定的标准成为广泛采用的国际标准。需要注意的是，虽然 EPCGlobal 是非营利性的组织，但其标准中所植入的技术专利的许可由提出方案的企业负责，采纳 EPCGlobal 的标准要关注其中的专利问题。

### 3. UID 制定的泛在码标签体系

UID(Ubiquitous ID)标准体系由 UCode 的发源地日本牵头制定。实现 UID 体系架构需要泛在码编码、泛在码标签、泛在通讯终端、泛在码关系数据库以及泛在码信息服务器等关键技术的协同配合。在第 3 章我们已经较为系统地介绍了泛在码 UCode 的概念、特征、解析及应用。这里重点谈一下泛在码标签的分类。泛在码标签是存储 UCode 的载体或媒介。泛在识别技术架构并未指定泛在码标签的具体形式，UID 标准将标签分为 0 类、1 类、2 类和 3 类共四种。0 类是打印标签，包括条码、二维码等。1 类是被动型射频标签，包括非接触式射频标签和非接触式 IC 卡。2 类是主动型射频标签。3 类是主动型红外标签。可以根据各类标签的优缺点和应用实际需求来选择适当的标签。泛在通信终端能够读取泛在码标签中存放的 UCode 并基于读到的 UCode 为用户提供服务。泛在码关系数据库以分布式的方式管理和 UCode 相关联对象的信息(主要存放该对象的相关属性和语义信息的服务器地址)。泛在码信息服务器则以分布式的方式管理由泛在通信终端显示的信息，为泛在通信终端提供服务。

发源自日本的 UID 标准体系涉及泛在码编码、泛在码标签、泛在通信终端、泛在码关系数据库以及泛在码信息服务器等部分。来自欧美的 EPC 标准体系涉及电子产品编码、射频标签、射频识别系统以及信息网络系统等部分。各个部分的协同运作机制在思路上有相通之处，但从整体标准体系的发展愿景、编码规则、工作频段、实施系统、应用领域等细节上看多有区别。UID 标准体系和 EPC 标准体系的对比如表 4-5 所示。

**表 4-5　UID 标准体系和 EPC 标准体系的对比**

| | UID | EPC |
|---|---|---|
| 发源地 | 日本 | 欧美 |
| 愿景 | 利用日本发达的宽带网络环境，建立人人、人物、物物之间的连接，为个人、商业、公共事业等提供泛在的信息服务 | 更加快速、自动、准确地识别供应链中的商品，以提升在供应链全生命周期管理商品的效率 |
| 编码 | 泛在码(128 位，可扩展) | 电子产品代码(96 位，可扩展) |
| 实施系统 | UID 系统，能对有形或无形的产品和对象作出全球唯一标识 | EPCGlobal 网络，能对单一产品进行全球唯一标识，最终取代条码 |
| 工作频率 | 2.45 GHz/13.56 MHz | 860 MHz～928 MHz<br>13.56 MHz |
| 应用领域 | 不依赖于应用领域和业务类型，可广泛应用于电子产品、食品、特定场所和音乐作品等，不被特定的应用场景和业务类型所限制。非常适用于跨行业跨应用的服务与目标管理，以及管理同一系统中多个位置和对象的服务等场景 | 侧重物流管理、库存管理等与制造、物流、零售密切相关的供应链领域 |

## 4.2　位置感知技术

位置感知技术

位置感知技术的应用非常广泛，如矿山中矿工位置定位、汽车导航定位、电话手表/宠物跟踪装置对儿童或宠物位置的定位、养老院对老人的位置定位、用车软件对叫车用户的位置定位、共享单车软件对周边可用单车位置的定位等等，都会用到位置感知技术。

物联网常用的位置感知技术包括卫星定位系统、移动通信基站定位技术、WiFi 定位技术、RFID 定位技术以及 WSN(无线传感网)定位技术。

### 4.2.1　卫星定位系统

目前，全球有四大卫星定位系统(如表 4-6 所示)，包括美国 GPS 系统(Global Positioning System，GPS)、中国北斗导航系统(BeiDou Navigation Satellite System，BDS)、欧洲伽利略系统(Galileo Satellite Navagation System，Galileo)以及俄罗斯格洛纳斯系统(Global Navigation Satellite System，GLONASS)。这些定位系统基本上运行在距离地球表面 2000～20 000 km 的地球中轨道，轨道高度从高到低为欧洲→中国→美国→俄罗斯。

表 4-6　全球四大卫星定位系统

| 名　称 | 构　成 | 精　度 | 用　途 |
| --- | --- | --- | --- |
| 美国 GPS 系统 | 由 24 颗卫星组成 | 分米级(@2016) | 军民两用 |
| 俄罗斯格洛纳斯系统 | 由 24 颗卫星组成 | 米级(@2013) | 军民两用 |
| 欧洲伽利略系统 | 由 30 颗卫星组成 | 米级(@2017) | 民用为主 |
| 中国北斗系统 | 由 5 颗静止轨道卫星和 30 颗非静止轨道卫星组成 | 平均 2.34 米，最高厘米级(@2020) | 军民两用 |

最广为人知的全球定位系统是美国的 GPS 系统。GPS 全球定位系统的组成包括地面监控系统、空间系统以及用户系统，如图 4-6 所示。

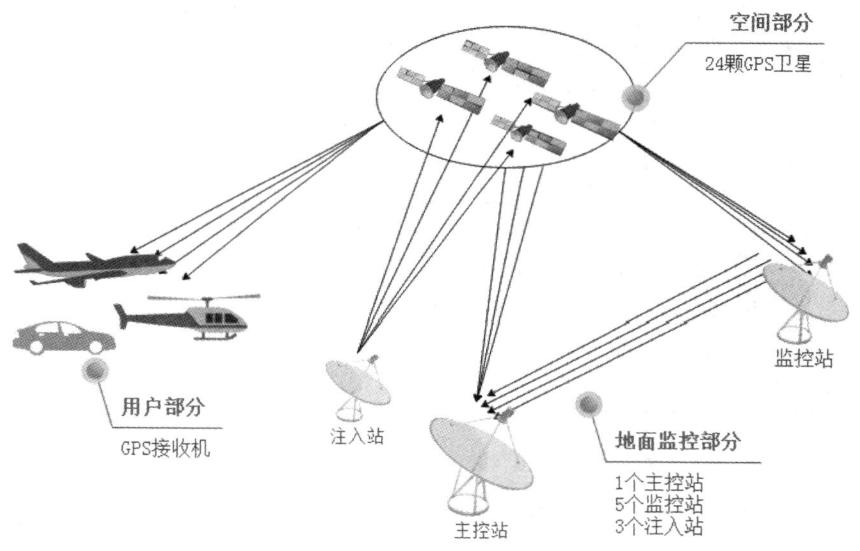


图 4-6　GPS 全球定位系统组成

地面监控系统由主控站、监控站和注入站组成。该系统负责跟踪卫星，对卫星进行测距以确定卫星运行轨道及卫星时钟改正数字，进行预报后，再将按规定格式编制的导航电文通过注入站送往卫星。地面监控系统还会通过注入站向卫星发布各种指令，如调整卫星的轨道及时钟读数，修复故障或起用备用件等。

空间系统由 24 颗卫星组成，卫星持续向用户播发用于进行导航定位的测距信号和导航电文，并接收来自地面监控系统的各种信息和命令以维持系统的正常运转。

用户系统主要指 GPS 接收机，能测定接收机和卫星的距离，并根据测定时刻卫星在空间的位置等信息求出接收机的三维位置、三维运动速度和时钟差等参数。

### 4.2.2 移动通信基站定位技术

自第三代移动通信技术兴起以来，移动通信基站定位技术越来越得到关注和应用。依托运营商铺设的大量通信基站，移动通信终端开始具备定位功能，这使得移动通信网络提供基于位置的服务成为可能，进一步增强了移动通信的实用性。移动通信基站定位技术的基本原理包括三大类：基于三角关系和运算的定位、基于场景分析的定位以及基于邻近关系的定位，如表 4-7 所示。

**表 4-7　移动通信基站定位技术基本原理**

| 分　类 | 原 理 描 述 |
| --- | --- |
| 基于三角关系和运算的定位 | 基于测量数据和几何三角关系来计算被测物体的位置，又细分为基于距离测量的定位技术和基于角度测量的定位技术 |
| 基于场景分析的定位 | 对定位的特定环境进行抽象和形式化，用具体量化的参数描述定位环境中的各个位置，并用一个数据库把这些信息集成在一起。观察者根据待定位物体所在位置的特征查询数据库，并根据特定的匹配规则确定物体的位置。这种定位方法本质上是一种模式识别方法 |
| 基于邻近关系的定位 | 根据待定位物体与一个或多个已知位置的邻近关系来定位。通常需要标识系统的辅助，以特定的标识来确定已知的各个位置。关于特定标识，典型例子是移动蜂窝通信网络中的 Cell ID |

以基于距离测量的定位技术为例，如图 4-7 所示，可利用无线信号计算出手机和周边至少三个基站之间的距离。以每个基站的位置为圆心，以手机和该基站的距离为半径画圆，三个圆必有交点，以此就可以计算出手机的位置。

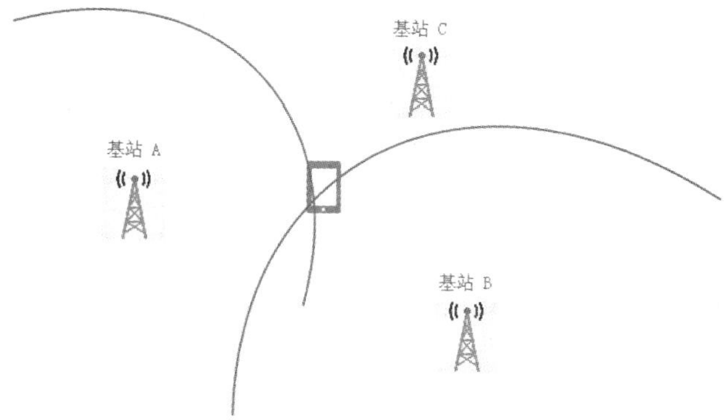


图 4-7　基于距离测量的基站定位技术

### 4.2.3 WiFi 定位技术

将 WiFi 接入点(AP)与移动通信基站做类比，不难理解 WiFi 定位技术的基本原理与移动通信基站定位原理类似：即利用三角关系和对距离的测量来对目标终端进行定位。利用无线信号计算出手机和周边至少三个 AP 之间的距离。以每个 AP 的位置为圆心，以手机和该 AP 的距离为半径画圆，三个圆必有交点，由此就可以推算出手机的位置。WiFi 定位技术多适用于室内定位场景。WiFi 定位技术的基本原理如图 4-8 所示。

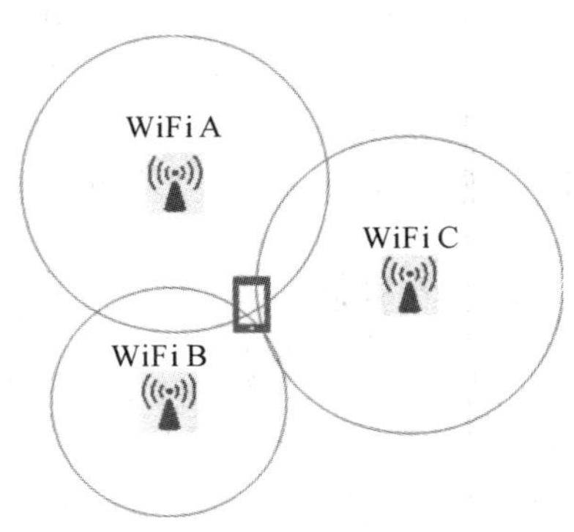


图 4-8　WiFi 定位技术的基本原理

还有一种更简便粗糙的定位方法，该方法用于对定位精度要求不高的场合。WiFi 技术的通信覆盖范围有限，在 AP 位置已知的情况下，能收到该接入点信号的终端一定处于接入点周边的有限范围内，由此可以完成粗略定位。

## 反向寻车应用

一、需求背景

某大型商城布设有常见的 WiFi 基础设施，其停车场规模大、通道长、车位很多。对于逛商场的顾客来说，一旦需要离开商场，常需要即时进行定位导航，从而返回自己的停车位，方便驾车离开。为此拟采用微信轻应用的形式在商城公众号菜单嵌入反向寻车功能，使用户在微信上完成商城认证并上网后，通过公众号里定制的“寻车”子菜单实现反向寻车导航。

二、技术方案

某物联网集成解决方案提供商 A 与某室内定位导航厂商 B 合作，在无线控制器(厂商 A 提供)与本地定位服务器(厂商 B 提供)的配合下，实现基于 WiFi 室内定位的反向寻车应用。如图 4-9 所示，无线控制器内置有认证服务器，通过认证终端的信息经由无线控制器传递给本地定位服务器。本地服务器内置有典型的 WiFi 定位算法，结合终端信息并匹配无线 AP 传送的定位报文，就可以实现针对该终端的有效定位。需要特别注意的是：厂商 B 对于无线 AP 配置密度和上传给定位服务器的定位报文有特定的要求。

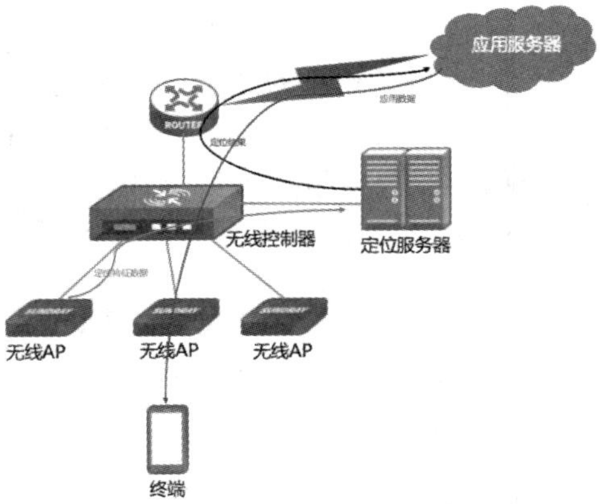

图 4-9　无线控制器与定位服务器配合完成终端定位

三、AP 配置

厂商 B 要求每个位置周边 20 米范围内需要看到 3 个 AP。对于单台覆盖范围较广的无线 AP 来说，这一密度要求会带来一定的干扰。此外，本案例中用户要求无线 AP 只能沿走道安装。考虑到建筑格局以及用户对美观度的要求，并综合实际用户体验，最终决定各相邻 AP 之间间隔 16 米，如图 4-10 所示。经实测效果较好。

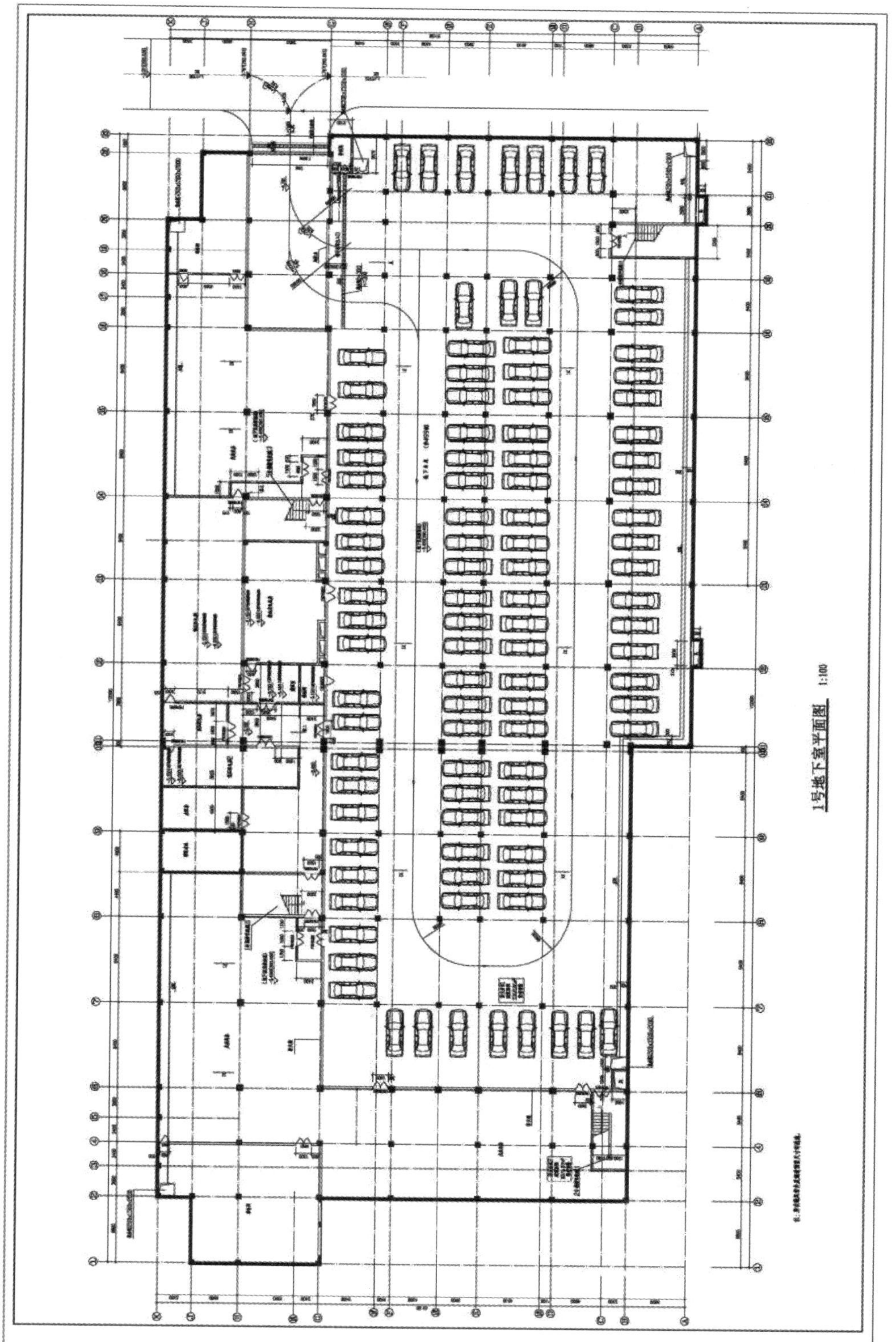

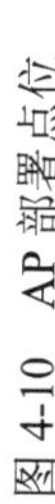

图 4-10　AP 部署点位

四、终端定位数据的收集

终端用户在无线控制器处成功认证后，其定位数据的收集包括两个环节：其一，无线控制器将相应终端的用户名、IP、MAC 地址以及关联 AP 信息发送给本地定位服务器，本地定位服务器根据这些终端定位数据用既定的定位算法完成终端的准确定位，继而将定位结果发送给应用服务器；其二，无线控制器将终端的 MAC 地址发送给应用服务器，从而应用服务器可以将得到的定位结果发送给 MAC 地址指向的终端。我们可以看到，无线控制器是终端定位数据收集的关键设备。在无线控制器的后台，可完成有关定位服务器及 MAC 地址传送等相关参数配置(图 4-11)。本案例的控制器支持传递的信息包括终端类型、终端 MAC 地址、射频类型、无线信道、是否关联上 AP、关联 AP 的 MAC 地址、信号强度、底噪等信息。

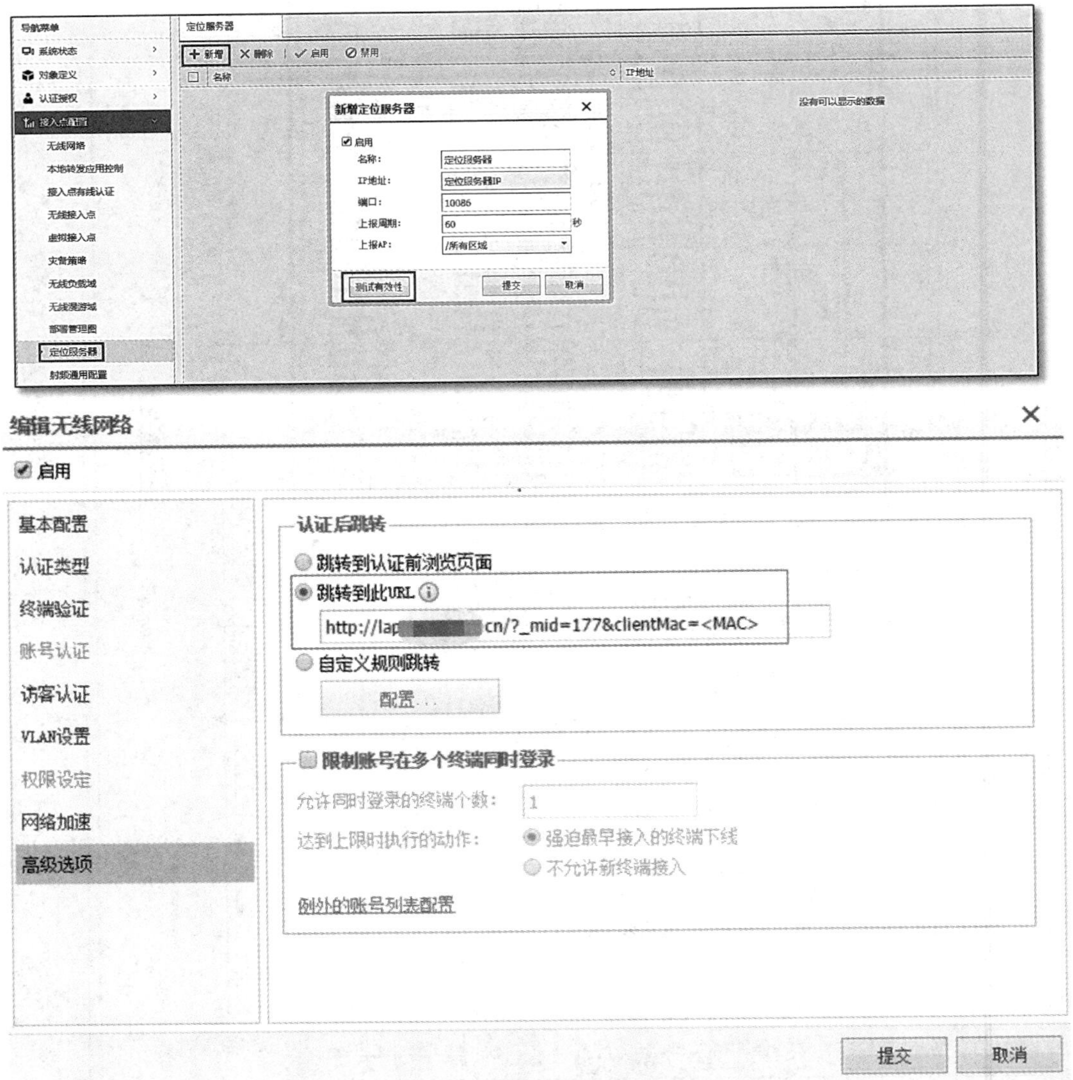

图 4-11　无线控制器基本配置示例

五、应用演示

本案例中的反向寻车导航基于微信轻应用实现，具体做法是在商城微信公众号中嵌入针对厂商 B 定制的寻车菜单，提供反向寻车导航功能。在无线控制器与本地定位服务器的协同下，实现基于 WiFi 定位的反向寻车导航应用，如图 4-12 所示。

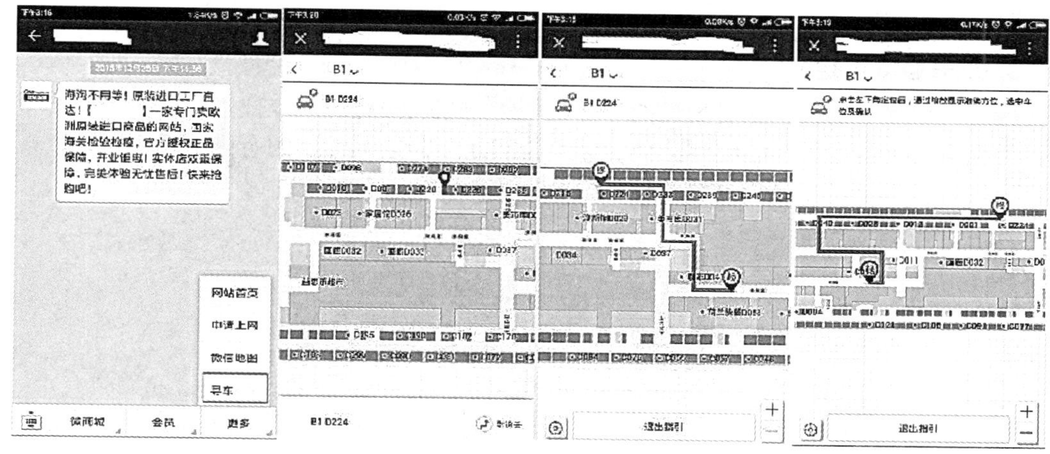

图 4-12　反向寻车应用演示

## 4.2.4　RFID 定位技术

### 1. 多边测距法定位

RFID 阅读器是以非接触的方式读取电子标签中存储的对象信息，在这个过程中，阅读器还会获得接收信号的强度等信息。多边测距定位的基本原理是：基于多个固定的阅读器去读取目标 RFID 标签的特征信息(比如身份 ID、接收信号强度等)，采用多边测距的方法来确定该标签的位置。

如图 4-13 所示，利用 3 个或 3 个以上固定部署的阅读器来读取目标标签的信息，记录每个阅读器接收信号的强度，可以得到各个阅读器和目标标签的距离，从而容易计算出标签的所在位置。

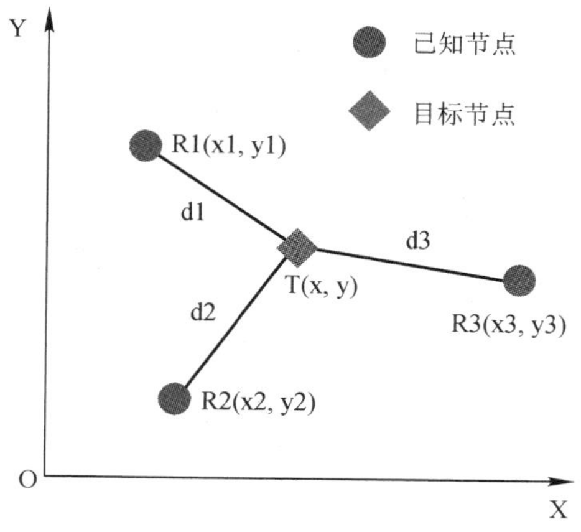

图 4-13　RFID 技术实现多边测距定位

### 2. 近邻法定位

还有一种被称为近邻法的方法。这种方法的主要思想是引入参考标签。在室内的多个固定位置分别部署阅读器和参考标签，可以通过比对参考标签和目标标签的接收信号强度，来推算目标标签的位置。这种方法的定位效果比较依赖标签如何摆放，一般需要标签都按照同样的方向摆放。

### 3. 信号强度法定位

最后常被提及的一个相对粗糙的方法类似于 WiFi 的粗糙定位技术。在已知阅读器位置的情况下，容易理解，能收到信号的标签必然处于相应阅读器的有限感知范围内，根据收到的信号强度可以完成对标签的粗略定位，如图 4-14 所示。

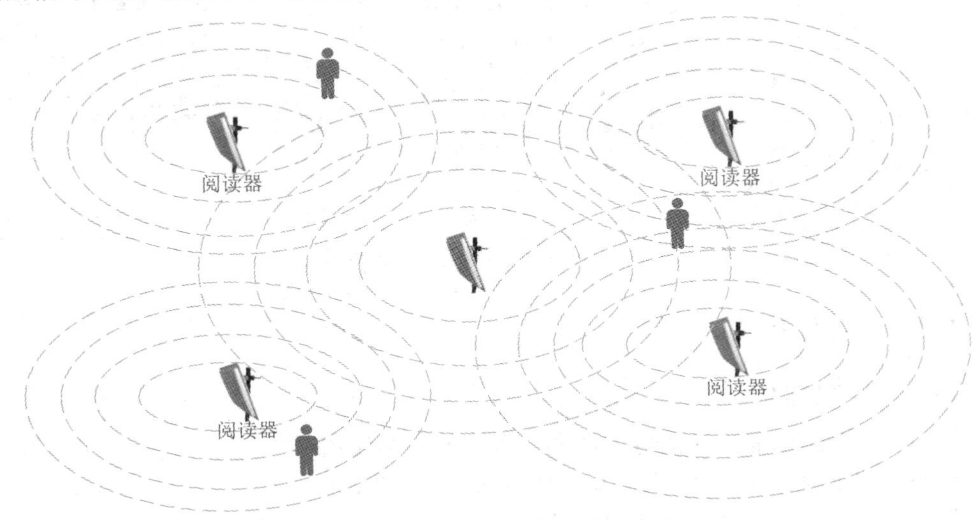


图 4-14　利用信号强度粗略定位

大量基于 RFID 定位技术的成熟商用方案可以应用于救援救灾、资产管理、目标追踪等领域。根据使用的技术手段或定位算法不同，精度有所不同，理论上可达到厘米级。

## 4.2.5　无线传感网定位技术

在无线传感器网络中，构成网络的是大量可以感知和检查外部世界的传感器，这些多样化的传感器就是可以探知世界的网络末梢，能感知环境中的各种现象，在军事、救灾、环保、医疗保健、家居、工业、商业等应用领域为用户提供具体的监测服务。为了提供有实质性意义和价值的监测服务，应该对传感器节点的位置信息有所感知。

无线传感网络的传感器节点一般数量众多，为数量庞大、能耗受限的传感器节点逐个配备能耗高且成本也高的卫星接收装置实现卫星定位并不现实。对数量众多的传感器节点的位置感知，应该充分结合传感器网络自身的特点以及传感器节点的类型，利用传感器节点的部分位置信息和相互之间的协作，采用针对性的定位机制确定未知节点的位置。

无线传感器网络中的节点分两类：一类是信标节点；另一类是普通节点。信标节点又被称为锚节点或者参考节点，在所有传感器节点中的占比较小，数量较少，位置固定，位置信息可以通过手工配置或者配备 GPS 接收机来获取。普通节点是位置信息未知的节点，又被称为非锚点，其数量相对较多。这些位置信息未知的普通节点的定位也可以通过两类技术实现：测距定位技术和非测距定位技术。

#### 1. 测距定位技术

测距定位技术首先要测量节点之间的距离或相对角度，可以基于接收信号强度指示(Received Signal Strength Indication，RSSI)、到达时间(Time of Arrival，ToA)、到达时间差(Time Difference of Arrival，TDoA)以及到达角(Angle of Arrival，AoA)获取。在某个未知位置的节点获得其与邻近信标节点的距离或者相对角度后，就可以根据几何关系计算未知节点的位置，可以使用三边测量法、三角测量法以及极大似然估计法。测量距离或相对角度是测距定位技术的关键，这种技术的定位精度相对较高，但对传感器节点硬件和功耗提出了较高要求。

#### 2. 非测距定位技术

非测距定位技术无需测量距离和相对角度的信息，而是利用已知位置的信标节点并结合普通节点和信标节点之间的跳转次数完成位置估计。数据从一个节点无线传输到另一个节点的过程称为 1 跳，普通节点的数据经过若干次跳转可以传到信标节点。在无线传感网中，根据节点的密度和节点覆盖的区域，可以大致估计出每一跳的平均距离。利用信标节点的位置，以及数据传递到信标节点所经历的跳数，就可以估计出目标普通节点的位置。不基于距离的定位技术采用的具体算法包括质心算法、距离向量-跳数(Distance Vector – Hop，DV-Hop)算法等，实现相对简单、计算开销小，能实现粗精度的定位。非测距定位技术有一些限制，需要信标节点有较高的密度和较适当的位置部署，比较适合节点数量众多的大规模传感网络。非测距定位技术的优势在于，对传感器硬件要求较低，能满足大多数传感器网络应用的要求，所以该技术一直以来得到了重点关注。

## 4.3　状态感知技术

状态感知技术

### 4.3.1　传感器基本结构

状态感知技术是利用传感器对人、物品、环境等的状态信息进行采集的技术。传感器是由敏感元件和转换元件组成的一种检测装置，能感受到被测量，并能将检测和感受到的信息按一定规律变换成为电信号(电压、电流、频率或相位)输出，以满足感知信息的传输、处理、存储、显示、记录和控制的要求。状态感知技术的关键在于，需要将各种各样的被测量(如物理量、化学量、生物量)转换成电信号，再通过数模转换，将模拟信号变为数字信号，以方便在计算机里进行处理。

图 4-15 展示了传感器的基本结构，包括四个核心部分：敏感元件、转换元件、信号调理电路以及辅助电源(辅助电源对于传感器不是必需的)。在各核心部分的协同工作下，被测量可以被转换为电信号输出，便于后续的处理。

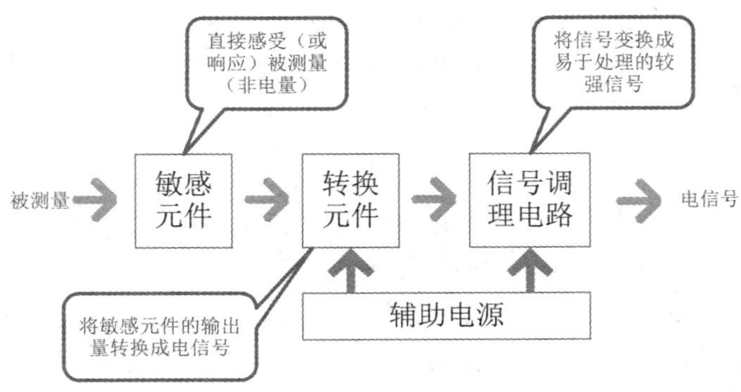


图 4-15　传感器基本结构

我们通过一个具体例子理解传感器的工作原理。图 4-16 是一个电阻应变式传感器，其敏感元件就是左端的弹性元件，转换元件就是电阻应变片。弹性材料对外力非常敏感，当有外力(被测物理量)作用在弹性元件上时，弹性元件会发生形变，形变引起电阻应变片的阻值发生变化。经过信号调理电路的整流和放大，可以将阻值变化转变成电信号的输出，通过电信号的变化，可以反推出被测物理量——外力的情况。

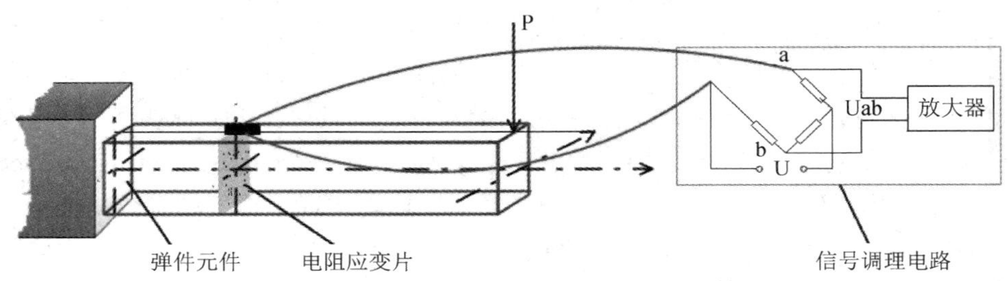


图 4-16　电阻应变式传感器

### 4.3.2　传感器的分类

按工作原理不同，传感器的分类如表 4-8 所示。按被测量对象不同，传感器的分类如表 4-9 所示。此外，还有其他对传感器进行分类的方法。按工作效应可将传感器分为物理传感器、化学传感器、生物传感器。按输出量可将传感器分为模拟式传感器和数字式传感器。按能量关系可将传感器分为能量转换型和能量控制型。在实际应用中，按被测量对象不同的分类方法使用较多。

**表 4-8　按工作原理对传感器进行分类**

| 变换原理 | 传感器举例 |
|---|---|
| 变电阻 | 电位器式、应变式、压阻式、光敏式、热敏式 |
| 变磁阻 | 电感式、差动变压器式、涡流式 |
| 变电容 | 电容式、湿敏式 |
| 变谐振频率 | 振动模式 |
| 变电荷 | 压电式 |
| 变电势 | 霍尔式、感应式、热电耦式 |

**表 4-9　按被测量对象对传感器进行分类**

| 基本被测量 | 派生被测量 |
| --- | --- |
| 热工量 | 湿度、热量、比热、压力、压差、真空度、流量、流速、风速 |
| 机械量 | 位移、尺寸、形状、力、应力、力矩、振动、加速度、噪声、角度、表面粗糙度 |
| 物理量 | 黏度、温度、密度 |
| 化学量 | 气体(液体)化学成分、浓度、盐度 |
| 生物量 | 心音、血压、体温、气流量、心电流、眼压、脑电波 |
| 光学量 | 光强、光通量 |

### 4.3.3　状态感知传感器技术的发展历程和命名规则

迄今为止，状态感知传感器的发展主要历经了四个阶段，如图 4-17 所示。第一阶段是结构型传感器，主要利用材料结构参数变化来感受信号。第二阶段是物性型传感器，这一阶段主要利用材料物性参数变化来感受信号，比如电阻应变式传感器。第三阶段是智能传感器，这一阶段的传感器其主要特征体现在要和计算机以及通信技术更紧密地结合上。第四阶段是智能网络化传感器，在这一阶段，传感器技术将与智能技术及大规模网络技术深度结合。

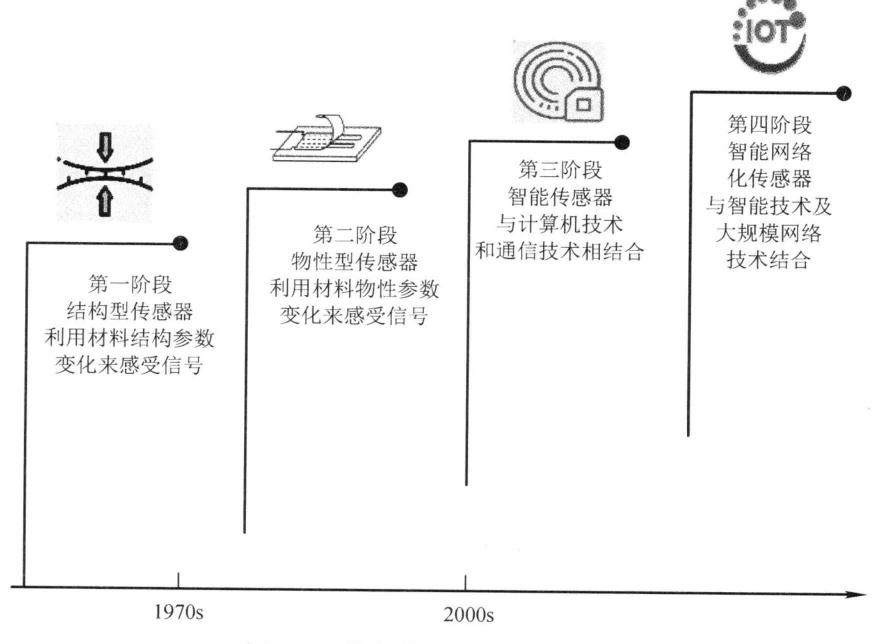


图 4-17　状态感知传感器的发展阶段

传感器采用“四级修饰语+主题词”的形式来命名。主题词是固定的三个字“传感器”。第一级修饰语用来刻画被测量，第二级修饰语刻画转换原理，第三级修饰语主要描述特征

(结构、性能、材料、敏感元件等)，第四级修饰语刻画主要技术指标(量程、精确度、灵敏度等)。来看一个具体的例子：50 kPa 智能型谐振式差压传感器。主题词是“传感器”。差压是被测量，表明该传感器主要测压。“谐振式”表明该传感器的转换原理，“智能型”是该传感器的特征，“50 kPa”是这个传感器的主要技术指标。在实现一个物联网应用系统时，对传感器进行选型，根据传感器的名字可以得到很多信息。

### 4.3.4　MEMS 传感器

MEMS 的全称是微机电系统(Microelectro Mechanical Systems)，是利用传统的半导体工艺和材料，集微传感器、微执行器、微机械机构、信号处理和控制电路、高性能电子集成器件、接口、通信模块和电源等于一体的微型器件或系统。MEMS 是在微电子技术基础上发展起来的多学科交叉的前沿研究领域，涉及电子、机械、材料、信息、自动控制、物理、化学、生物等多领域的工程技术。自从 20 世纪 70 年代微机械压力传感器产品问世以来，经过四十多年的发展，MEMS 已成为交叉学科的重大科技领域。MEMS 工作原理如图 4-18 所示。

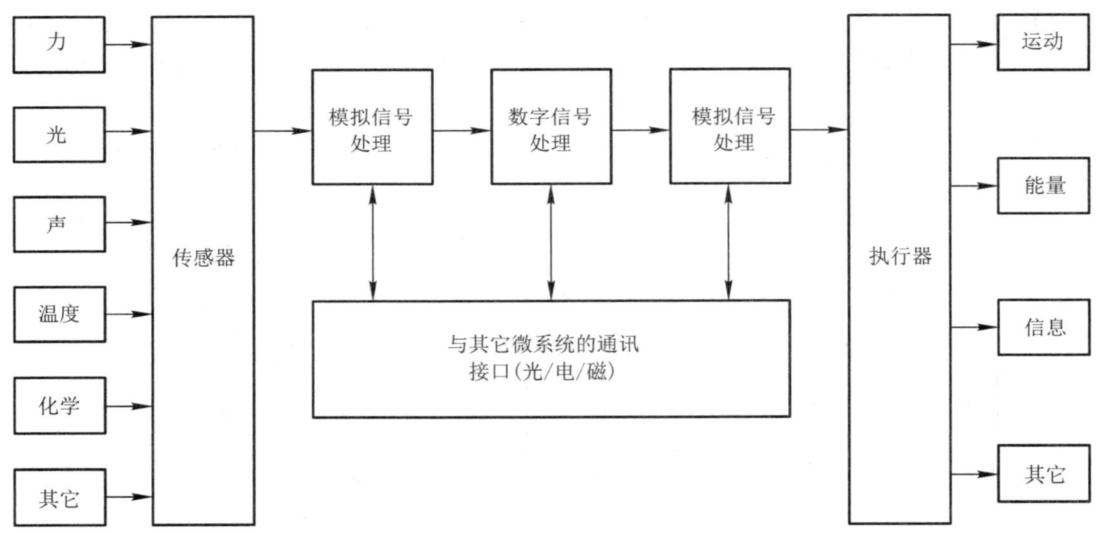


图 4-18　MEMS 工作原理图

MEMS 传感器是采用微电子和微机械加工技术制造出来的新型传感器，在 MEMS 微机电系统中具有重要地位，具有微型化(毫米量级到微米量级)、重量轻(微克量级到克量级)、功耗低、可靠性高、响应时间短、智能化，易于集成、成本低以及适合批量化生产等特点。

目前，MEMS 传感器是实现状态感知的核心关键器件。在微米量级的尺度，MEMS 传感器能完成很多传统机械传感器不能实现的功能，具有广阔的应用空间。MEMS 传感器的分类如图 4-19 所示。

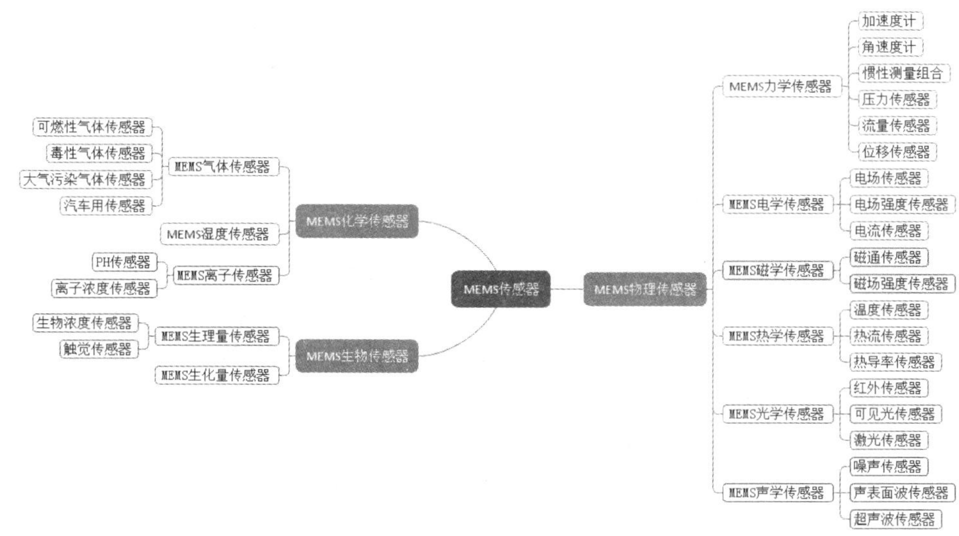


图 4-19　MEMS 传感器的分类

### 4.3.5　状态感知技术的应用

状态感知技术的应用无处不在。随着技术和工艺的逐步成熟，以 MEMS 传感器为代表的状态感知技术可以在智能手机、虚拟现实/增强现实(简称 AR/VR)、可穿戴类消费电子、智能汽车、智能驾驶、智能工厂、智慧物流、智能家居、环境监测、智慧医疗等和物联网技术紧密关联的领域得到广泛应用。

#### 1. 状态感知用于智慧汽车和智能驾驶

如图 4-20 所示为一个汽车传感器的典型例子。汽车在运行中，各个系统会处于不同的工作状态，车载电脑需要了解水温、油温、进气压力、车速、节气门位置、档位等信息。汽车传感器能将汽车运行中的光、电、温度、压力、时间等信息转化成电信号(数据)，方便电脑识别。这些表征汽车工作状态的数据输入车载电脑后，电脑预先存储的程序可以对其进行计算分析，判断汽车的运行状态。在过去，汽车传感器主要用于发动机上，现在已经扩展到用于底盘控制、车身以及灯光电气系统，总数多达上百个。

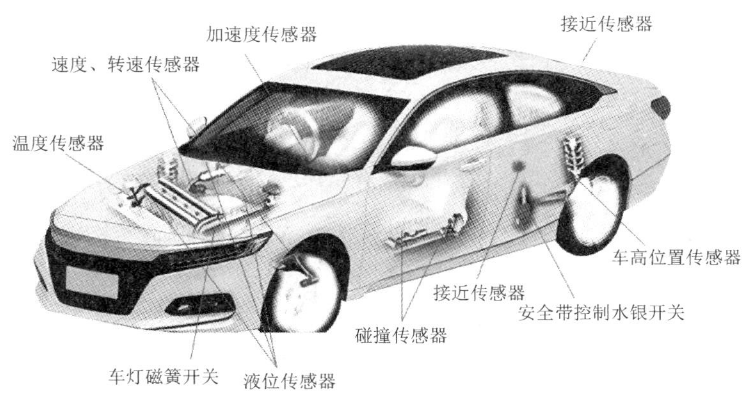


图 4-20　汽车用到的各类传感器

目前传感器已经发展到智能化、微型化、集成化、多元功能化的阶段，使用新材料和新工艺制造的新型传感器代表着未来汽车传感器的方向。MEMS 传感器在特定的运动速度下，仍然拥有高精度和良好的反应速度，它是汽车智能控制系统的重要信息来源。在汽车发动机上配有进气压力传感器、空气流量传感器、爆震传感器、曲轴位置传感器、节气门位置传感器等 MEMS 传感器。在车身可以安装 MEMS 陀螺仪(角速度传感器)、加速度传感器，这样车辆运行中的倾斜姿态等细微动作可被转换为数字信号后传递给车载电脑，及时感知车身侧翻状况，提升稳定性控制的水平。在安全气囊上可以安装高 G 值加速度计和压力传感器。MEMS 麦克风具有良好的噪声消除性能，除了用于手机、外挂耳机、平板电脑、可穿戴设备等消费类电子产品之外，也很适合应用于智能汽车，方便人车交互。

### 2. 状态感知用于可穿戴设备

MEMS 传感器在可穿戴设备应用领域的需求不断增加，帮助可穿戴设备实现了多种个性化功能。加速度计能跟踪目标在所有方向上的运动。陀螺仪(角速度计)与加速度计配合，能提供针对目标的三维运动跟踪。气压传感器可以测量目标所在位置的气压大小，进而推断海拔高度。温度传感器可以测量体温，多用于医疗诊断、健身。生物阻抗传感器能测量皮肤电阻，进而转化为心率、呼吸率等数据。光学传感器通过计算血液的吸光率来测算心率。皮电反应传感器可以监测皮肤汗水水平，作为推断用户心理活动如心情指数等的依据。电容传感器能监测电容电压变化，推断用户是否佩戴手环，为智能手环常见的脱腕监测功能提供支持。霍尔传感器作为一种磁场传感器，可以感应耳机或手环磁通量变化，判断手环佩戴与否，还可以支持耳机常见的“摘停戴听”功能。环境光传感器可以感知周边光线情况，支持智能手表、智能手机、平板电脑等实现自适应调整显示器背光亮度的功能。

以智能手环及智能手表类产品为例，利用 MEMS 加速度计、陀螺仪、心率传感器来实现运动监测的功能，利用心率传感器实现心率监测的功能，此外还可以配备 MEMS 麦克风和脉搏传感器等实现更多功能。

### 3. 状态感知用于 VR/AR 设备

VR 设备即虚拟现实设备(Virtual Reality，VR)，AR 设备即增强现实设备(Augmented Reality，AR)，这类设备想要精准传达各类感受给用户，离不开传感器的帮助。VR/AR 设备标配的核心组件是惯性测量单元(Inertial Measurement Unit，IMU)，由加速度传感器、陀螺仪和地磁传感器组成，可以感知使用者的头部运动特别是转动的动作。高性能的 IMU 可以显著改善 VR/AR 设备使用时容易出现的晕眩问题。另一个典型的例子是 MEMS 眼球追踪传感技术，该技术被认为是未来 VR/AR 头显设备的标配技术。

### 4. 状态感知用于无人机

飞行姿态控制技术是无人机的核心技术，也需要 IMU 模块发挥作用。无人机上的 IMU 模块由加速度计、陀螺仪、磁力计、气压传感器等 MEMS 传感器构成。结合加速度计和陀螺仪可以计算出角度变化，并确定位置和飞行姿态。磁力计可以为无人机提供方向感，它所提供的三轴磁场数据能用于侦测地理方位。气压计能感知地球大气压力，进而预测无人机高度；超声波传感器可以帮助在近地面飞行时实现高度控制；气压传感器和超声波传感器协同工作，可以实现无人机在高低空的平稳飞行。此外还有一些和特定应用结合的传感器可以安装到无人机上，为无人机提供增强功能。例如用于气象监测的温湿度传感器、用于影片拍摄或高空监控的 MEMS 麦克风等等。无人机上的 MEMS 传感器要能在各种恶劣条件下正常工作，提供高精度的输出。

### 5. 状态感知用于智慧工厂

在智慧工厂应用中，要实现自动化生产需要对生产环境实行监控，对设备实行自动检测和控制。安装在各类设备上的 MEMS 传感器可以监视和控制设备以及生产环境的各类关键参数，帮助设备工作在正常或健康状态，保证产品的质量。例如 MEMS 温湿度传感器可用于工厂生产环境的检测；MEMS 加速度计可以用来监测工业设备的振动和旋转速度。

以智慧工厂中自动执行工作的机器装置——工业机器人为例，高精度的 MEMS 加速度计和陀螺仪能为工业机器人的导航和转动提供位置信息的支持。二维视觉传感器可以检测零件并协助确定零件在传送带上的位置。三维视觉传感器可以帮助检测物体并创建三维图像，帮助机器人分析和选择最佳的物品取放方式。力传感器和力矩传感器帮助机器人感知末端执行器的力度。温度传感器可以帮助监控环境，避免潜在的有害热源。

### 6. 状态感知用于智慧医疗

用于医疗领域的传感器历经了四个阶段，分别用于台式、便携式、可穿戴式以及可植入式医疗设备或器械，如图 4-21 所示。

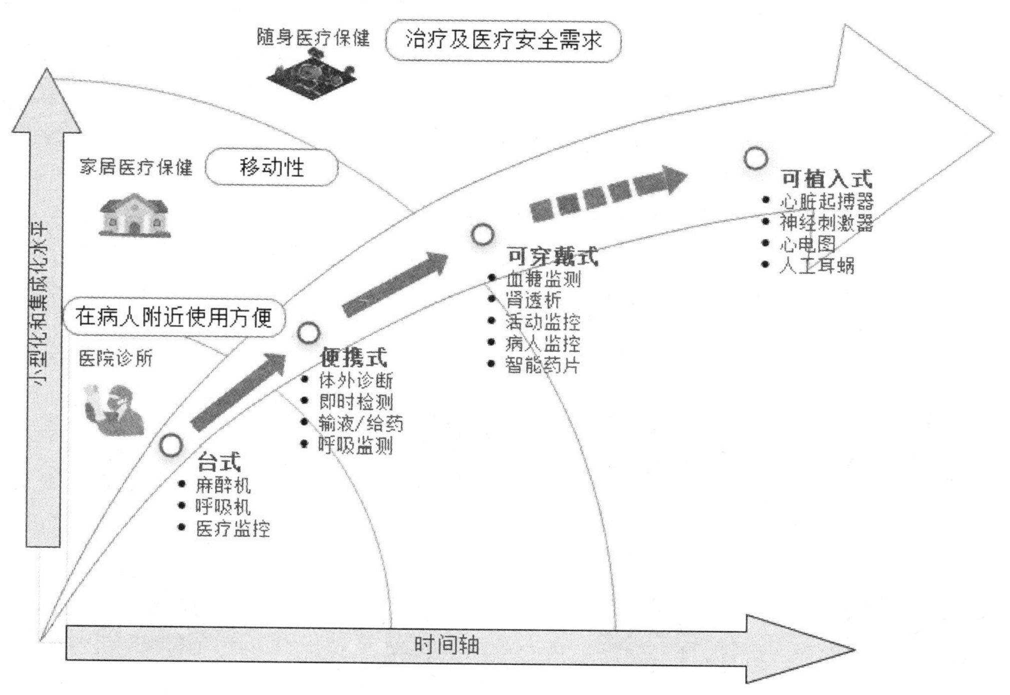


图 4-21　医疗传感器的演进过程

最初的传统医疗传感器只能用于医院诊所机构的麻醉机、呼吸机以及用于医疗监控的其他台式设备中。随着医疗传感器体积的变小，逐渐可将其集成到便携式医疗仪器中，为家庭护理和医疗保健提供支持。第三阶段则是可用于可穿戴医疗保健装置的 MEMS 传感器，应用领域包括血糖监测、肾透析、活动监控、智能药片等。

未来，医疗领域的技术竞赛主要聚焦于植入式传感器设计，这类传感器可以直接植入动物乃至人体，应用于医疗级的生物感测和病况追踪。可植入式定位对 MEMS 传感器的采样精度、速度、适用性、体积等都提出了更特殊的要求，要求体积极小、重量极轻、功率极低、与身体兼容，且不易随时间衰变。例如，硅微机械压力传感器可以感知分娩时的子宫收缩压力和收缩频率；压电聚合传感器可以感知和区分人体不同运动强度的活动(休息、走、跑或其他)，并配合心脏起搏器令心脏自适应地调整搏动频率。

需要内置于身体内的植入式传感器属于最高级别的第三类医疗器械，在安全性、有效性方面都必须严格控制，需要有食品及药物管理局的批准才能使用。一般来说此类传感器价格昂贵，需要通过专业的外科手术实现对人体的植入。MEMS 传感器在医疗领域的应用前景广阔，潜力巨大，考虑到技术难度、可靠性、人体安全、准入门槛等，离其成为成熟商用的时间还较远。

## 4.4　过程感知技术

过程感知技术

过程感知技术主要利用机器视觉系统去“看懂”世界，看懂目标对象正在发生着什么。有了过程感知技术，物联网系统如同装上一双理解世界的“慧眼”。

一个典型的机器视觉系统由四部分构成，包括光源及光源控制器、相机和镜头、图像采集卡或视觉系统以及视觉分析软件，如图 4-22 所示。光源和光源控制器为机器视觉系统解决照明的问题，光源可以增强被拍摄对象的清晰度，光源控制器可以控制光源打光的方式，直接影响输入数据的质量和效果。相机是很核心的部件，镜头可以调节采集的视野以及分辨率，一般需要根据不同应用的需求选择不同分辨率和种类的相机和镜头；相机和镜头帮助机器“看到世界”。图像采集卡负责将相机抓拍的数据经过模数转换功能采集到计算机，如果相机采集得到的数据本身就是数字格式，则无需通过采集卡，可以直接传输到计算机。视觉分析软件是整个机器视觉系统的核心和大脑，决定了物联网系统是否能“看懂世界”。

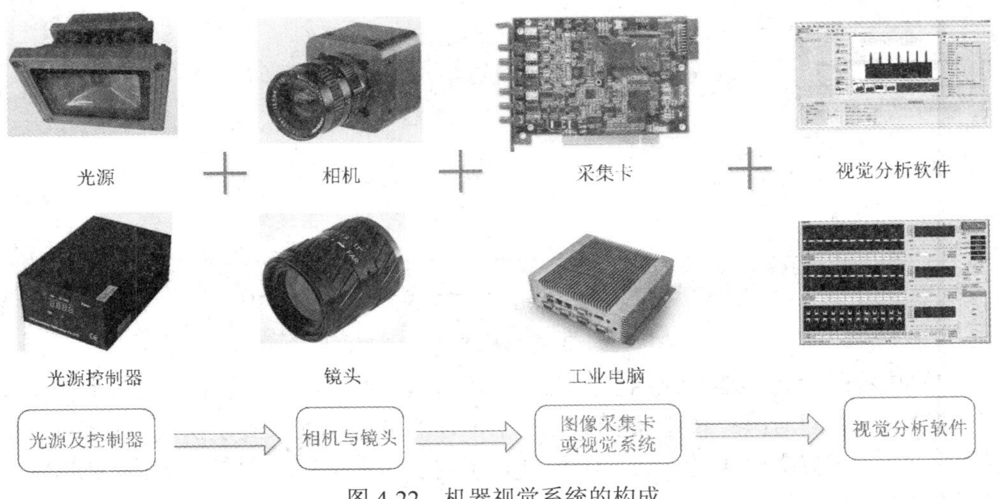


图 4-22　机器视觉系统的构成

过程感知技术的应用广泛，包括自动检测和监控、智能人机交互、医疗、智能视频监控、机器人视觉导航等。

在自动检测和监控领域，过程感知技术可以应用于工厂生产线产品质检、农产品分级分选、农作物生长状况监测、纸币印刷质检、人脸侦测、智能交通管理等。比如机器视觉系统能指引机器人在大范围内的操作和行动，一个典型的应用是料斗拣取的自动化——从料斗送出的杂乱工件堆中拣取工件并按一定的方位放在传输带或其他设备上。机器视觉系统还可以利用图像处理技术，对印钞流水线上的纸币的几十项特征(号码、盲文、颜色、图案等)进行比较分析，检测纸币的质量。在智能人机交互领域，过程感知技术可应用于体感游戏、虚拟现实等。在医学领域，过程感知技术可以应用于医学成像和检查、医疗辅诊等。

过程感知技术涉及的关键技术非常广泛，包括数字信号处理技术、图像处理技术、视频分析技术、机器学习技术、模式识别以及人工智能技术等。本书仅供读者初步了解相关技术，感兴趣的读者可以再进行有针对性地深入学习。

## 思考题

### 一、选择题

1. EAN-13 通用商品条形码由 13 位数字代码组成，自左到右包括(　　)四个部分。

A. 前缀码、制造厂商代码、商品代码、商品编号

B. 前缀码、制造厂商代码、商品代码、校验码

C. 校验码、前缀码、制造厂商代码、商品代码

D. 前缀码、制造厂商代码、商品编号、校验码

2. 以下二维码中，不属于矩阵式二维码的是(　　)。

A. QR Code　　B. Data Matrix　　C. PDF417　　D. MaxiCode

3. 以下二维码中，表示汉字效率更高的是(　　)。

A. PDF417　　B. QR Code　　C. Data Matrix　　D. Code 49

4. 多边测距法定位属于(　　)。

A. 卫星定位技术　　B. 移动通信基站定位技术

C. WiFi 定位技术　　D. RFID 定位技术

5. 以下有关室内定位技术，不正确的是(　　)。

A. RFID 定位技术的一种方法叫作近邻法，这种方法的定位效果比较依赖标签如何摆放，一般需要标签都按照同样的方向摆放

B. 无线传感网定位技术中的测距定位技术定位精度相对较高，但对传感器节点硬件和功耗提出了较高要求

C. 无线传感网定位技术中的非测距定位技术不适合节点数量众多的大规模传感网络

D. 无线传感网定位技术中的非测距定位技术相对于测距定位技术的优势：对传感器硬件要求较低，能满足大多数传感器网络应用的要求

6. 在构成传感器的四个核心部分里，非必要的是(　　)。

A. 敏感元件　　B. 转换元件　　C. 信号调理电路　　D. 辅助电源

7. QR Code 具有的特性和优点包括(　　)。

A. 超高速识读　　B. 全方位 360 度识读

C. 有效表示汉字　　D. 码读取用软件实现

8. 国际上有影响力的 RFID 标准化体系制定方包括(　　)。

A. ISO/IEC　　B. EPC Global　　C. 3GPP　　D. UID

9. 以下有关 QR Code 的说法，正确的包括(　　)。

A. 超高速识读　　B. 全方位识读　　C. 有效表示汉字　　D. 属于行排式二维码

10. UID 标准规定的泛在码标签包括(　　)。

A. 打印标签　　B. 被动型射频标签　　C. 主动型射频标签　　D. 主动型红外标签

**二、判断题**

1. EPCGlobal 网络能对有形或无形的产品和对象作出全球唯一标识。(　　)

2. UID 不依赖于应用领域和业务类型，可广泛应用于电子产品、食品、场所和音乐内容等，不被特定的应用场景和业务类型所限制。(　　)

3. EAN-13 各个码段的赋码权由国际物品编码协会拥有。(　　)

4. 被动式标签主要用于有障碍物的应用，主动式标签主要适用于门禁或交通等读写距离较近的场合。(　　)

5. 和一维条码相比，二维码具有全方位 360°识读的特点和优点。(　　)

**三、填空题**

1. 状态感知传感器的发展历经了_____、_____、_____和_____四个阶段。

2. GPS 全球定位系统的组成包括_____、_____以及_____。

3. 根据排列方式的不同，二维码分为两大类：_____和_____。

**四、简答题**

1. 简述 QR Code 的特性和优点。

2. 简述 RFID 标签的分类。

3. 简述移动通信基站定位技术的基本原理。

4. 简述 RFID 定位技术的基本原理。

5. 传感器的基本结构是怎样的？举例说明传感器的工作原理。

6. 什么是 MEMS 传感器？简要说明其工作原理及特点。

7. 简要说明一个典型的机器视觉系统的构成。

# 第 5 章

# 物联网通信

使用任何方法、通过任何传输媒质完成的信息传输都可以称为通信。通信技术有着漫长的发展过程。在古代漫长的几千年历史中，人类主要依赖声音(鼓、锣、号)、动物(信鸽、马匹)、器械(风筝、孔明灯、旗语)、烽火台、通信塔、驿邮等原始的方式进行通信。

进入 19 世纪，自然科学取得重大突破，尤其是电磁学理论的产生和发展推动了通信技术进入近现代阶段。近现代通信系统通常借助电信号(含光信号)实现，其发展历程可以划分为模拟通信、数字通信和宽带通信共三个阶段。模拟通信阶段始于 1838 年美国人莫尔斯发明电报，直至第二次世界大战结束。数字通信阶段始于 1948 年香农提出信息论，直至上个世纪 70 年代末。宽带通信阶段始于 20 世纪 80 年代，以光纤通信和宽带综合业务数字网的建立为标志。在宽带通信阶段，光纤通信、数字移动通信、卫星通信、程控交换、宽带综合业务数字网、多媒体通信、互联网、个人通信、智能通信、微波通信、公共电话交换网、图像通信等技术都得到了进一步快速发展和广泛应用。

图 5-1 给出了现代通信系统的一般模型。一个现代通信系统主要包括五个部分：信源、发信机、信道、收信机以及信宿。信源是信息的发布者，是信息的源头，即产生信息的所在。发信机和收信机分别负责发送和接收信号，在双工系统中发信机和收信机通常集成在一起以负责信息的收发。信道是信息传输的通道，可以是有线或者无线。在通信的过程中，还有可能迭加噪声。信宿是信息的归宿，即是信息最终的接收者。

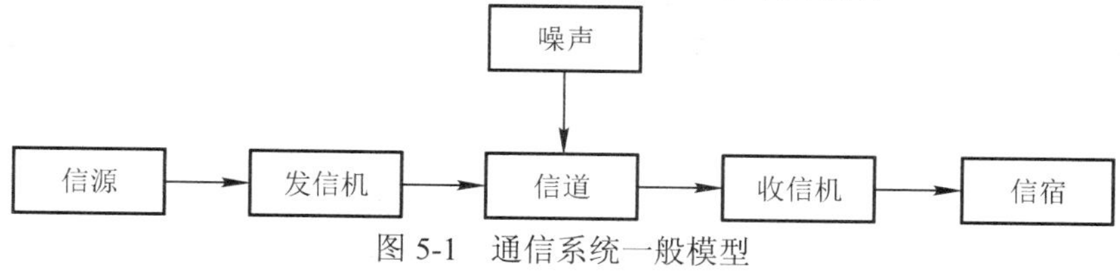


图 5-1　通信系统一般模型

物联网的发展和通信及网络技术密不可分，各类物联网终端(或称对象或节点)需要借助通信和网络技术互相连接，从而提供特定的智能服务。飞速发展的通信和网络技术成为物联网发展的助推引擎。鉴于物联网应用场景的宽泛和丰富，以及构成网络的终端节点的异构特性，需要在对应用场景和客观需求进行分析的基础上选用合适的网络和通信技术。例如，近距离传感器节点之间的无线通信、智能家居的远程遥控、可穿戴设备的通信就是各不相同的应用场景，终端能力也大相径庭，应当根据实际需求进行通信技术选型。物联网系统通常要求终端节点设备在有损耗和噪声的通信链路条件下以低功率运行。本章主要针对和物联网密切相关的各类通信技术进行介绍。

## 5.1 短距离通信技术

短距离无线通信技术作为无线通信技术的重要组成部分，是搭建物联网系统不可或缺的技术要素，主要用于家庭、办公室、商场等室内场所，有时也用于室外环境。随着无线通信技术的迅猛发展，个人通信设备与家用电器设备的尺寸不断变小，数量和种类持续增加，这对短距离无线通信提出了更高的要求：低复杂度、低成本、低功耗，便于安装、工作可靠、管理简便。

WiFi 技术及其在物联网中的应用

### 5.1.1 WiFi 技术

#### 1. WiFi 技术的概念和特点

WiFi 技术诞生于 1999 年，是一项基于 IEEE 802.11 标准的无线通信技术，工作频段在 2.4 GHz 和 5 GHz，是当前人们最为熟悉和常用的短距离无线组网技术之一。WiFi 标志如图 5-2 所示。

图 5-2　WiFi 标志

根据 IEEE 802.11 标准，WiFi 技术具有如下特点。

第一，覆盖范围较广。覆盖半径通常可达 100 米，增强处理后可达到 200 米至 300 米。这样的覆盖范围特别适合写字楼、园区、住宅、商场、学校等场合。

第二，传输速度快。802.11n 是当前 WiFi 最常用的标准，支持多入多出(Multiple Input Multiple Output，MIMO)技术、空时分组码技术以及标准带宽和双倍带宽。数据传输速率通常为 300 Mb/s，双倍带宽下最高可达 600 Mb/s，传输范围也进一步增加。

第三，搭建成本低，进入门槛低。WiFi 的铺设无需布线，不受布线条件的限制。通过高速线路将因特网接入人员密集的地方，并设置 WiFi 接入点，接入点的覆盖可以达到半径数十米至百米，只要将支持 WiFi 的电子设备拿到覆盖区域内，即可高速接入因特网。这样的做法，无需用户额外耗费资金来进行网络基础设施建设，大大节省了成本。WiFi 特别适合移动用户的需要，在医疗保健、库存控制和管理、公共服务、教育、家庭等各个行业或场合都可以找到用武之地。

第四，功耗较低，健康安全。IEEE 802.11 规定 WiFi 的发射功率不可超过 100 毫瓦，实际发射功率约 60～70 毫瓦。相比之下，手机发射功率约 200 毫瓦至 1 瓦，手持式对讲机高达 5 瓦。

#### 2. WiFi 技术在物联网的应用

WiFi 技术的特点以及其协议的通用性和普及程度，使得它具有连接不同类型设备和操作系统的能力，成为诸多物联网应用场景首选的短距离无线通信技术。目前，市场上已经出现了各种规格、性能与成本的产品和组件。常见的消费类电子产品(电脑、手机、平板、可穿戴设备等)、智能家居类产品(空调、洗衣机、冰箱、电饭锅、微波炉、电视、照明灯、监控、智能门锁、扫地机、电视盒子等)都普遍支持 WiFi。现在，WiFi 的覆盖范围也越来越广，酒店、写字楼、住宅、商场、机场、餐厅、咖啡厅、园区、学校等区域都安装了 WiFi 热点，以满足日常工作生活的联网需要。

### 5.1.2　蓝牙技术

蓝牙技术及其在物联网中的应用

#### 1. 蓝牙技术的概念和特点

1998 年，爱立信、诺基亚、IBM、东芝及 Intel 五大跨国公司共同发起蓝牙技术联盟(BTSIG)，该联盟的目标是建立一个全球性的短距离无线通信技术标准，并将该技术命名为蓝牙。“蓝牙”的命名来自公元 10 世纪统一了丹麦、挪威、瑞典的国王 Harald Bluetooth，意指蓝牙要把其通讯协议统一为全球标准。蓝牙标志如图 5-3 所示。

图 5-3　Bluetooth 标志

蓝牙(Bluetooth)是一种支持短距离通信的无线电技术，标准传输距离通常为 10 米，在使用增强技术的情况下，有效传输距离可以改善扩充到百米以上。蓝牙工作在 2.4 GHz 的 ISM 频段 ，采用跳频和扩频技术工作。

自 1998 年诞生后，蓝牙技术标准历经多个版本，传输速度不断提高，应用范围也不断扩宽。2013 年底，蓝牙技术联盟推出蓝牙 4.1 版本，提供 LTE 并存协作、高数据速率和 IP 连接功能以支持物联网的需求。它还支持设备承担多种角色，更加智能化，为开发人员提供更多灵活性和掌控度，更好地辅助开发人员进行创新开发从而催化物联网的发展。2014 年底，蓝牙技术联盟推出蓝牙 4.2 版本，相比蓝牙 4.1 进一步改善了数据传输速度(较前面版本提高了 2.5 倍)和隐私保护程度(连接或追踪用户设备必须经过用户许可)。

2016 年 6 月，蓝牙技术联盟发布蓝牙 5.0 标准。最新版本的蓝牙 5.0 标准具备更快的传输速度、更低的功耗水平、更远的传输距离，还新增了导航信标功能，并针对物联网应用进一步做了底层优化工作。第一，蓝牙 5.0 标准的传输速度相对于蓝牙 4.2 标准实现翻倍，并可达到 24 Mb/s 的传输速度上限。第二，蓝牙 5.0 标准的传输距离是蓝牙 4.2 标准的 4 倍，有效工作距离可达 300 米。第三，蓝牙 5.0 标准相对于旧版本可以支持 8 倍广告信息容量，扩展广告允许每个数据包发送最多 255 个字节的有效负载数据，而不是旧版本所规定的 31 个字节的广告数据有效载荷。第四，蓝牙 5.0 标准加入了室内定位辅助功能，结合 WiFi 技术可以实现精度小于 1 m 的室内定位。第五，蓝牙 5.0 标准的功耗进一步大大降低，巩固了蓝牙技术作为智能可穿戴设备以及智能家居设备的主要连接方式的地位。第六，相比蓝牙 4.2 标准，蓝牙 5.0 标准进一步把对物联网应用的支持放在重要位置，有针对性的进行了底层优化。总之，更远的传输距离、更高的传输速度以及更低的功耗水平使得物联网设备之间的沟通更容易，为物联网构建带来方便。

蓝牙技术的特点可以归纳如下：

第一，全球范围适用。蓝牙工作在 2.4 GHz 的 ISM 频段，使用该频段无需向各国的无线电资源管理部门申请许可证。

第二，低功耗。蓝牙设备在通信连接状态下，有四种工作模式：激活(Active)、呼吸(Sniff)、保持(Hold)和休眠(Park)。除了激活模式外，其余三种都是低功耗模式。

第三，语音数据同传。蓝牙技术支持异步数据和同步语音的同时传输。

第四，抗干扰能力强。工作在 ISM 频段的无线电设备有很多，如家用微波炉、WiFi 及 HomeRF 等。为抵抗来自这些设备的干扰，蓝牙技术采用跳频的方式来扩展频谱。蓝牙设备在工作频段内的某个频点发送数据后，会以伪随机的规律跳到另一个频点发送数据。

第五，模块体积小，便于集成。随着个人移动设备尺寸越来越小，这要求嵌入其中的蓝牙模块体积更小。超小型蓝牙模块的外形尺寸可以做到长宽高均小于 1 cm。

第六，开放的接口标准。为推广蓝牙使用，蓝牙技术联盟将蓝牙标准全部公开，全球任何单位和个人都可以依照标准进行蓝牙产品开发，只要最终通过蓝牙技术联盟的产品兼容性测试，就可以推向市场。

第七，低成本。蓝牙作为国际标准，在全球拥有最广泛的通用性，这刺激了庞大的市场需求，并将蓝牙技术的使用成本摊薄。

**2. 蓝牙技术在物联网的应用**

在传输速度、传输距离以及广告容量方面，2016 年发布的蓝牙 5.0 标准相对于之前版本的功能改善可以归纳为三点：2 倍速度、4 倍传输距离、8 倍广告消息容量。对应这三点功能增强，可以挖掘潜在的物联网应用。

第一，2 倍速度。蓝牙 5.0 标准引入了标准数据速率为 2 Mb/s 的新模式，是旧版本蓝牙技术的标准数据速率的 2 倍。这首先意味着相同数量数据可以在更短时间内传输完毕，从而带来功耗的降低。其次，数据速率的提高意味着更少的无线电接通时间，从而带来无线共存性能的改善。最后，2 Mb/s 模式的引入使得视频流、音频流和突发大数据传输(图像)等可以通过蓝牙来传输，带来更多丰富的物联网应用。

第二，蓝牙 5.0 标准的传输距离是旧版本蓝牙技术的 4 倍，可达到 300 米左右。更远的传输距离意味着可以远程遥控设备，家庭自动化和工业应用等场景可以选用蓝牙技术。例如，蓝牙技术可以用在智能家居，用户可以通过蓝牙来控制家居智能终端(智能灯、智能锁、智能电视盒子等)，智能家居设备都可以用蓝牙来连接。相比 WiFi 技术，蓝牙技术用于智能家居在低功耗性能方面优势明显。

第三，在低功耗蓝牙(Bluetooth Low Energy, BLE)中，设备可以运行三种主要状态：即广告、扫描或连接。如前所述，蓝牙 5.0 中引入了一种新的扩展广告模式，允许每个数据包发送最多 255 个字节的有效负载数据，是早期蓝牙版本字节限制的 8 倍。随着蓝牙 5.0 标准广告消息容量的增加，保持广告状态的信标设备就可以传输更多的数据，从而支持更多新的物联网应用。

蓝牙 5.0 标准围绕物联网应用场景进行了一系列底层优化和功能增强，可以在移动设备或嵌入式设备上使用。但是需要注意几个关键点。首先，新的远程和高速模式只是可选功能，声称支持蓝牙 5.0 标准的芯片组或设备可能不支持这些可选功能。其次，新功能的实现需要蓝牙通信的两端的设备均确保支持。例如，若想在传感器设备和智能手机之间长距离传输数据，传感器设备和智能手机都需要支持蓝牙 5.0 标准和增强的远程模式。最后，目前能完整支持蓝牙 5.0 标准及其新特性的设备(特别是智能手机)并不常见。除去硬件支持外，还需要其 API 为移动开发人员使用这些功能进行授权。

### 基于 iBeacon 的信息推送

一、什么是 iBeacon

iBeacon 是苹果公司在 iOS 7 版本所发布的新特性(采用的是标准的苹果产品命名方式：i+Beacon，beacon 的意思是灯塔)。iBeacon 本质上是基于低功耗蓝牙 BLE4.0 技术实现。如图 5-4 所示，iBeacon 基站基于低功耗蓝牙 BLE 向周边广播蓝牙信号，终端根据接收信号场强随距离衰减的模型计算探测到的与 iBeacon 基站的距离，并根据测距结果将靠近程度区分为贴近(Immediate，几厘米)、近距(Near，1 米以内)、远距(Far，大于 1 米)三个范围等级。

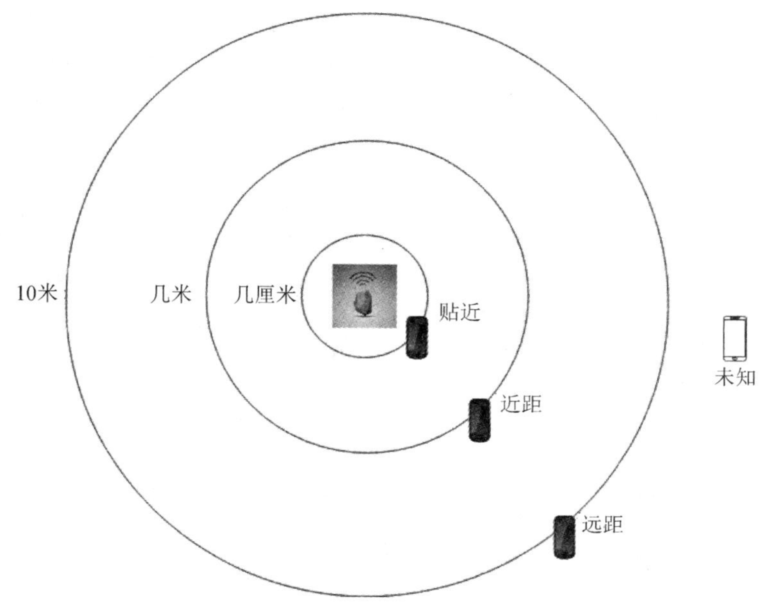


图 5-4　iBeacon 测距的三个等级

苹果公司将 iBeacon 相关的技术开发标准完全对外开放，只要满足 iBeacon 技术标准就可以应用它，比如谷歌公司在 Android 4.3 中就支持 iBeacon。

二、iBeacon 结合微信实现广告推送

结合微信实现广告等信息推送是 iBeacon 最常见的应用之一。在商场、电梯间甚至公交车的电视屏幕旁，常有微信摇一摇的提示。打开微信摇一摇界面，会看到多出一个“周边”的标签，摇动手机，就会出现一个公众号，点击进去一般是广告或优惠券页面，如图 5-5 所示。商家以此吸引用户到店消费。

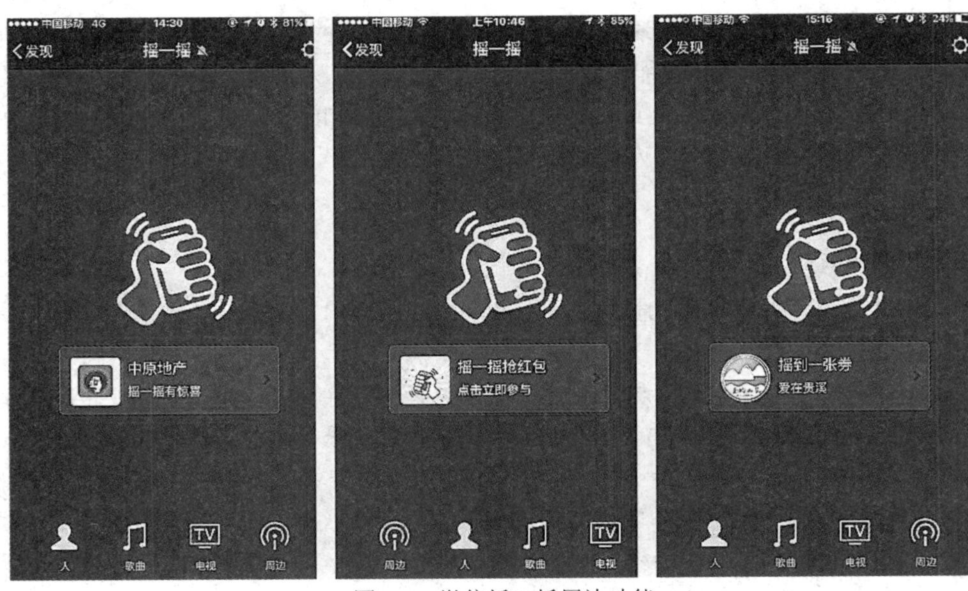


图 5-5　微信摇一摇周边功能

这样的推送是 iBeacon 基站结合“微信摇一摇周边”功能实现的，实现原理如图 5-6 所示。具体实现过程包括如下步骤。可以看到，只有用户主动“摇一摇周边”，才会看到 iBeacon 基站推送的内容，“摇一摇”避免了用户被动接受广告推送，这是微信重视用户体验的体现。

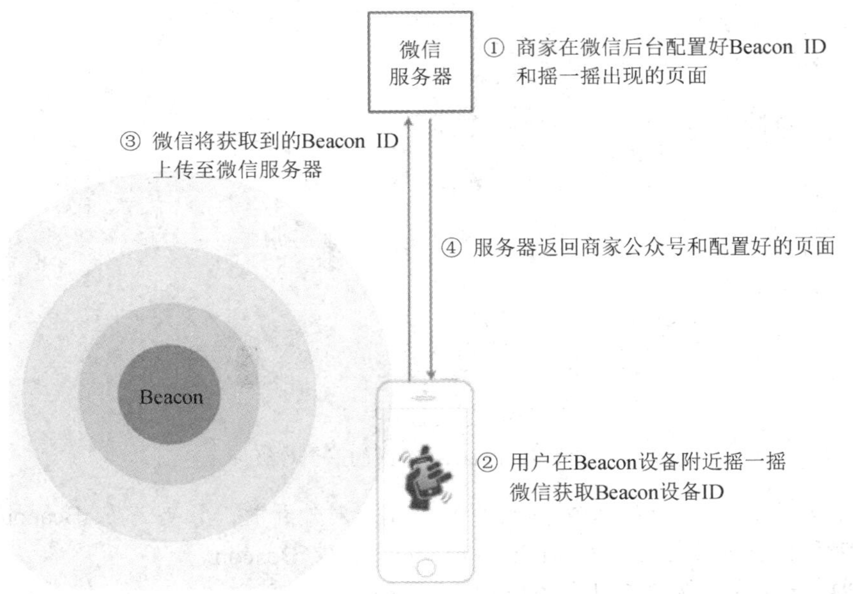


图 5-6　iBeacon 结合微信实现广告推送的实现原理

(1) 商家购买 iBeacon 基站后，在微信后台申请 iBeacon 基站 ID，该 ID 是识别 iBeacon 基站的唯一标识符，包括厂商识别号(UUID，128 位)、群组号(Major，16 位)和组内单个 Beacon 号(Minor，16 位)。商家将这些参数配置到 iBeacon 基站。

(2) 商家配置摇一摇周边的指向 HTML5 结果页面，如优惠券信息、公众号、广告页面等，并将这个结果页面和 iBeacon 设备绑定。

(3) 商家将 iBeacon 设备放到某个位置，一般可以在地面或墙面部署。

(4) iBeacon 基站基于 BLE 技术向周边广播蓝牙信号，当持有智能终端的用户走进 iBeacon 基站周边设定区域，用微信摇一摇周边，就会收到 iBeacon 基站发出的信号。

(5) 微信应用从 iBeacon 基站发出的信号中获取该 iBeacon 基站的 ID(UUID+Major+Minor)，并将该基站 ID 上传至微信服务器。

(6) 微信服务器将 iBeacon 基站 ID 对应的结果页面的链接返回给用户。

(7) 用户点击链接，终端内置浏览器打开链接，即看到结果页面对应的信息。

某厂商自主开发的 AP 硬件内置 BLE 模块，支持 iBeacon 功能，并可通过无线控制器配置 iBeacon 相关参数，完成微信摇一摇相关的参数配置。这样的一体化 AP 即可看作一个典型的 iBeacon 基站。iBeacon 基站本身只向外广播蓝牙信号，无法向智能终端定向推送消息，也无法接收消息。一般来说，iBeacon 基站尺寸较小，售价在几十元到几百元不等，部署方便。在纽扣电池的支持下，注重低功耗设计的 iBeacon 基站最长可工作半年到几年而无需更换电池。在产业界倡导的“多网合一”趋势下，可以将多种不同类型的无线通信模块集成于同一 AP 中，以支撑包括 WiFi、Zigbee、BLE 等等在内的多种无线通信制式。具体如何集成则取决于应用场景、用户需求、部署成本等多重综合因素。

与 iBeacon 类似的还有美国高通公司推出的，同样以低功耗蓝牙 BLE 为技术基础的 Gimbal 技术以及谷歌主推的 NFC 技术，二者都可以用于精确的定向信息推送，也是苹果 iBeacon 技术的竞争对手。

## 蓝牙资产定位管理

### 一、技术方案

企业的高端设备、医院的医疗设备以及学校和政府的重要设备都属于应纳入日常监控和管理的重要资产，这些重要资产的管理是企事业单位日常办公管理中必须面对的问题。

某企业资产定位管理解决方案基于蓝牙 BLE 技术实现，关键的硬件设备包括蓝牙适配器模块和蓝牙资产标签，如图 5-7 所示。蓝牙适配器与 AP 的 USB 口连接，就能为 AP 扩展蓝牙资产定位功能，令 AP 实现蓝牙通信覆盖。资产标签是采用蓝牙 BLE 技术的有源标签，内置电池，寿命可达 2 到 3 年。标签与设备贴合面置有光感设备，支持撕毁告警功能。

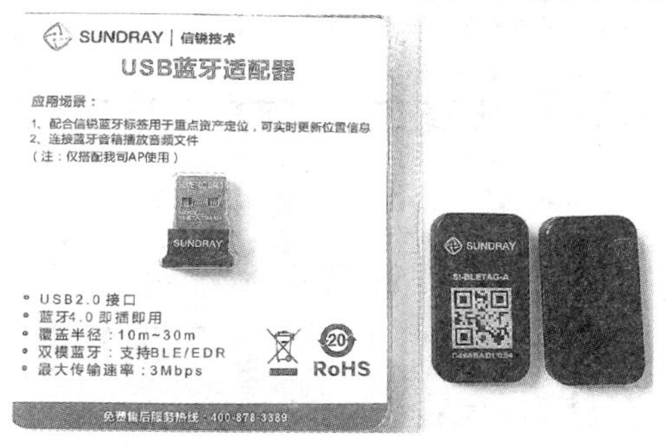


图 5-7　蓝牙适配器模块(左)和蓝牙资产标签(右)

在资产管理相关区域已经部署了多个 AP 的情况下，在 AP 的 USB 口插上蓝牙适配器，并为重要资产贴上有源蓝牙标签，即可建立起蓝牙覆盖网络。一旦某设备资产脱离了 AP 的蓝牙覆盖范围或蓝牙标签被撕毁，系统即可向管理人员发出告警，方案拓扑如图 5-8 所示。

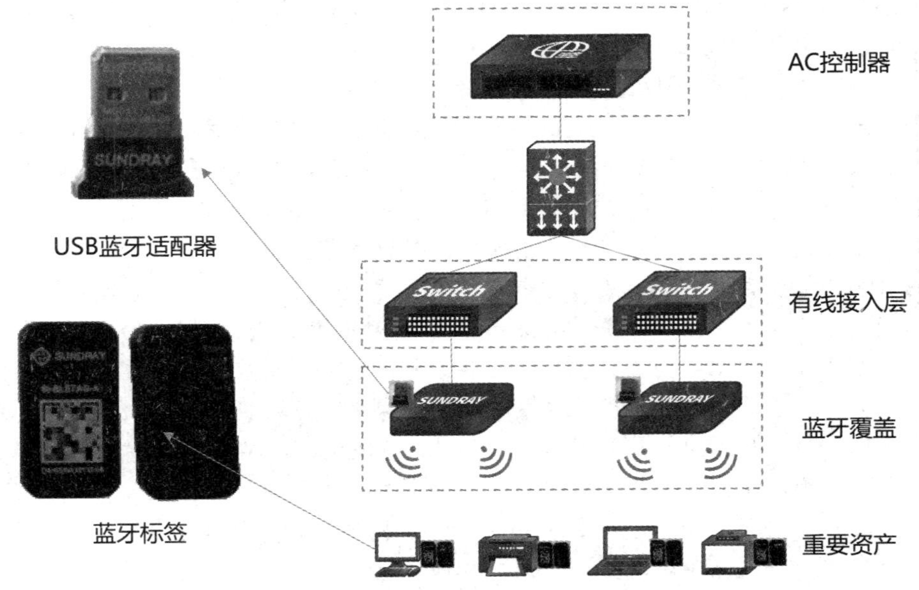


图 5-8　蓝牙资产定位管理网络拓扑

## 二、参数配置

AP 要实现蓝牙信号覆盖和蓝牙定位功能，需要通过 AC 控制器对 AP 工作模式进行设置，选择“USB 蓝牙”模式，如图 5-9 所示。

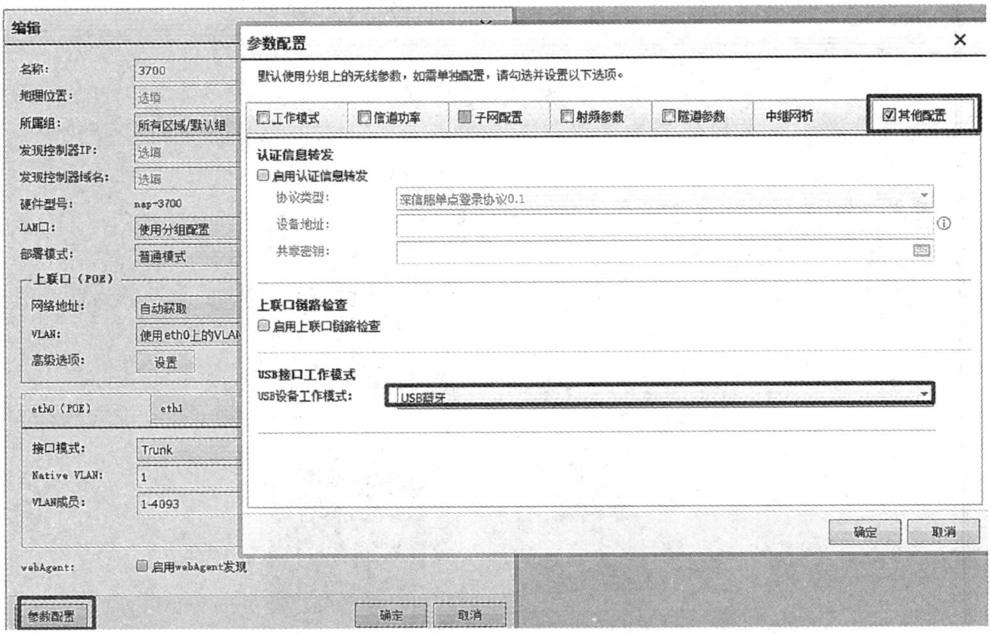

图 5-9　利用 AC 控制器设置完成 AP 参数配置，实现蓝牙定位功能扩展

另外需要通过 AC 控制器配置界面录入重要资产信息，如图 5-10 所示，导入蓝牙 MAC 地址和设备的对应关系，便于管理标签对应的重要资产。蓝牙标签信息录入系统之后，即可在平台上面查看标签 MAC 地址、描述、电量、实时位置和活动轨迹等信息，如图 5-11 所示。

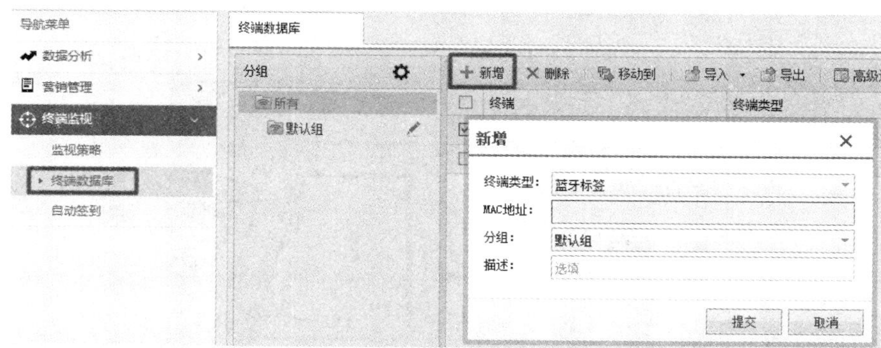


图 5-10　通过 AC 控制器实现重要资产信息录入

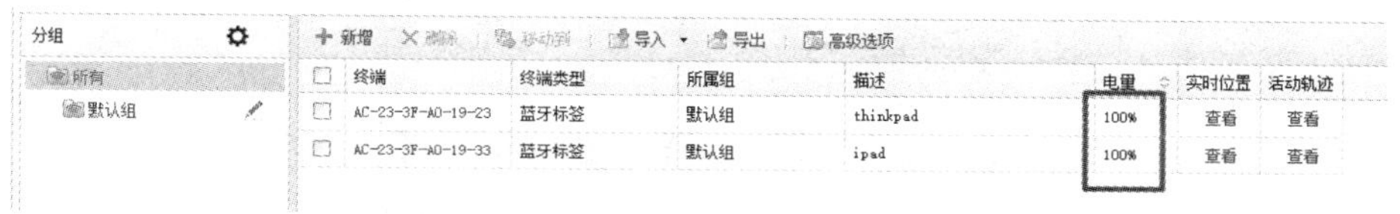


图 5-11　蓝牙标签信息查看

针对上线的蓝牙标签，可在 AC 控制器平台设置针对蓝牙标签的监视策略，包括监视行为、监视区域、监视事件、监视对象、告警通知时间和告警通知方式等，如图 5-12 所示。

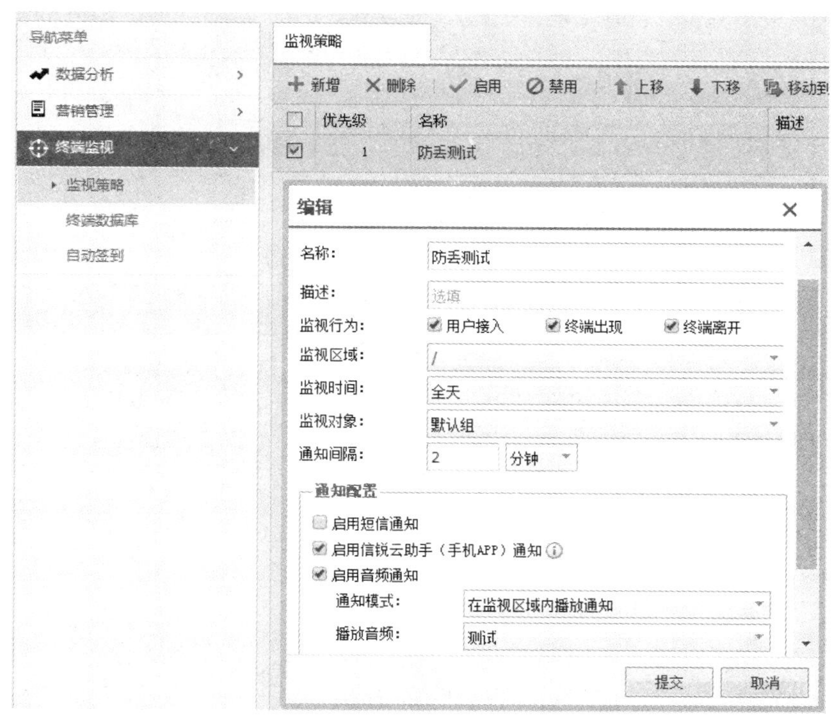


图 5-12　蓝牙标签监视策略设置

### 三、应用演示

如图 5-13 所示，通过和 AP 的热力地图结合，可以查看重要资产的实时信息，并在地图上显示最终的位置节点和时间节点。

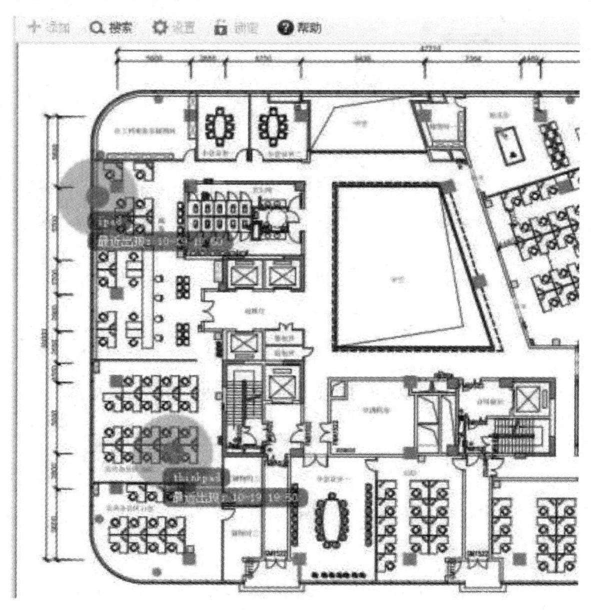

图 5-13　重要资产信息查看

一旦蓝牙标签离开监视范围、被拆除或者电量过低，都将推送相关告警信息，管理员可在电脑或移动终端查看并针对性地处理，以加强对重要资产的管理工作，如图 5-14 和图 5-15 所示。

| 攻击者 | 攻击者设备类型 | 攻击类型 | 防护处理 | 最近出现 | 详情 | 安全日志 |
|---|---|---|---|---|---|---|
| AC-23-3F-A0-19-11 | 终端 | 蓝牙标签拆除预警 | APP告警 | 2017-11-07 14:26:03 | 查看 | 跳转到安全日志 |
| AC-23-3F-A0-19-21 | 终端 | 蓝牙标签拆除预警 | APP告警 | 2017-11-07 14:25:43 | 查看 | 跳转到安全日志 |
| AC-23-3F-A0-19-11 | 终端 | 蓝牙标签电量预警 | APP告警 | 2017-11-07 14:24:03 | 查看 | 跳转到安全日志 |
| AC-23-3F-A0-19-21 | 终端 | 蓝牙标签电量预警 | APP告警 | 2017-11-07 14:23:03 | 查看 | 跳转到安全日志 |
| AC-23-00-00-00-04 | 终端 | 蓝牙标签电量预警 | APP告警 | 2017-10-28 18:18:16 | 查看 | 跳转到安全日志 |
| AC-23-00-00-00-03 | 终端 | 蓝牙标签电量预警 | APP告警 | 2017-10-28 18:18:16 | 查看 | 跳转到安全日志 |
| AC-23-00-00-00-03 | 终端 | 蓝牙标签拆除预警 | APP告警 | 2017-10-28 18:16:56 | 查看 | 跳转到安全日志 |

图 5-14　电脑端查看告警信息

图 5-15　移动终端查看告警信息

## 5.1.3　ZigBee 技术

ZigBee 技术及其在物联网中的应用

### 1. ZigBee 技术的概念和特点

ZigBee 技术于 2003 年正式问世，与蓝牙类似，是一种新兴的短距离、低复杂度、低功耗、低数据速率、低成本的无线通信技术，用于传感控制类应用。在全球范围内，ZigBee 工作在免许可频段，包括 2.4 GHz(全球频段)、868 MHz(欧洲频段)和 915 MHz(北美频段)。在 2.4 GHz、915 MHz 以及 868 MHz 下，分别可以达到最高 250 kb/s、40 kb/s 以及 20 kb/s 的原始数据吞吐量。ZigBee 传输距离在 10 m 到 100 m 之间，随发送功率以及环境参数的不同有所不同，也可以通过增加功率放大模块的方式持续提升传输距离。ZigBee 标志如图 5-16 所示。

图 5-16　ZigBee 标志

ZigBee 的寻址方案能够支持网络上的数百个节点，再由多个网络协调器连接在一起，进而实现更大规模的组网。依据 IEEE 802.15.4 标准，ZigBee 能够支持多达 65 000 个传感器节点的组网，令传感器之间相互协调实现通信。这些传感器通常以低功耗的模式工作，能用很少的能量以接力的方式通过无线电波将数据从一个网络节点传到另一个节点。

如图 5-17 所示，ZigBee 组网模式有三种——星状组网、树状组网和网状组网。网络角色也有三种——协调器(ZigBee Coordinator，ZC)、路由器(ZigBee Router，ZR)、终端(ZigBee End-Device，ZED)。

ZC 是全网的中心，也是网络中的第一台设备，负责网络搭建、维护和管理，通常由主电源供电。ZR 是挂在 ZC 下的子节点设备，负责路由发现、消息转发、允许其他设备通过 ZR 加入网络等，通常也采用主电源供电。ZED 为最末端的子节点设备，一般为功能简单的低功耗传感器设备，负责数据采集或控制，只能通过 ZC 或 ZR 加入网络。ZED 没有维持网络结构的责任，可以睡眠或唤醒，能运行在低功耗模式，一般采用电池供电。ZED 只能与 ZC 或 ZR 进行通信。两个 ZED 之间的通信必须经过 ZC 或 ZR 进行多跳或者单跳通信，且 ZED 不能允许其他设备经由 ZED 加入网络。

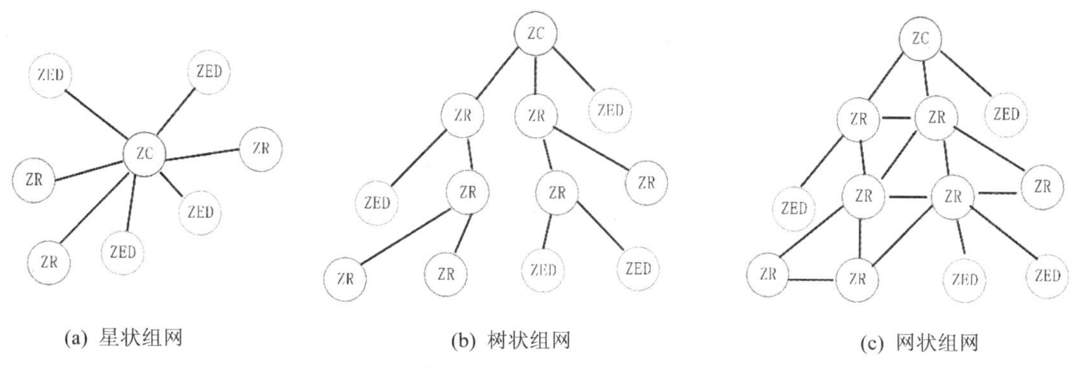


(a) 星状组网　(b) 树状组网　(c) 网状组网

图 5-17　ZigBee 组网模式

ZigBee 星状网络的网络拓扑最简单，以 ZC 为中心节点呈星状散开，每个 ZED 只能与 ZC 通信，如果两个 ZED 之间需要通信，必须经过 ZC 进行数据转发。显然，ZigBee 星状网络的 ZC 需要承担较多的管理工作，网络的覆盖范围有限。

ZigBee 树状网络的拓扑类似于树结构，最高级的根节点为协调器 ZC，ZC 将整个网络搭建起来，在树杈分支处的 ZR 作为承接点，将网络以树状向外扩散。ZED 是树的叶子节点，ZED 与 ZED 之间的通信必须经过 ZR，形成“多跳通信”。事实上，ZigBee 树状网络就是多个星状网络的集合，若干个星状拓扑互相连接，可以将网络覆盖扩展到更广阔的区域。ZigBee 树状网络在保持拓扑简单性的同时，比 ZigBee 星状网络有更大网络容量和更好的健壮性。

ZigBee 网状网络是一个自由设计的拓扑，在 ZigBee 树状网络的基础上，ZigBee 网状网络允许相邻的 ZR 之间通信，这令整个网络具有更加稳定可靠的路由能力，动态组网更加灵活。ZigBee 网状网络能将 ZigBee 网络的自组织组网优势充分凸显，具有更好的抗毁能力和连接鲁棒性。从网络拓扑的对比可以看到，和 ZigBee 树状网络相比，ZigBee 网状网络能更好的适应外部的动态环境。

ZigBee 网络的大小最终取决于工作频带、网络节点的通信频率以及上层应用程序对数据丢失或重传的容忍度等多个因素。

ZigBee 技术在物理层和 MAC 层直接采用了 IEEE 802.15.4 标准。ZigBee 和 IEEE 802.15.4 的这种关系类似于 WiMAX 和 IEEE 802.16、Wi-Fi 和 IEEE 802.11、Bluetooth 和 IEEE 802.15.1。随着通信技术的不断发展和动态变化，不排除未来 ZigBee 在物理层和 MAC 层采用其他标准的可能性。

ZigBee 技术的特点可以归纳为低功耗、低成本、低速率、短距离、大容量、高安全性、组网能力强等方面。

第一，低功耗。终端节点设备 ZED 的低功耗特性是 ZigBee 的突出优势。根据估算，在低耗电待机模式下，2 节 5 号干电池可支持 1 个 ZED 节点工作 6 个月至 24 个月，甚至更长。ZED 在低功耗工作状态下，休眠激活时延(从睡眠转入工作状态的时间间隔)在 10 ms 至 20 ms 之间，ZED 节点连接入网只需 30 ms，进一步节省电能。相比较，蓝牙和 WiFi 完成同样动作都需要数秒。相比之下，ZigBee 的功耗最低，蓝牙其次，WiFi 最高。

第二，低成本。ZigBee 的协议专利免费，且协议栈简单，易于实现。和协议栈相对复杂的蓝牙相比，运行 ZigBee 需要的系统资源只约为蓝牙技术需要的十分之一。ZigBee 芯片的成本得以大大降低。

第三，低速率。ZigBee 专注于低速率传输应用的需求，原始数据速率在 10 kb/s 至 250 kb/s 之间。

第四，短距离。相邻节点间的传输范围一般介于 10 m～100 m 之间，通过增加功率放大模块，传输距离可以增加到数千米。如果考虑到多跳通信，传输距离可以更远。

第五，超大容量。ZigBee 网络中，一个主节点可以管理多达 254 个子节点。主节点由上一层网络节点(一般指 ZC)管理，多个 ZC 可以互相连接和配合，理论最多可支持高达 65 000 个节点组网。

第六，高安全性。ZigBee 主要凭借严格的访问控制和 AES-128 高级加密系统确保安全性。物联网应用中，在 ZED 设备的兼容性和网络易用性以及 ZED 网络的安全性之间存在折中，厂商可以在对应用场景和产品实际情况进行评估后，对 ZigBee 网络的安全属性进行灵活设定。

第七，ZigBee 网络的拓扑可以采用星状、树状或网状结构，具体拓扑的选择依据实际项目的需求来确定。在 ZC、ZR 以及 ZED 三种网络节点的协同下，ZigBee 网络能实现自组织组网和自愈功能，提供高可靠性的通信能力。

### 2. ZigBee 技术在物联网的应用

ZigBee 特别适合家庭自动化、能源监控、智能照明、自动抄表等领域。

在家庭自动化(智能家居)领域，可利用 ZigBee 通信技术将终端设备收集到的家居环境信息传送到中央控制设备，或通过中央控制设备实现对终端设备的远程遥控。ZigBee 技术应用在机顶盒、卫星接收器、家庭网关设备、家居设备等，可以提供家庭监控和能源管理的解决方案。例如深圳某物联网技术公司推出的利用 ZigBee 技术实现能在教室和家庭中使用的智能护眼灯，以调光电源作为控制类传感器(又称执行器)，主要负责对灯光的照度进行调节；以光照强度传感器作为感知类传感器，主要负责现场光照强度检测；以灯光开关、教室情景面板作为交互类终端，主要负责策略的人为执行与状态的实时查看等。其中调光电源、光照强度传感器以及灯光开关这三种作为传感器或执行器节点都内置了 ZigBee 模块。又如，韩国某通信设备制造商研制的 ZigBee 手机，以 ZigBee 技术提供短距离通信，支持用户在短距离内操纵电动开关和控制个人电脑、家用电器等设备。

在智能工业和智能电网等领域，传感器构成的 ZigBee 网络可以对目标环境数据进行自动采集、分析与处理，从而为远程抄表、危险化学成分检测、火警检测和预报、高速旋转机器的检测和维护等应用提供支持与辅助。这些应用一般需要传递的数据量不大，对状态更新的实时性要求也不高，但对低功耗运行的需求比较高，ZigBee 作为以低速率、超低功耗为特征的通信技术非常适合，其网络维护成本可大大降低。比如自动抄表系统可基于 ZigBee 技术实现远程无线读取电表、天然气表及水表。Elster、Itron 和 Landis Gyr 等远程抄表供应商都在智能电表内集成了 ZigBee 通信模块，以支持智能电表与控制诸多家电的家庭网关设备通信。美国国家标准与技术研究院(NIST)认为，ZigBee 是最适合用作智能电网中的家域网(Home Area Network，HAN)的无线通信技术。

在交通运输领域，可以利用 ZigBee 技术实现分布式道路指示、公共交通情况实时跟踪等功能。相比能提供类似服务的 GPS 技术，ZigBee 技术可以在 GPS 覆盖不到的楼宇内和隧道内发挥作用，还能提供更丰富具体的信息。

在楼宇自动化领域，ZigBee 技术可以应用在电灯开关、烟火检测器、抄表系统、无线报警、安保系统、暖通空调、厨房器械上，实现数据采集和远程控制服务。例如在暖通空调设备上安装 ZigBee 芯片，可以实现对设备的实时控制，节省能源消耗。

在烟雾传感器上安装 ZigBee 芯片，所构成的 ZigBee 网络可以将传感器探测到的报警信息进行实时高效的信号路由，以令整个系统针对关键事件做出及时反应。例如发生火灾时，某个烟雾传感器的报警会触发楼宇内其他烟雾传感器报警，并自动开启洒水系统和应急灯等装置，同时将火灾定位信息等及时通知楼宇管理者。

传感器构成的 ZigBee 网络还可以应用于农业物联网，实现农作物耕种的自动化、网络化、智能化。在农业蔬果大棚监测组网系统中，各类传感器可以实时采集温室内温度、土壤温度、$CO_2$ 浓度、湿度信号以及光照、叶面湿度、露点温度等环境参数。这些传感器上安装了 ZigBee 芯片，采集到的数据就能通过 ZigBee 网络回传给中央控制系统，中央控制系统又可以依据环境数据的情况经由 ZigBee 网络发出指令，自动开启或者关闭指定设备，实现对农业果蔬大棚温度、湿度、光照等环境参数的远程控制。

## ZigBee 智能照明

### 一、技术方案

这是一个将 ZigBee 应用于智能照明的案例。该方案涉及的传感器包括感知类传感器和控制类执行器，后者又包括支持自动控制的执行器和支持手动控制的执行器，如图 5-18 所示。

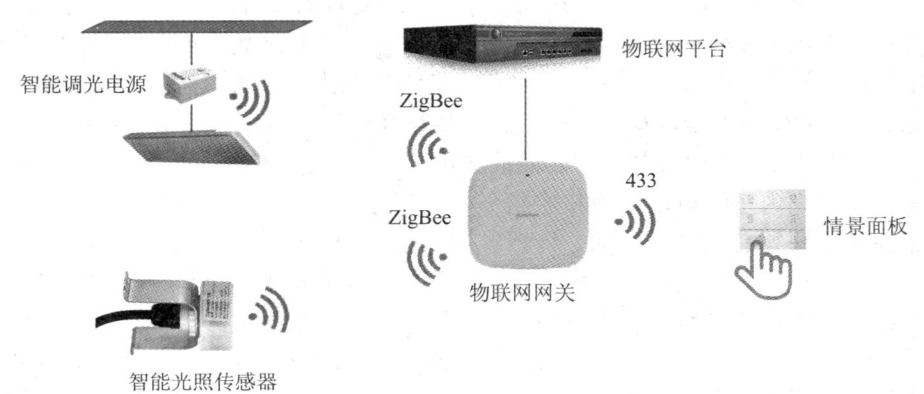


图 5-18　ZigBee 智能照明方案架构

整个 ZigBee 智能照明方案的架构包括传感器层、回传层、平台层，各层的主要设备见表 5-1。

**表 5-1　ZigBee 智能照明方案架构的主要设备**

| 架构层次 | | 设备名称 | 协议支持 | 外　观 |
|---|---|---|---|---|
| 平台层 | | 物联网平台控制器：传感器层设备管理、连接管理、数据分析、数据可视化、巡检和告警管理等 | ZigBee<br>433M RF | 信锐物联平台<br>Sundray IOT Platform |
| 回传层 | | 智能物联网网关：传感器层设备连接和认证、与物联网平台配合完成设备回传数据采集和指令转发等 | ZigBee<br>433M RF | |
| 传感器层 | 状态感知类 | 智能光照传感器：感知现场光照强度 | ZigBee | |

续表

| 架构层次 | | 设备名称 | 协议支持 | 外　观 |
|---|---|---|---|---|
| 传感器层 | 策略执行类(可手动控制) | 动能无源情景面板：支持多种自定义情景(上课模式、下课模式、全开模式、全关模式、80%照度模式、50%照度模式、恒照度模式) | 433M RF | |
| | | 灯光开关：配合智能网关，实现灯光开关 | ZigBee<br>433M RF | |

如图 5-19 所示为各层设备如何联动实现光照强度智能控制的示意。

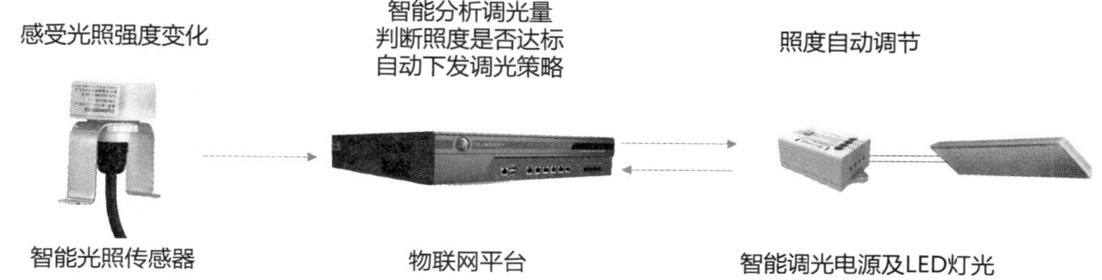


图 5-19　设备联动实现光照强度智能控制示意

二、应用演示

通过电脑、平板、手机等设备登录智能照明物联网平台，可实时查看全校、全区灯光开启状态、照度状态等信息，可采用手动方式开启、关闭、调节灯光，也可对灯光控制的智能化策略进行设置，如图 5-20 和图 5-21 所示。

图 5-20　通过物联网平台查看灯光状态并进行联动控制

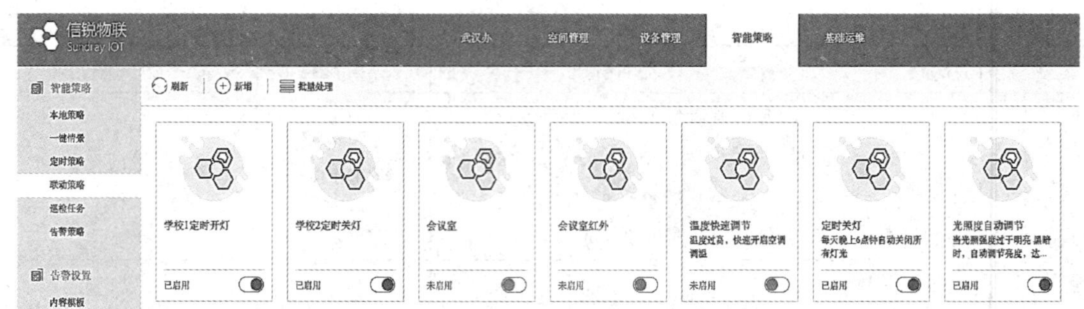


图 5-21　物联网平台策略设置

此外，物联网平台支持自定义各种类型的统计图表，如图 5-22 所示。在智能灯光控制场景中，可实现灯光开启时长统计、灯光开启数量统计、灯光使用率统计等，方便用户知晓灯光全面数据，便于后期有针对性的进行设备维护、巡检。

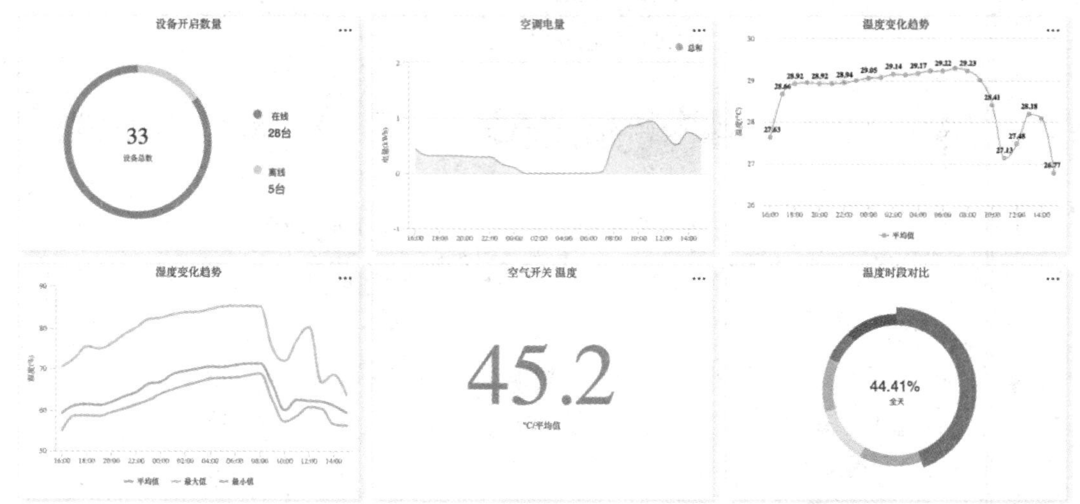


图 5-22　智能照明场景的各类统计图表

## 5.1.4　UWB 技术

UWB 技术及其在物联网中的应用

### 1. UWB 技术的概念和特点

超宽带无线通信技术(Ultra-WideBand，简称 UWB)是一种新型的无载波无线通信技术，利用纳秒至微秒级的非正弦波窄脉冲传输数据，能在较宽的频谱上传送极低功率的信号。UWB 的传输范围在 10 米左右，数据传输速率为数百兆位每秒(Mb/s)至数吉比特每秒(Gb/s)，频率范围在 3.1 GHz 到 10.6 GHz 之间，可占用带宽 7.5 GHz。

相比于传统通信技术，UWB 的技术特点可以归纳为以下几点。

第一，系统结构简单。传统无线通信技术以连续电波作为载波来传输数据，而 UWB 不使用载波，它通过发送纳秒级脉冲来传输数据。这使得 UWB 通信系统的结构可以大大简化，容易实现。

第二，高速的数据传输。UWB 并不单独占用频率资源，而是共享其他无线技术使用的频带，能以高达数千兆赫兹(GHz)的频率带宽来换取几十到几百比特每秒的高速数据传输。

第三，低功耗、低辐射。UWB 系统使用非连续的窄脉冲来发送数据，窄脉冲持续时间在纳秒级，系统耗电低。高速通信下的 UWB 设备功率在毫瓦级，约为移动电话功率的 1/100、蓝牙设备功率的 1/20。在功耗和电磁辐射上，UWB 设备相对于传统无线设备有明显优势。

第四，高安全性。UWB 技术将信号能量弥散在极宽的频带内。对一般通信系统来说，UWB 信号类似于白噪声，且功率谱密度低于普通的环境噪声，这增加了将 UWB 信号从环境噪声中检测出来的难度，保证 UWB 信号的安全。

第五，定位精确。超宽带无线电具有极强的穿透能力，可在室内和地下进行精确定位，还具有很高的定位精度，常规无线电以及 GPS 定位系统难以完成。GPS 可以实现精度在 10 米左右的绝对地理定位，而 UWB 技术可以实现定位精度在厘米级的相对定位。

第六，易于实现、造价低廉。UWB 的工程实现相比传统无线系统更简单，芯片集成度高，易于数字化实现，总体设备的成本能够控制在很低。

#### 2. UWB 技术在物联网的应用

UWB 技术采用纳秒级非正弦窄脉冲进行通信，穿透力强，可以达到厘米级别的定位精度，特别适合有较高定位精度需求的物联网应用，被业界看做是未来十年的室内定位主流技术。UWB 定位技术可实时监控人员或物资的位置信息，实现对人员与物资的风险管理和安全保障，可以用于高危行业人员监控和救援、公司访客管理、存货物资管理、展馆位置优化等场景。

目前全球 UWB 定位技术路线主要行业巨头有：英国 Ubisense、美国 Time domain 和 Zebra、爱尔兰 DecaWave 和中国成都精位科技公司，这五家都是拥有自主知识产权和核心技术的厂商。成都精位科技有限公司自主研发的 UWB 定位系统的定位精度达 1 cm～10 cm，射频最大射程 400 米，能实现大范围定位和三维实时定位。成都精位科技公司的高精度定位平台可以根据行业需求灵活设置属性并进行二次开发，在智慧工厂中的人员物资管理、智慧机场中的 VIP 客户定位及机场车辆调度等多个项目中都有成功应用。

### 5.1.5　LiFi 技术

LiFi 技术及其在物联网中的应用

#### 1. LiFi 技术的基本概念和特点

LiFi 技术的英文全名为 LightFidelity，又称光保真技术或可见光通信，是通过改变房间照明光线的闪烁频率进行数据传输的无线通信技术，由德国物理学家哈拉尔德·哈斯教授发明。

和遥控器利用红外线不同，LiFi 技术利用可见光。当电流被施加到 LED 灯泡上时，LED 灯泡所发出的光的亮度可以极高的速度改变，这意味着可以不同的速率调制光来发送信号。这个光信号可由检测器(感光器)接收，检测器能将强度变化的光信号解释为数据。

比如，在普通的 LED 灯泡上装上 LiFi 芯片，可以控制它每秒数百万次闪烁，亮了表示 1，灭了表示 0。LiFi 技术利用了随处可见的 LED 灯泡，在灯泡上植入 LiFi 芯片后，灯泡便可以看做类似于 WiFi 热点 AP 的 LiFi 热点，终端只要进入 LiFi 热点的覆盖范围，便可以接入网络。借助 LiFi 技术，只要有电灯存在的环境，无需 WiFi 也可接入互联网，LiFi 热点成为互联网的新型入口。在 LiFi 接入点后面，通常使用以太网供电(POE)或电力线通信(PLC)连接到骨干网络。

LiFi 灯泡闪烁频率在百万赫兹的量级，调光强的最低频率是 1 兆赫，相比之下，电脑屏幕的刷新频率通常在 60～85 赫兹。LiFi 光信号闪烁或调制的速率如此快，以至于人眼无法感知到这种闪烁。类似于人眼并不会感觉到电影中电影帧之间的断裂从而在电影屏幕上看到的是平滑运动一样，人眼会看到稳定光源从 LiFi 灯具发出，因此 LiFi 通信并不影响灯泡原本的照明功能。LiFi 技术是照明和通信的深度耦合，被业内看作是 5G 时代最具潜力的短距离高速率无线通信技术。

LiFi 技术的优势可以从数据速率、抗干扰、延时低、安全可靠、可定位、环保低能耗、易部署等几个方面看。

第一，高速的数据传输。LiFi 可以为移动终端提供高达数吉比特每秒(Gb/s)的数据速率，实验室测试 LiFi 的速率最高达到 50 Gb/s。这为未来的无线通信开辟出新的可观带宽。LiFi 技术常会提到一个名为数据密度(Data Density)的概念。所谓数据密度，即特定区域中可用的无线容量。数据密度直接影响每个用户可实现的 QoS，它是一个非常重要的性能参数。LiFi 提供的数据密度能显著提高无线容量。例如在一个有 6 个 LiFi 集成灯的房间中，每个灯传输数据速率为 42 Mb/s，则房间的总无线容量可以达到 252 Mb/s。这为用户带来更加可靠和迅捷的通信体验。

第二，抗干扰性。无线电波容易受到无绳电话、微波炉、邻近 WiFi 网络信号等的电磁干扰。相比之下，LiFi 信号不依靠无线电波，而是由照明区域来定义，没有电磁干扰，特别适合用在医院、电厂、飞机机舱内等不适合采用无线通信技术的场合。

第三，更安全可靠。不同于无线电波，可见光是可以被容纳和限制在一个物理空间中的，且只沿直线传播，不能穿透物体，这意味着更高的安全性，不容易被截取和泄露信息。此外，这还意味着 LiFi 能实现资产跟踪和用户认证的精确定位，从而能支持一些特色化的控制功能。现有的加密和认证安全协议都可以在 LiFi 系统中使用，以提供更安全的无线系统。

第四，低延时。LiFi 的延时仅为 WiFi 延时的四分之一，很适合 AR、VR 等新型应用。

第五，可定位。装上 LiFi 芯片的灯都有唯一的 IP 地址，在 LiFi 完全联网的情况下，就可以在 LiFi 网络中部署高级地理围栏功能。

第六，环保低能耗。和无线电波相比，可见光具有环保、无辐射伤害的特点，并且 LiFi 技术是照明和通信的深度耦合，光照明的同时就能传输信号，为通信的目的所消耗的功率不到发光功率的 5%。

第七，部署方便。LiFi 技术不需要传统无线电技术所使用的发射设备，只需利用已铺设好的灯泡，在灯泡上植入微小的芯片，就可变成类似 WiFi 热点的设备，使终端获得无线互联网连接。只要有光源的地方，如街边路灯都可以作为 LiFi 热点。

同时要注意 LiFi 也存在明显的缺陷，这些缺陷和 LiFi 的技术原理和内在特征紧密关联，没有普遍适用的技术，必须适当考虑应用场景来选择 LiFi 技术。

首先，光信号不能穿墙，传输距离有限，仅为 10 米左右。在带来更高安全性的同时，也会为上网体验带来不便。如果想在建筑物内或家居环境里无间断地上网，必须确保每个房间里都有安装了 LiFi 芯片的智能灯泡。

其次，LiFi 在户外(特别是白天)工作并不容易。如果自然环境光(如太阳光)过于强烈，会对信号传输形成干扰。LiFi 技术人员一直在如何抵抗来自环境光干扰方面做出努力，从而令 LiFi 可以在日光甚至是阳光直射的条件下正常工作。相比以高速率调制的 LiFi 光信号，日光强度相对恒定，变化一般很缓慢。快速变化的 LiFi 调制光依然可以被检测到，可以在 LiFi 信号接收器处将日光过滤掉，从而抵抗干扰。来自苏格兰的世界领先 LiFi 技术供应商 pureLiFi 公开发布的数据显示，其接收器可以正常工作在 77 000 勒克斯(lux，法定符号 lx)的阳光下。勒克斯是照度(luminance)的单位，适宜阅读和缝纫等的照度约为 500 勒克斯。

最后，数据双向传输存在难度。LiFi 的上行通信(用户终端到 LiFi 热点)比较难实现的原因是：不但要在用户终端上加装用于上行传输的 LED 灯，还要在 LiFi 热点(LED 灯具)上加装接收上行光信号的光探测器。与下行链路使用可见光通信不同的是，通常需要使用光谱中不可见的部分——红外线来执行上行链路通信。受移动终端体积的限制，用于上行的 LED 灯的功率不能很高，这就限制了上行传输的速率。如今，技术人员正致力于 LiFi 技术的微型化，终极目标是将 LiFi 嵌入到每个无线移动设备中。这个目标如果实现，意味着 LiFi 的使用成本将有可能被大大摊薄到各类终端消费者可以承受的地步。如图 5-23 所示为苏格兰一家致力于可见光无线通信技术应用的初创公司 pureLiFi 推出的 LiFi 专用网卡产品。

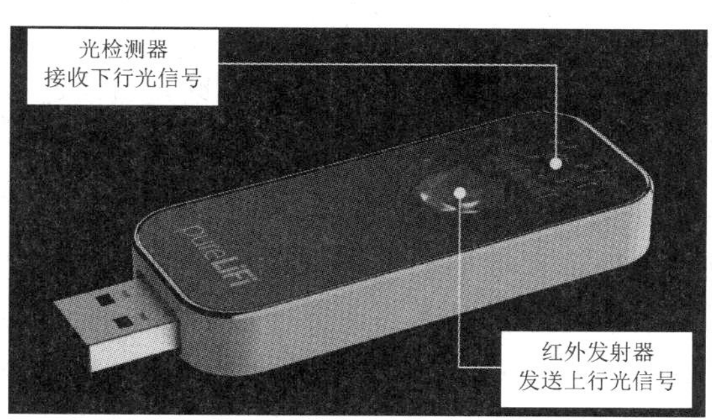


图 5-23　pureLiFi 公司推出的 LiFi 专用网卡

现阶段 LiFi 技术还不够成熟，尚处于研究实验阶段，尚未形成完整的产业链。作为极富潜力的下一代短距离无线通信技术，得到了来自光通信供应商、电信运营商、照明提供商、芯片厂商、研究机构、设备集成商等多方面的支持，可以无缝集成到 5G 通信系统中。在国内，LED 设备商对 LiFi 的参与程度相对较高。通信设备供应商对 LiFi 的研究集中在控制、通信、定位三个方面，如华为、中兴等公司。芯片厂商参与度较低，相对来说韩国三星电子的半导体芯片在 LiFi 领域布局较多。电力运营商如国家电网等正在联合科研院所进行 LiFi 技术的实验室研究。如图 5-24 所示为 LiFi 的生态系统。

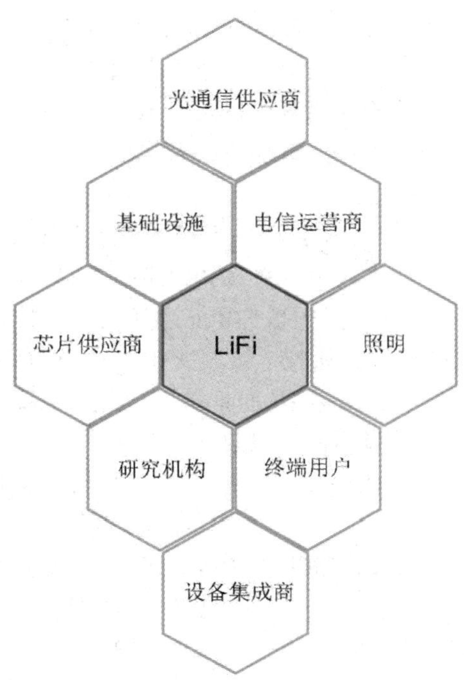


图 5-24　LiFi 的生态系统

**2. LiFi 技术在物联网的应用**

LiFi 技术在室外主要用于智能交通系统，在室内主要用于无线接入。

1) 提供高速无线连接以支持无线互联网

基于 LiFi 技术的 LED 灯泡可以为移动运营商部署的无线网络提供高速可靠的无线连接。LED 灯发送大量数据，同时对人眼显示为白光，实现高速安全的双向无线数据通信。用户可以在部署了 LiFi 网络的空间通过高速安全的可见光通信连接来连入互联网。

2) 教室内照明用作教学资源访问

基于 LiFi 技术，在教室内部署的 LED 灯能同时用于照明与通信。所构成的 LiFi 网络允许教师和学生访问流媒体视频和电子书等需要高带宽支持的教学资源。为了支撑成百甚至上千的学生和教师同时下载内容，提供高速率传输的 LiFi 会比传统 WiFi 更具优势。部署于教室的 LiFi 网络还可以支持虚拟现实(VR)和增强现实(AR)这些需要高数据速率支持，并在教育领域颇具潜力的新技术应用。

3) 工业环境中的传感器数据收集

在一些对无线技术干扰较为敏感和抗电磁干扰性能要求较为严苛的工业环境(发电厂、石化设施等区域)中，可以利用 LiFi 技术实现数据传输，以支持对企业关键性资产的实时管理维护，与此同时可降低对整体资产可能的干扰和影响。可以利用一组 LED 灯具组成 LiFi 网络，在室内环境中同时提供照明和数据传输功能。比如有工业企业尝试在多个低压空气压缩机上安装集成了 LiFi 功能的振动传感器，传感器收集到的数据会经由 LiFi 网络传输到服务器和用户终端的屏幕上，实现数据可视化，实时了解机器工作状态。

4) 医疗场所内用于特别需求的无线数据连接

在医疗场所或医院环境，为避免影响精密医学仪器正常工作，会产生电磁污染的无线通信技术(如 WiFi 等)并不是较好的通信方式。LiFi 的工作原理决定了它不会产生电磁干扰，并具有定向覆盖的优势，能在相对封闭的物理空间中提供更高安全级别的无线通信。我们可以在医院环境利用照明基础设施构建 LiFi 网络，以支持地理围栏和地理定位服务。地理围栏允许在医疗场所的不同位置对高度敏感的数据实现高安全级别的管理，并对个人用户访问数据也实现严格的管控。地理定位服务则可以提供室内人员定位，提升运营效率。

5) 灾难环境下的通信措施

LiFi 可以用于灾难环境的应急通信。在美国有电信运营商、电信设备提供商以及专为危险行业提供移动连接和物联网解决方案的集成厂商联合起来在 LiFi 应用于应急通信做出了尝试，考虑将 LiFi 应用于地铁灾难场景，支持应急服务部门彼此维持安全可靠的实时连接和双向通信。

6) 军事情报及安全领域的通信解决方案

在军事情报及安全领域，可以采用 LiFi 技术构建更安全的通信网络，以支持对安全可靠性要求更苛刻的应用。将不同的安全级别赋予单个或一组 LED 灯，可以支持更复杂的地理围栏功能。

7) 超高性能照明解决方案

根据粗略估计，全球共安装了 30～40 亿支荧光灯管，以 LiFi 技术对这些灯管进行改造后，这些灯管可以成为现成的 LiFi 网络基础设施。LED 照明领域的研究人员一直致力于提出超高性能的照明产品和解决方案。超高性能体现在更低能耗、更少的维护成本、更好的可持续性、更美观以及更适宜的照明水平。最重要的是利用 LiFi 实现高速安全的无线通信功能，带来照明领域的颠覆性创新，为房地产开发商、建筑工程商、租户等提供便捷、低成本、安全可靠的创新照明通信解决方案。

8) 智能交通和车联网的通信功能支持

车灯、交通信号灯、基于 LED 的交通指示牌等是 LiFi 的天然载体，它们是现成的 LiFi 网络基础设施。可以基于 LiFi 技术实现车与车、车与物之间的可见光通信，以支持在智能交通、车联网等应用中的通信功能。

9) 公共场所的信息显示与数据通信

在机场、博物馆、展览馆等公共场所，广告牌、信息板等设备常采用 LED 阵列进行信息显示，并在场所内比较均匀地分布式部署。可以将需要传输的数据信息调制到这些 LED 阵列上，使广告牌、信息板成为 LiFi 热点，实现 LiFi 热点与用户终端之间的无线数据传输。

10) 室内精确定位

传统卫星定位方法难以对室内移动用户进行精确定位，LiFi 技术把 LED 灯源看做“室内卫星”，能在固定位置发送信号，实现厘米级精度的低成本室内定位，如图 5-25 所示。业界已有多种基于 LiFi 技术的室内定位方案，在日本已经实现了超市环境下的 LiFi 室内定位。

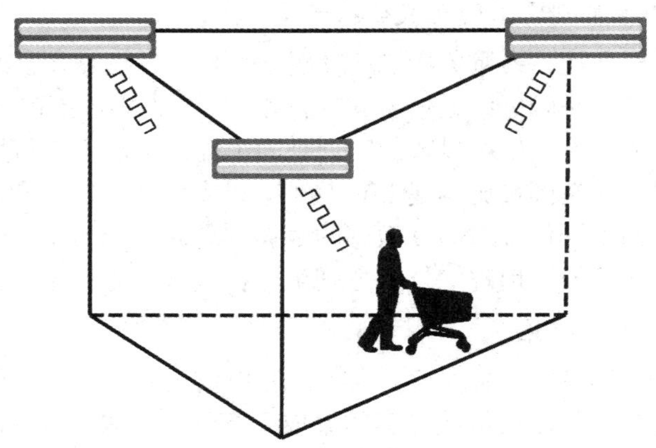

图 5-25　LiFi 技术实现室内定位

随着物联网的发展，联网设备带来的无线数据量在不断增加，无线频谱资源匮乏引发的通信带宽危机越来越严重。LiFi 技术为解决这些挑战提供了新的思路。

Z-Wave 技术及其在物联网中的应用

## 5.1.6　Z-Wave 技术

### 1. Z-Wave 技术的基本概念和特点

Z-Wave 协议是丹麦 Zensys 公司(2008 年 12 月被美国 Sigma Design 收购，后又于 2018 年 4 月被美国 Silicon Labs 收购)所提出的基于射频的短距离无线通信技术，专为住宅和商业环境中的控制、监控和状态读取类应用而设计，是无线智能家居技术之一。它的工作频带为 908.42 MHz(美国/加拿大)和 868.4 MHz(欧洲/中国)，采用二进制频移键控(BFSK)、高斯频移键控(GFSK)等调制方式，支持窄带宽应用，传输速率为 9.6～46 kb/s，信号传输距离为室内 30 m 以上，室外 100 m 以上。Z-Wave 使用动态路由技术，单一网络可以容纳 232 个节点，并且可以通过区域内的组网扩展更多节点。Z-Wave 是无线控制领域的全球市场领导者，全球销售的 Z-Wave 产品超过 1 亿台。Z-Wave 标志如图 5-26 所示。

图 5-26　Z-Wave 标志

Z-Wave 技术的特点包括：

第一，低速率窄带宽。Z-Wave 支持的数据速率一般在 9.6～46 kb/s，最高可达 100 kb/s，主要针对高可靠性和低延迟特点的小数据包通信而设计。因此，Z-Wave 不适合音频或视频等需要较高数据速率的集约式带宽应用，而比较适合传送控制命令和状态收集类的应用。

第二，低功耗。Z-Wave 是低功耗的射频通信技术，支持全网状网络，无需协调节点。它的控制及信息交换中的通信量较低，十几 kb/s 的通信速率足够满足通信的需求，可以采用电池供电，这也降低了设备的运行功耗。

第三，抗干扰。Z-Wave 在低于 1 GHz 的频段工作，不受在 2.4 GHz 工作的 WiFi、蓝牙和 ZigBee 的干扰。

第四，低成本易实现。Z-Wave 使用创新的协议处理技术代替了更昂贵的硬件实现方法，研发成本大大降低。把 Z-Wave 置于集成模块里也确保了低成本的实现。

第五，高可靠性。Z-Wave 使用的是免授权通信频带，采用双向应答式的传送机制、压缩帧格式以及随机式的逆演算法来减少干扰和失真，从而确保高可靠通信。Z-Wave 支持 AES128 加密、IPv6 和多通道操作，使得 Z-Wave 的安全可靠性进一步加强。

第六，全网覆盖。Z-Wave 的网状网络允许 Z-Wave 信号通过其他 Z-Wave 节点“跳”到要控制的目标设备。网状网的多点对多点连接方式能为无线通信提供更高的可靠性以及更大的覆盖范围。Z-Wave 的动态路由机制最多支持 4 跳，因此总通信覆盖率根据网络中 Z-Wave 节点的数量增长而增长。4 跳的最大射程约为 600 英尺或 200 米。

相比 ZigBee 有国际标准 IEEE 802.15.4 为其技术根基，Z-Wave 技术并没有国际标准依托，这是 Z-Wave 所面临的最大挑战。非国际标准导致 Z-Wave 面临芯片供应商选择的匮乏。对于下游企业来说，自身产品就会受制于一家无法替代的供应商，风险巨大。Z-Wave 针对这些挑战正在积极地工作，积极加入国际标准化组织，一旦成功加入将会对 ZigBee 造成威胁。

#### 2. Z-Wave 技术在物联网的应用

Z-Wave 是一种结构简单，成本低廉，性能可靠的无线通信技术，特别适合需要控制、监控和状态操作的智能家居应用。Z-Wave 在家庭中的应用主要包括照明控制、读取仪表(水、电、气)、家用电器功能控制、身份识别、通路(出入口)管制、能量管理系统、预警火灾等。通过 Z-Wave 技术构建的无线网络，不仅可以通过本地网络设备实现对家居设备的遥控，也可以通过 Internet 网络对 Z-Wave 网络中的设备进行远程控制。

Z-Wave 已得到全球 700 多家制造商和服务提供商的积极支持，不但广泛应用于各种商业频谱的住宅系统，也在支持数千家酒店、游轮和度假租赁提供商。随着 Z-Wave 联盟的不断扩大，该技术的应用不仅仅局限于智能家居方面，在酒店控制系统、工业自动化及农业自动化等多个领域都有用武之地。

### 5.1.7　RFID 技术

如同第 2 章所提到的，RFID 是实现 M2M 概念和物品标签化的首选技术。RFID 技术的基本原理以及其在物联网的相关应用在第 2 章及第 3 章已有很具体的论述，本章不再赘述。

## 5.1.8　NFC 技术

NFC 技术及其在物联网中的应用

### 1. NFC 技术的基本概念和特点

NFC 技术即近场通信技术(Near Field Communication，NFC)，由飞利浦和索尼共同研制开发。使用 NFC 技术的设备可以在彼此靠近的情况下进行非接触式点对点数据传输和数据交换，有主动和被动两种读取模式，涉及的通信包括主动读卡器和被动标签之间以及两个主动读卡器之间的通信。NFC 使用和 RFID 相似的通信技术，但二者工作在不同的频率来产生射频场。NFC 在 13.56 MHz 频率运行于 20 厘米距离内，其传输速度有 106 kb/s、212 kb/s 或者 424 kb/s 三种。作为一种短距离的高频无线通信技术，NFC 能够实现简化交易、数字内容交换，从而使得消费者的生活更为便捷。当前，NFC 技术可以兼容全球已经部署的数亿张非接触式卡和读卡器。NFC 技术的标识如图 5-27 所示。

图 5-27　NFC 技术标志

将 NFC 技术与其他无线技术相比较，其特点可以归纳为三个方面。

第一，连接方便迅速。NFC 操作简单，仅需打开设备的 NFC 功能，通信双方设备靠近即可完成数据交换，无需多余的连接设置，大大简化了两个设备之间的配对过程。蓝牙、WiFi 以及 ZigBee 技术，由于工作距离较远，设备需要预先配对以进行通信，接收方需要自备电源，而不能由射频场来供电。相比之下，只需将 NFC 标签嵌入到无电源无网络连接的对象中，NFC 技术就能解决无电源对象缺乏网络连接的问题。

第二，距离近、能耗低。NFC 采取独特的信号衰减技术，相对于 RFID 来说，具有传输距离近、能耗低的特点。NFC 主要用于 10 cm 以内的近距离私密通信，而 RFID 的传输范围达到几米到几十米。

第三，安全性高。以 NFC 技术应用于手机支付为例，此时作为 NFC 设备的手机是工作在六种操作模式之一的卡模拟模式(Card Emulation Mode)。当手机模拟银行卡时，密码等敏感数据存储于手机的安全芯片里。利用 NFC 技术进行支付时，这些敏感数据并不经过公共网络传输，只在支付设备(非接触式 NFC 读卡器)和手机(NFC 设备)之间进行私密传输，避免了敏感数据在公共网络上传输带来的安全问题。

### 2. NFC 设备原理和操作模式

典型 NFC 设备的原理示意图如图 5-28 所示。NFC 控制器与天线相连，负责发送和接收 NFC 设备的所有 NFC 通信帧。负责启动和管理 NFC 交易的 NFC 应用程序(App1、App2、…、Appn)可以位于主机设备内，也可以位于能够与 NFC 控制器直接连接的可选安全元件内，其能使用设备操作系统提供的 NFC API。为支持可互操作 NFC 设备的实现，NFC Forum 定义了 NFC 控制器和 NFC 设备的设备主机之间的 NFC 控制器接口(NFC Controller Interface, NCI)。

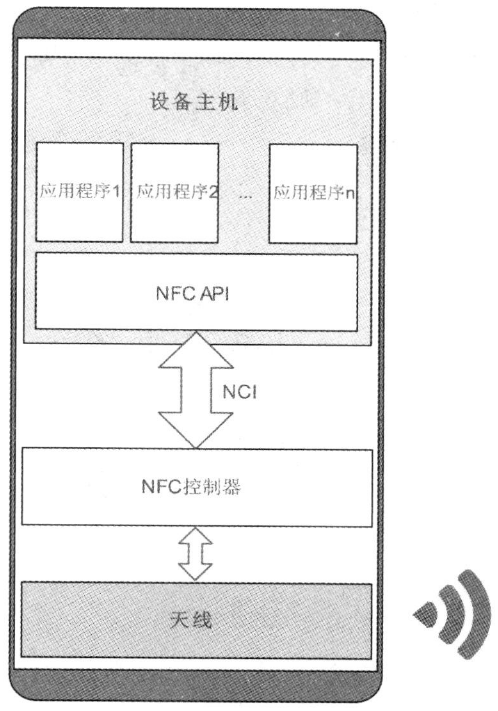


图 5-28　NFC 设备原理示意

NFC 设备可以在六种不同的操作模式下运行，包括阅读器模式、对等模式、卡模拟模式、主机卡模拟模式、基于安全元件的卡模拟模式以及无线充电模式。

1) 阅读器模式(Reader/Writer Mode)

阅读器模式下，NFC 设备的工作方式类似于一个非接触式的阅读器，能与非接触式标签或卡片进行通信，如图 5-29 所示。一个典型的例子就是 NFC 电子海报，以非接触的方式打开一个特定网站。

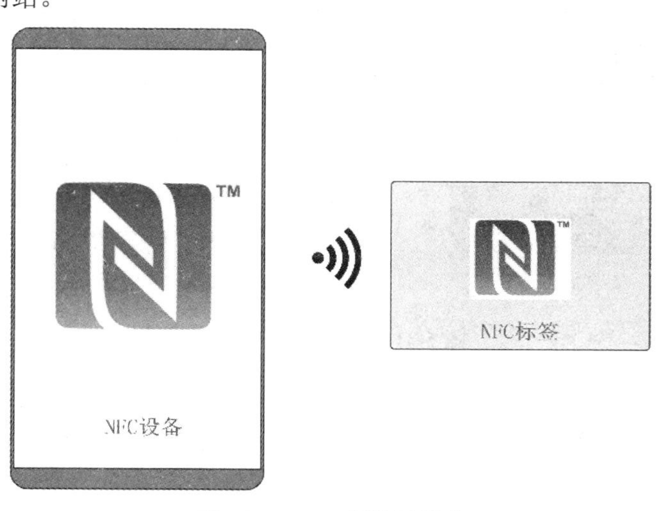


图 5-29　NFC 阅读器模式

2) 对等模式(Peer-to-Peer Mode)

对等模式下，两个 NFC 设备被连接在一起以交换数据，如图 5-30 所示。一个典型例子就是在两个 NFC 设备之间交换用户的联系人数据。

图 5-30　NFC 对等模式

3) 卡模拟模式(Card Emulation Mode)

卡模拟模式下，NFC 设备的工作方式类似于非接触式卡，能与非接触式阅读器进行通信，如图 5-31 所示。典型的用例是用 NFC 设备(如支持 NFC 功能的手机)模拟非接触式银行卡执行货币交易，或模拟用于公共交通的非接触式车票。

图 5-31　NFC 卡模拟模式

4) 主机卡模拟模式(Host Card Emulation)

主机卡模式下，卡模拟是基于软件 APP 实现的，如图 5-32 所示。主机卡模拟(HCE)应用程序位于主机设备中，负责模拟非接触式卡。NFC 控制器会将接收到的所有命令转发到主机设备。然后，HCE 应用程序可以使用 NFC API 与非接触式读卡器设备通信。

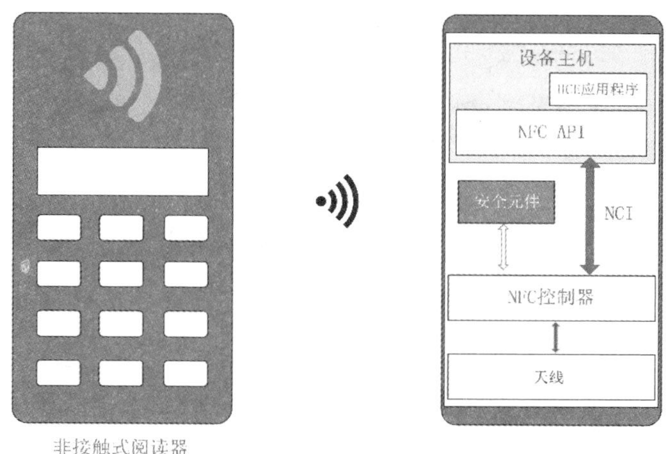


图 5-32　NFC 主机卡模拟模式

5) 基于安全元件的卡模拟(Secure Element based Card Emulation)模式

在该模式下，卡模拟是基于硬件——NFC 设备内的安全元件实现，如图 5-33 所示。这个安全元件可以是嵌入 NFC 设备的安全芯片，也可以是插入 NFC 设备中、支持 NFC 功能的 SIM 卡。非接触式阅读器的命令将被转发到安全元件进行处理。基于安全元件的卡模拟模式下，允许事务与非接触式智能卡解决方案提供的事务具有相同的高安全级别。

图 5-33　NFC 基于安全元件的卡模拟模式

6) 无线充电模式(Wireless Charging Mode)

无线充电模式下，能以非接触方式实现功率传输，所传输的功率高达 1 W，如图 5-34 所示。该模式下，可以利用有限的电源为小型物联网设备(如蓝牙耳机、健身手环或智能手表)充电。具有无线充电模式的 NFC 设备或专用的 NFC 无线充电器可以对这类物联网设备实现无线充电功能。

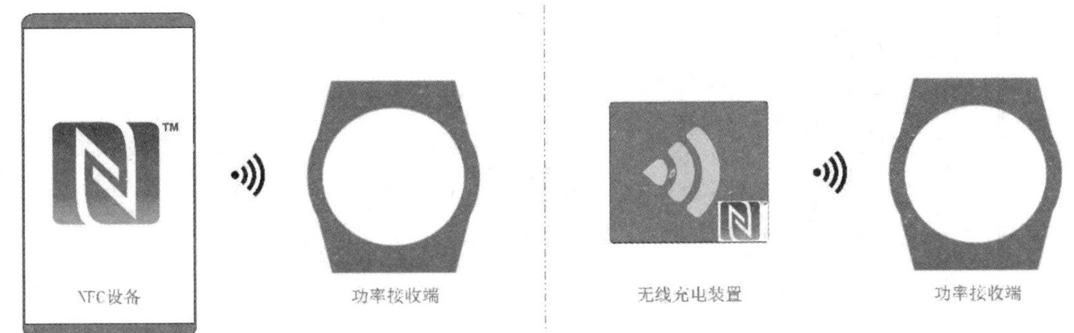


图 5-34　NFC 无线充电模式

当 NFC 设备周期性地在一段短时间内产生射频场以感知远程设备时，这些操作模式都是可用的。如图 5-35 所示，如果检测到了某远程设备，NFC 设备能够启动阅读器、对等或无线充电的操作模式。在其他时间，NFC 设备会侦听来自远程非接触式阅读器或 NFC 设备的通信需求，并作出应答。

图 5-35　侦听远程 NFC 设备

一般来说，生成射频场的时间远远短于侦听时间，因此 NFC 通信的接收对供电的需求很小。因此，设备的 NFC 功能被起用并不会明显减少设备的电池运行时间。

### 3. NFC 技术和物联网

NFC 技术融合了当今各种非接触式技术，在信息收集和交换、访问控制、医疗保健、交通、支付以及消费电子等领域都可以找到应用场景。NFC 的主要增长领域包括物联网、汽车、公共交通以及成熟的零售和支付行业。2020 年后，已经投入市场的 NFC 设备超过 10 亿台，NFC 在实现物联网方面发挥着关键作用。

#### 1) 工业物联网

工业物联网是增长最快的 IoT 市场之一。IoTize 是来自法国的技术公司，专注于多种无线连接解决方案的设计、安装、配置和维护，为工业物联网中各种工业系统提供连接。IoTize 能在不重新设计硬件或软件的情况下，为现存的工业系统添加无线电模块，大大降低了风险和成本。通过使用 NFC 技术，工业物联网用户可以更快、更有效、更安全地连接到他们在工业环境中使用的技术或设备。

例如为满足工业物联网各类应用场景的需求，IoTize 给出的 TapNLink 解决方案集成了 NFC、蓝牙、WiFi 等短距离无线通信技术和 LoRA、SigFox 等低功耗广域网无线技术。IoTize 认为，NFC 有独特的无线连接特性，和其他无线技术互补。NFC 允许用户使用简单的手势(轻轻点击)建立连接，并启动正确的应用程序。相比之下，蓝牙或 WiFi 连接需要用户从列表中选择并输入配对代码才能实现。NFC 技术易于连接的特性使它很适用于工业环境。在 TapNLink 解决方案中，NFC 可以用作主通信信道或用于唤醒和配对其他通信信道。当工作在唤醒和配对(wakeup-and-pairing)模式下，当用户并不存在时，其他无线电通道被关闭。一方面，无线电接收机在关闭状态下几乎不消耗电源，功耗得到优化。另一方面，不必要的无线电发送也大大减少，这种做法比蓝牙和 WiFi 等技术更谨慎，因为无线电若始终处于开启状态，可能会引起未经授权或恶意用户的注意。2018 年，IoTize 的 TapNLink 解决方案获得 NFC 创新奖计划的“最佳新兴概念”类奖项。

2) 智能家居

NFC 技术能实现安全私密的点对点通信，且连接的过程简易不烦琐，这可以帮助实现智能家居场景下的物联网服务。在内置 NFC 的情况下，消费者只需轻轻一按就可以连接到设备。具体的做法是，将 NFC 阅读器集成到智慧家居网关或智能手机，则所有带 NFC 标签的设备(如 LED 灯泡、恒温器等)都能通过 NFC 阅读器无缝连接到网关。通过网关或智能手机可以请求某物联网设备执行出厂参数重置，或复制某设备的配置到另一个设备。NFC 技术提供了支持这些调试的标准化机制。

3) 智能海报

NFC 智能海报是存储在 NFC 标签上的，NFC 标签允许连接到支持 NFC 的智能手机或智能手表等设备，这种连接不需要电源以及网络连接支持。NFC 设备用户可以在车站获取班车信息、在商店的价签上获取特价商品的附加详细信息、在博物馆的 NFC 触摸点获取展览的详细信息、在山中路标处获得最有趣的徒步旅行路线、在演唱会上连接到最喜欢的歌迷社区、在出租车站启动电话订购出租车、读取药包里的说明书(针对视障用户)、在名片上共享联系人数据、在广告传单上获得新开零售店的导航信息等。

4) 数据分享

NFC 技术允许用户通过简单的点击来交换数据。例如在智能手机/智能手表和个人健康设备之间共享健身或健康数据，以及在两部智能手机之间共享联系人数据等。

5) 连接设备

无需输入 PIN 码或其他密码，只通过一个简单的点击操作，NFC 技术就能为两个设备间提供蓝牙或 WiFi 连接。用户只需轻触就可以完成一系列操作，如通过蓝牙扬声器在智能手机上播放音乐、与朋友分享照片、用智能手机控制数码相机、在带有 WiFi 或蓝牙连接的打印机上打印照片，以及与车载多媒体系统共享电话簿和启用免提设备等。

6) 提供访问

NFC 技术可以让智能手机或手表成为公交车票、家门钥匙、汽车钥匙(打开、配置和启动汽车)、酒店入住门卡、音乐会或博物馆的门票。

7) 电子支付

NFC 技术支持通过轻触操作就完成安全支付，使智能手机或智能手表成为钱包，支付过程不需要使用相机或扫描仪读取二维码。

8) 设备充电

NFC 技术可以为小型物联网设备(蓝牙耳机、智能手表、健身手环、GPS 设备等)充电。我们可以在小型物联网设备上配置单天线，用于功率传输和 NFC 通信。

# 5.2　长距离通信技术

从 1G 到 5G 及 5G 对物联网的支持

自 1987 年在广东省开通我国首个模拟移动通信网至今，移动通信技术和市场以超出预期的速度不断迭代发展。三十多年来，历经五代移动通信技术(简称 1G、2G、3G、4G 和 5G)的变迁。从 1G 到 2G，移动通信技术完成了从模拟通信时代向数字通信时代转变，除基础的语音业务外，开始扩展支持低速数据业务。从 2G 到 3G，通信进入移动宽带时代，数据传输能力进一步显著提升，峰值速率至少 2 Mb/s，最高可达数十 Mb/s，能够支持视频电话等移动多媒体业务。4G 的数据传输能力比 3G 又提升了一个数量级，峰值速率可达 100 Mb/s 至 3 Gb/s(下行)和 1.5 Gb/s(上行)。以十年为期，无线技术就会向前演进出新的里程碑，以新技术带来移动通信系统的容量和性能的数量级变化，如图 5-36 所示，以催化和支撑新的通信业务需求。如今，移动通信网络正在迈向峰值速率可达 10 Gb/s 以上的 5G。2019 年被业界普遍认为是 5G 爆发元年。由 5G 引发的新一轮技术和应用创新浪潮正在蓄积，包括物联网、车联网、VR/AR、工业 4.0 等在内的新应用不断催生，驱动新产业生态链不断发展壮大。抓住 5G 移动通信发展新机遇，加快培育新技术新产业，驱动传统领域的数字化、网络化和智能化升级是世界各国拓展经济发展新空间，打造未来国际竞争新优势的关键之举和战略选择。

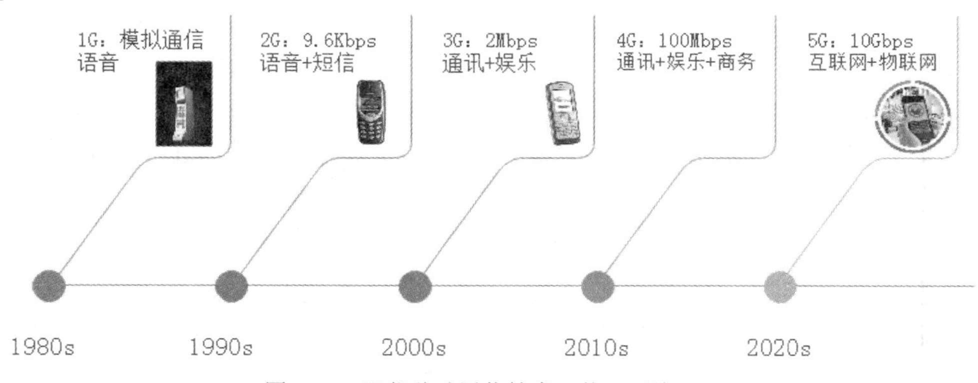


图 5-36　现代移动通信技术：从 1G 到 5G

## 5.2.1　1G 通信技术：语音时代

1G 即第一代移动通信技术，于 20 世纪 80 年代在美国芝加哥诞生，采用模拟调制技术和频分多址技术，即将电磁波进行频率调制(FM)后，将介于 300 Hz 到 3400 Hz 的语音信号转换到高频载波电磁波(800/900 MHz)上，载有信息的电磁波在空间传输，由接收设备接收，并从载波电磁波上还原语音信息，完成一次通话。当时各个国家的 1G 通信标准并不一致，包括美国的 AMPS(Advanced Mobile Phone System)、北欧四国的 NMT450(Nordic Mobile Telephones)、英国的 TACS(Total Access Communications System)和联邦德国的 C 网络，其中 AMPS 和 TACS 制式是世界最有影响力的 1G 系统。

1G 采用模拟信号传输，容量非常有限，只能传输语音信号，且语音品质低、信号不稳定、安全保密性性差、易受干扰。1G 通信标准只有国家标准，并无国际标准，互不兼容也不能统一，导致无法实现“全球漫游”。在系统性能以及标准化方面的缺点使 1G 难以在全球层面实现大规模普及和应用，导致成本昂贵，发展受到极大的阻碍。

80 年代初期，我国的移动通信产业完全空白。直到 1987 年广东省第六届全运会，第一代蜂窝移动通信系统在中国正式启动，开始运营模拟移动电话业务，采用英国 TACS 制式。2001 年 12 月底，模拟移动通信网络在中国正式关闭，它在中国运营的 14 年间最高用户数达 660 万。

### 5.2.2 2G 通信技术：文本时代

1980 年代后期，随着大规模集成电路、微处理器与数字信号处理技术趋于成熟，移动通信运营商逐步转向数字通信技术，移动通信开始迈入 2G 时代，并在 20 世纪 80 年代中期至 20 世纪末期间逐步发展和走向成熟，经过十年经营，用户超过十亿人。

2G 即第二代移动通信系统，与 1G 采用模拟调频技术进行语音传输不同，2G 以数字移动通信技术为基础，主要采用数字时分多址(TDMA)和数字码分多址(CDMA)技术，可以支持通话功能、短信功能以及低速率的数据传输功能。数字信号相比模拟信号能实现更高效率的压缩和编码，从而提升相同带宽内的数据传输量，带来系统容量的提升。随着通信系统容量的增加，2G 时代的语音质量显著变好。以 2G 时代的主流移动通信系统 GSM 为例，数据业务的基本传输速度在 9.6 kb/s 至 14.4 kb/s 之间，采用增强型数据速率技术后速率可达 144 kb/s 和 384 kb/s。

2G 时代是移动通信标准争夺的开始，世界各国加速开发数字移动通信技术标准，呈现出多种标准共存的局面。第二代移动通信标准主要包括基于 TDMA 的 GSM(全球适用)、IS-136(也称 D-AMPS，美洲适用)、IDEN(美国适用)、PDC(日本适用)，以及基于 CDMA 的 IS-95(也称 CDMAOne，美洲和亚洲部分国家适用)。1989 年，欧洲邮电管理委员会主导的 GSM 标准正式商业化并向全世界推广。1991 年，爱立信和诺基亚率先在欧洲架设了第一个 GSM 网络，并开始攻占美国和日本市场。1994 年，中国移动通信史上第一个 GSM 电话拨通，中国开始进入 2G 时代。十年间，全世界有 162 个国家建成了 GSM 网络，使用人数超过 10 亿，市场占有率高达 75%。在中国，第二代移动通信系统以 GSM 为主，IS-95 为辅，十年间发展了 2.8 亿用户。欧洲主导的 GSM 标准终成最大赢家，成为最广泛采用的全球化移动通信制式。

第二代移动通信系统的通信标准仍然没有达到世界范围的统一，用户只能在同一标准制式覆盖的区域内实现漫游，无法实现真正的全球漫游。由于带宽的限制，网络容量受限，数据业务受限，无法实现高速率的移动多媒体业务。当用户过载就需要建立更多基站来扩容。

### 5.2.3 3G 通信技术：图片时代

2G 时代，手机虽然只能打电话和发送简单的文字信息，但是相比于 1G 时代只能支持语音业务，通信效率显著提升。然而，以语音服务和低速率数据服务为主要目的的第二代移动通信系统越来越满足不了日益增长的图片和视频传输需求，数据传输速度亟待提升。

自 20 世纪 90 年代末开始，伴随着对码分多址和分组交换等关键技术的研究，以及 2.5G(Beyond 2G)产品通用无线分组业务(General Packet Radio Service，GPRS)系统的过渡，以移动宽带多媒体通信服务为目的的第三代移动通信技术(3G)开始走上历史舞台。

第三代移动通信系统最早由国际电信联盟(ITU)于 1985 年提出，1996 年被正式命名为 IMT-2000(International Mobile Telecommunication-2000)。IMT-2000 工作在 2000 MHz 频段，最高业务速率可达 2 Mb/s。3G 主要以 CDMA 技术为核心(有些文献也称作 IMT-2000)。国际三大通信标准包括 CDMA2000、WCDMA 和 TD-SCDMA。WCDMA 标准起源于欧洲和日本，能基于 GSM 网络实现 2G 向 3G 的平滑过渡，是国际上使用范围最广的 3G 网络制式，具有业务丰富、价格低廉、全球漫游和频谱利用率高四大特征。CDMA2000 由美国高通公司主导提出，是 2G 时代 IS95 标准的延伸，主要支持者包括日本、韩国和北美部分国家。TD-SCDMA 是中国自主研发的 3G 移动通信标准，是被国际认可的 CDMA TDD 标准的一支。相较于 CDMA2000 和 WCDMA 的国际化，TD-SCDMA 起步晚、产业链薄弱，但仍占据着电信史一席之地。它意味着中国在世界移动通信领域从 1G、2G 时代的跟随状态进入自主制定标准的追赶状态，标志着中国在移动通信领域的技术水平进入了世界前列。

3G 仍然采用数字传输技术，低速移动环境及高速移动环境下的传输速度可达 144 kb/s 和 384 kb/s，在室内稳定环境下可达 2 Mb/s，是 2G 时代基准数据速率 14.4 kb/s 的近 140 倍。由于采用更宽的频带，传输的稳定性大大提高。传输速度的大幅提升和传输稳定性的改善，催生了多样化的移动通信应用。3G 能更好地实现无线漫游，以及处理图像、音乐、视频流等多媒体形式，提供网页浏览、电话会议、电子商务等多种信息服务，同时能与 2G 良好兼容。3G 开启了移动通信的新纪元，并于 2009 年前后达到鼎盛时期。

由于系统关键技术、标准制定和实际商用条件等方面的原因，3G 存在固有的诸多不足和局限性。3G 的核心技术是码分多址，这是一个自干扰系统，每个用户都是其他用户的干扰。多用户干扰的存在使得 3G 系统难以达到理想的通信速率，3G 在实际商用网络中的传输速率远远达不到静止状态下的理论数据速率(成熟 WCDMA 标准下的静止理论速率为 7.2 Mb/s)，无法支持对速率要求较高的通信业务。3G 本质上仍然是标准不能统一的区域性通信系统，商用的三大标准空中接口所支持的核心网也没有统一的标准。空中接口标准对核心网的限制导致 3G 能提供的服务速率的动态范围不大，对具有多种 QoS 需求的多速率业务支撑不足，限制了业务类型的多样化。3G 的语音交换架构仍承袭了 2G 时代的电路交换架构，而不是纯 IP 方式，3G 仍然不能支持语音、视频和其他多媒体内容的数据包通过互联网传输，流媒体应用难以得到较好支撑。

3G 系统存在的局限性导致其不能适应未来移动通信发展的需要，寻求一种既能与现有移动通信系统平滑兼容，又能满足未来移动通信需求的新技术非常必要。2000 年，3G 国际标准刚刚确定，大规模商用还尚未开展成熟，多个国家和标准化组织就启动了 4G 的研究工作。

### 5.2.4　4G 通信技术：移动互联时代

4G 是第四代移动通信系统的简称，是由多功能集成的宽带移动通信系统，关键技术包括多载波正交频分复用(OFDM)技术、多入多出(MIMO)技术、智能天线技术、软件无线电技术等。

4G 时代，移动通信国际标准的竞争更加激烈，美国、欧洲、中国、日本等大国，3GPP、3GPP2、IEEE 等信息通信技术标准化组织都积极参与其中。在 3GPP 推出的 LTE、3GPP2 推出的 UMB 以及 IEEE 推出的 WiMAX 三大方案中，LTE 最终胜出，成为 4G 标准的备选方案。

LTE(Long Term Evolution)是由 3GPP 组织制定的通用移动通信系统(Universal Mobile Telecommunications System，UMTS)技术标准的长期演进，于 2004 年 12 月在 3GPP 多伦多 TSG RAN#26 会议上正式立项并启动。LTE 是适用于移动电话之间的高速数据传输的标准无线通信技术，支持快速移动的设备，并提供多播和广播服务。LTE-A(LTE-Advanced)是 LTE 的改进版本，支持高达 100 MHz 的带宽扩展、下行和上行空间复用、覆盖拓展，拥有更高的吞吐量和更低的延迟。业界习惯将 LTE 称作 3.9G，LTE-A 称作 4G，二者采用 OFDM 和 MIMO 技术以提供更高的频谱利用率。

LTE 包括 TD-LTE(时分双工)和 FDD-LTE(频分双工)两种制式，后者在国际上较多采用，前者则由中国为主引领发展。2012 年，LTE-A 被 ITU 正式确立为 4G 国际标准，这意味着中国主导制定的 TD-LTE 也成为 4G 国际标准，标志着中国在移动通信标准制定领域处于领先地位，并为 TD-LTE 产业的蓬勃发展和国际化奠定基础。TD-LTE 继承和拓展了 TD-SCDMA 在智能天线、系统设计等方面的关键技术和知识产权，能提供与 FDD-LTE 相当的系统能力。

作为第四代移动通信技术，4G 在传输速度上有数量级的提升，实现了 3GPP 确立的上下行峰值速率分别为 50 Mb/s 和 100 Mb/s 的目标。4G 的静态数据传输速率达 1 Gb/s，理论上网速度是 3G 的 50 倍。4G 的实际体验上网速度是 3G 的 10 倍左右，上网速度可以媲美 20M 家庭宽带。更快的传输速率使 4G 可以支持更加丰富多样的应用，在线观看电影、在线游戏成为可能。

2013 年 12 月，中国工信部向中国移动、中国电信、中国联通颁发“LTE/第四代数字蜂窝移动通信业务(TD-LTE)”经营许可，也就是 4G 牌照。2019 年 3 月，中国工信部发布的《中国无线电管理年度报告(2018 年)》显示，2018 年中国移动电话用户总数达到 15.7 亿户，4G 用户总数达到 11.7 亿户，移动基站总数达到 649 万个。至此，中国建成了全球规模最大的 4G 网络。

### 5.2.5　5G 通信技术：万物互联时代

随着移动通信系统带宽和业务能力的增加，历代移动通信的发展都带来了数据传输速率的数量级飞跃，并诞生出新的业务和应用场景。移动用户数量和用户对数据需求不断上升，意味着需要构建更高速率、更大带宽、更强能力的下一代无线网络，以比 4G 更快的速度来处理更多的流量，被称为 5G 的第五代移动通信系统应运而生。5G 是一个多技术多业务融合的网络，不仅仅意味着某一项或几项业务能力或某一个或几个典型技术，更是一个面向业务应用和用户体验的智能网络，最终打造以用户为中心的信息生态系统。2019 年被业界称为是 5G 元年。

#### 1. 5G 的关键技术

5G 的关键技术内容丰富，并未完全定型，可大致分为无线技术及网络技术两个技术方面内容。无线技术涉及毫米波技术、大规模 MIMO 技术、超高密度组网(微蜂窝)技术、高级调制编码技术、新兴多地址信息接入技术、全双工技术及波束形成技术等。网络技术涉及网络信息切片技术、网络功能重构技术与移动边缘高新计算机技术。

1) 毫米波

当今无线网络面临的问题在于不断膨胀的数据传输需求与拥挤不堪的无线频段之间的矛盾。在用户数不断增长的情况下，单用户分到的带宽更少，导致更慢的服务和更多的连接中断。为了解决这个问题，很自然的考虑就是在一个全新的、从未被移动服务所使用过的频段上传输信号。

毫米波是波长为 1 mm～10 mm 的电磁波，其频率在 30 GHz～300 GHz 之间。相比之下，目前的移动通信网络所使用的频段在 6 GHz 以下，无线电波波长在几十厘米。毫米波是新无线通信频段的可行选择。毫米波在被提出应用于 5G 之前，主要用在卫星和雷达系统。在 5G 系统中，毫米波被用于在基站之间发送数据，也会被用于连接基站和移动终端。

毫米波不能轻易地穿过建筑物或障碍物，在大气中传播衰减严重，很容易被树叶和雨水等吸收。为了规避这个缺陷，5G 网络采用微蜂窝技术来扩充蜂窝基站。

2) 微蜂窝

微蜂窝是一种便携式微型基站，只需要很少能量就可以工作，可以大约 250 米的间距在城市中放置。在一个城市安装数千个微蜂窝基站，形成超高密度的网络，构成网络的基站就如同一个中继集群，可以接收来自其他基站的信号，也能向任何位置的用户发送数据。如果采用毫米波作为传输数据的无线电波，基站天线尺寸可以大大减小，如此毫米波基站可以很容易贴在路灯杆或者建筑物上，使得构建大规模高密度的网络基础设施变得容易。不过微蜂窝基站的部署密度很高，这使得在乡村地区建设 5G 网络比在城市建设更加困难。

3) 大规模 MIMO

多天线技术又称为 MIMO(Multiple Input Multiple Output)技术，描述了使用两个或多个发射器和接收器同时发送和接收更多数据的无线通信系统。大规模 MIMO 技术则通过在单天线阵列上安装数十根天线，将 MIMO 系统中的天线数目显著提升到一个新数量级的水平。5G 基站的天线数目远远多于传统蜂窝网络基站的天线数目，从而可以利用大规模 MIMO 技术扩充网络容量。

4G 基站已经在使用 MIMO 技术。一个 4G 基站配备了 12 个处理所有蜂窝通信的天线端口，8 个用于发射，4 个用于接收。5G 基站则支持大约 100 个天线端口，这意味着单个天线阵列容纳了更多的天线。这样一来，5G 基站可以同时发送和接收更多用户的信号，可将移动网络容量再提升一个数量级。实验室和现场试验对大规模 MIMO 技术的测试结果显示：大规模 MIMO 技术能大幅提升 5G 网络的频谱效率。不过，安装天线数目过多导致信号的交叉，会为网络带来更多干扰，波束成型技术能够在一定程度上克服这种干扰。

4) 波束成形

波束成形是指根据特定场景自适应调整天线阵列辐射模式的技术，该技术能识别向某特定用户发送数据的最有效路径，减少对邻近用户的干扰。依据场景和技术，在 5G 网络中采用波束成形技术有以下的方式。

针对大规模 MIMO 天线阵列，波束成形技术能够帮助提升频谱利用效率。大规模 MIMO 天线阵列面临的主要挑战在于：如何在减少干扰的同时利用更多的天线传输更多的信息。在部署了大规模 MIMO 天线阵列的基站，智能信号处理算法能为每个用户规划最优传播路径。基站可以向多个不同方向发送独立的数据包，数据包以精确协作的模式从建筑物和其他障碍物上被反弹。通过编排数据包的移动路径和到达时间，波束成形技术可以实现大量用户在大规模 MIMO 天线阵列上的更多信息传输。

针对毫米波传输，波束成形技术可以解决一系列问题。蜂窝信号很容易被物体阻挡，而且在长距离传输时衰减很快。这种情况下，波束成形技术可以将信号聚焦在一个集中的波束中，该波束只指向用户的方向，而不是同时向多个方向传播。如此一来，信号完整到达的概率被显著提升，对其他用户的干扰也大大减少。

5) 同时同频全双工

全双工技术也是 5G 通信系统的核心关键技术，该技术通过改变天线发送和接收数据的方式来实现 5G 的高吞吐量和低延迟性能。

传统基站和移动终端所使用的收发机在收发信息时，或者轮流使用相同频率收发，但在时间上错开，或者同时收发信息，但会使用不同的收发频率。在 5G 系统中，终端和基站之间的上下行链路能使用相同的频率同时传输数据。从理论上说，全双工技术能将无线网络的频谱效率翻倍，如图 5-37 所示。

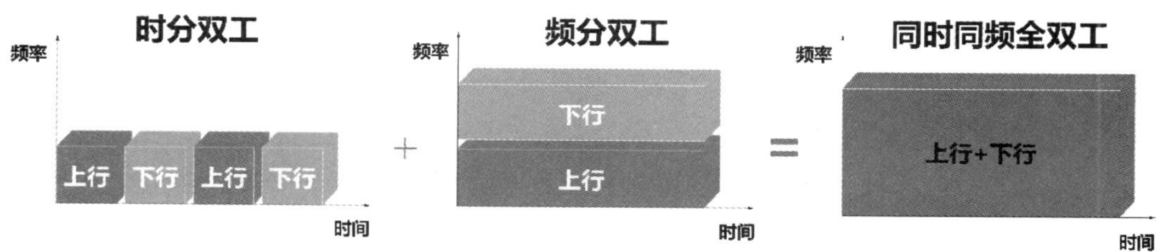


图 5-37　同时同频全双工示意

凭借毫米波、微蜂窝、大规模 MIMO、波束成形、全双工等关键技术，5G 致力于构建具有超低延迟和超高数据传输速度的新一代蜂窝通信网络，为智能手机用户、VR 游戏玩家、自动驾驶汽车等多元化用户提供服务。

图 5-37 彩图

## 2. 5G 的典型特征和关键指标

5G 的典型特征包括超高速率、毫秒级低时延、海量连接和低功耗四个方面。5G 的峰值速率可达 20 Gb/s，是 4G 峰值速率 1 Gb/s 的 20 倍。5G 网络的时延约为 1 ms，相比之下，4G 网络的时延约为 50 ms 到 70 ms。5G 网络可以支持 1000 亿量级的海量设备连接。5G 的基站和终端将更加节能省电。5G 以全新的网络架构和大跃升的网络性能，开启了移动通信发展和万物互联的新时代，提供前所未有的用户体验和万物连接能力。

衡量无线通信网络的传统指标包括峰值速率、移动性、时延和频谱效率。面向 2020 年及以后移动数据流量的爆炸式增长、物联网设备的海量连接以及垂直行业应用的广泛需求，ITU 针对 5G 网络又新增了四个关键能力指标：用户体验速率、连接数密度、流量密度和能效。5G 网络的八大关键能力指标从不同角度刻画了 5G 的典型性能，如表 5-2 所示，显示出 5G 在支持移动虚拟现实等高速率需求的极致业务、车联网及工业控制等延时要求严苛的业务、海量的物联网设备接入、指数级移动业务流量增长等方面具有相当的潜力和优势。

**表 5-2　5G 系统的关键能力指标**

| 关键指标 | 范　围 | 优　势 |
|---|---|---|
| 1. 峰值速率：单用户可以获得的最高传输速率 | 10 Gb/s 至 20 Gb/s | |
| 2. 移动性：满足一定系统性能前提下，通信双方最大相对移动速度 | 500 公里/小时 | 支持飞机、高速公路、地铁、高铁等超高速移动场景 |
| 3. 端到端时延：数据包从离开源节点到被目的节点成功接收所经历的时间长度 | 毫秒级(1 ms) | 支持时延严苛需求的业务(车联网/工业控制/远程医疗/VR/AR) |
| 4. 频谱效率：单位频带内的数据传输速率。衡量数字通信系统传输效率的指标 | 相比 4G 提高 3 到 5 倍 | 确保对频谱更高效率的利用 |
| 5. 用户体验速率：真实网络环境下用户获得的最低传输速率 | 100 Mb/s 至 1 Gb/s | 支持超高速率需求业务(VR/AR) |
| 6. 连接数密度：单位面积上支持的在线设备数 | 100 万个/平方公里 | 支持海量设备接入(物联网) |
| 7. 流量密度：单位面积区域内的总流量数，衡量网络在一定区域内的数据传输能力 | 10Mb/s/平方米 | 支持局部区域的超高数据传输 |
| 8. 能源效率：每消耗单位能量可以传送的数据量。主要指基站和移动终端的发送功率，及整个移动通信系统设备所消耗的功率 | 相比 4G 提升百倍左右 | 支持超低功耗终端和超低成本 |

5G 的高带宽和高速率也导致 5G 基站覆盖范围相对于 4G 大幅缩小。5G 基站(包括毫微基站、微微基站、微基站)的覆盖范围从数十米到数百米，这意味着创建 5G 网络的基础设施需要较高的部署成本。5G 与 4G 关键性能对比如图 5-38 所示。

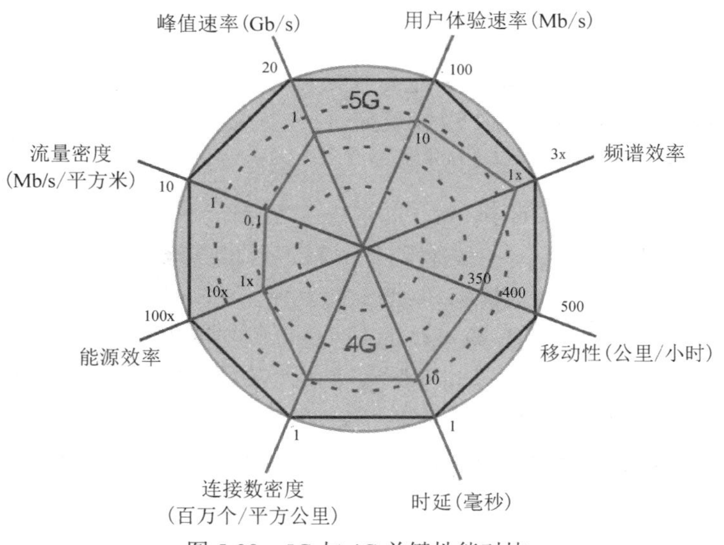


图 5-38　5G 与 4G 关键性能对比

物联网的发展需要网络基础设施在传输速率、设备容量、安全性等几个关键方面给予坚实的支持，这几个方面正是 5G 能够带来的重要变化。物联网将是 5G 商用的重要受益者。在 5G 的迅速发展和引领下，物联网的发展将迎来新的机遇。

## 5.3　低功耗广域物联网技术

LPWAN 代表性技术总述

当前物联网应用场景的痛点聚焦在通信覆盖和电力供应两方面。从通信覆盖的角度来看，很多应用场景下，物联网设备被部署于复杂的建筑环境或者人员稀少的地方，传统无线技术难以穿透或者抵达。从电力供应的角度来看，很多物联网应用场景缺乏持续供电的条件。短距离通信技术和长距离通信技术本身已经较为成熟，可以为物联网所用，却并非为物联网而生。面对物联网典型应用场景，这些无线技术的优缺点都非常明显。一般来说，在长距离和低功耗之间，总是存在矛盾，不可兼得。广泛使用的短距离无线电技术(如 ZigBee、蓝牙)不适用于需要长距离传输的情况。基于蜂窝通信技术(例如 2G、3G 和 4G)的解决方案可以提供更大的覆盖范围，但却消耗了过多的能量。

物联网对网络连接性的需求在于：终端设备要有更低功耗、更低成本，网络要有更低的部署成本、更大的覆盖范围，以及能支持极大数量的设备连接。

第一，要能支持低功耗的能量自给。很多物联网应用场景中，受限于成本，频繁更换电池或者长期以电源供电都不现实，需要终端设备能无需电源或是以电池相对长期地供电，实现高度的能量自给。典型例子包括灾情防控及智慧农业场景使用到的各类传感器。

第二，要实现终端和网络部署的低成本。为了使得物联网在商业模式上可行，终端设备的成本要控制在较低水平。业界较认可的目标是将终端模块的成本控制在 5 美金以下。网络部署方面，对现有网络基础设施做简单升级，尽量避免和减少大规模新硬件部署，从而将部署成本控制在低水平。

第三，对增强覆盖和广覆盖的支持。很多物联网应用场景需要通信网络表现出更好更优化的覆盖，以支持物联网终端的连接。比如位于建筑物的地下室、混凝土墙后以及电梯内部等复杂室内环境的智能电表，位于人迹罕至处的智慧农业传感器、灾害监控传感器等。

第四，对海量设备连接的支持。物联网终端设备的数量在呈指数级增长，部署密度也未必均匀，网络侧的基站要有能力支持海量物联网设备的连接。

这样的需求推动了低功耗广域物联网(Low Power Wide Area Network，LPWAN)技术的出现。所谓 LPWAN，是指专门为解决物联网应用中出现的低功耗、远距离(广域连接)、海量连接场景而诞生的物联网通信技术。总的说来，LPWAN 是以低数据速率和高延迟(秒级/分钟级)为代价实现了广覆盖和低功耗的典型性能。

LPWAN 的低功耗、长距离、低成本的通信特性，使得它在工业和科研界越来越受欢迎。LPWAN 在农村地区可提供长达 10～40 千米的远程通信，在城市地区可提供 1～5 千米的远程通信。LPWAN 的能效较高，终端可以电池支持运行，电池寿命能做到 10 年以上。LPWAN 已经可以做到无线芯片组的成本低于 2 欧元，每台设备每年的运行成本约为 1 欧元。LPWAN 的这些极富商业竞争力的优点促进了各方面针对 LPWAN 在室外和室内环境的性能开展实验研究。与短距离和长距离通信技术相比，LPWAN 非常适合于仅需要在远程传输少量数据的物联网应用，如图 5-39 所示。

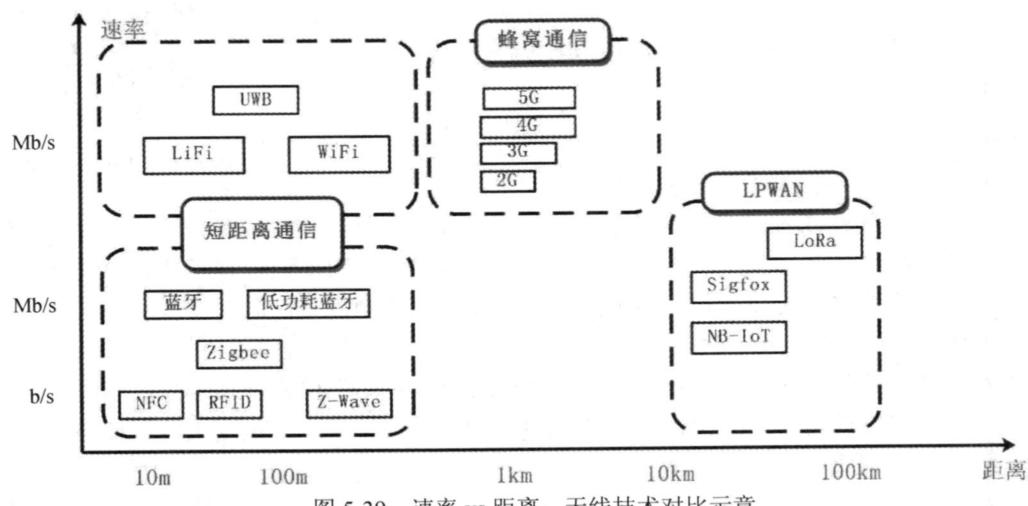


图 5-39　速率 vs 距离：无线技术对比示意

当前 LPWAN 的标准并未固定，比较领先的 LPWAN 技术包括 NB-IoT(窄带物联网)、LoRa 和 SigFox。这些技术又可以分为两类：一类是工作在非授权频段的技术，如 LoRa、SigFox 等；一类是工作在授权频段的技术，如 NB-IoT。

## 5.3.1　LoRa

LoRa 技术及其在物联网中的应用

LoRa 是由位于法国格勒诺布尔的初创公司 Cycleo 在 2009 年开发的专网 LPWAN 系统，并在三年后被美国的 Semtech 公司收购，是基于非授权频谱的广域网通信技术，需单独建立基站。LoRa 的频段包括 433/470/868/915MHz 频段，传输速率在几百到几十 kb/s。LoRa 吸引了不少移动运营商如法国的 Bouygues 和 Orange、荷兰的 KPN 以及南非的 FastNet 等公司的投资。2015 年，LoRa 被 LoRa 联盟(LoRa Alliance)标准化。如今，143 家 LoRa 网络运营商将 LoRa 网络部署在多达 161 个国家，并持续在世界多地进行试点或推广。随着 2016 年初中国 LoRa 应用联盟的成立，国内 LoRa 网络部署逐步展开。LoRa 技术的标识如图 5-40 所示。

图 5-40　LoRa 标识

### 1. LoRa 的技术特征和优势

LoRa 在各个国家地区均使用未授权 ISM 频段，在欧洲、北美、中国、日本、韩国、印度等主要国家或地区的具体分配如表 5-3 所示。

表 5-3　LoRa 的频段分配

<table>
<tr><th></th><th>欧洲</th><th>北美</th><th>中国</th><th>韩国</th><th>日本</th><th>印度</th></tr>
<tr><td>频段</td><td>867～869 MHz</td><td>902～928 MHz</td><td>470～510 MHz</td><td>920～925 MHz</td><td>920～925 MHz</td><td>865～867 MHz</td></tr>
<tr><td>频道数</td><td>10</td><td>64+8+8</td><td rowspan="10">技术委员会定义</td><td rowspan="10">技术委员会定义</td><td rowspan="10">技术委员会定义</td><td rowspan="10">技术委员会定义</td></tr>
<tr><td>上行频道带宽</td><td>125/250 kHz</td><td>125/500 kHz</td></tr>
<tr><td>下行频道带宽</td><td>125 kHz</td><td>500 kHz</td></tr>
<tr><td>上行发送功率</td><td>+14 dBm</td><td>典型值+20 dBm(可扩展至+30 dBm)</td></tr>
<tr><td>下行发送功率</td><td>+14 dBm</td><td>+27 dBm</td></tr>
<tr><td>上行扩展因子</td><td>7～12</td><td>7～10</td></tr>
<tr><td>数据速率</td><td>250 b/s～50 kb/s</td><td>980 b/s～21.9 kb/s</td></tr>
<tr><td>上行链路预算</td><td>155 dB</td><td>154 dB</td></tr>
<tr><td>下行链路预算</td><td>155 dB</td><td>157 dB</td></tr>
</table>

LoRa 支持双向通信，采用 Chirp 扩频(Chirp Spread Spectrum, CSS)调制方式，该调制方式具有与传统的频移键控(FSK)调制方式相同的低功耗特性，并能显著增加通信范围。Chirp 扩频将窄带信号传播到更宽的信道带宽上，所产生的信号噪声水平低，抗干扰能力强，并且难以检测或干扰。这项技术已经在军事通信和空间通信领域使用了几十年，但还是第一次被 LoRa 用于低成本实现商业用途。

LoRa 使用六个扩展因子(SF7 到 SF12)在数据速率和传播范围之间做权衡。扩展因子越高，距离越长，数据传输速率越低，反之亦然。根据扩展因子和信道带宽，LoRa 数据速率介于 300 b/s 和 50 kb/s 之间。此外，使用不同扩展因子传输的信息可以同时被 LoRa 基站接收。每条消息的最大有效负载长度为 243 字节。

LoRa 最大的优势在于其远程覆盖能力。一个单一的 LoRa 网关或基站可以覆盖数百平方千米。单个 LoRa 网关或基站理论可以支持 5 万到 10 万台设备在线连接，实际可以支持的设备数量则与设备发送数据包的频次、数据包大小、扩展因子、无线网络环境、平台处理能力等因素相关，也与 LoRa 网关的类型、网关提供的信道数量等有关，需要综合考虑。以覆盖比利时(国土面积接近中国海南省)的 LoRa Proximus 网络为例，只需要极少的基础设施(基站)，即可以轻松覆盖全国。

### 2. LoRaWAN 网络架构以及其与 LoRa 的关系

一个网络的协议和架构，对于网络节点的耗电性能、网络容量、服务质量、安全性以及所服务应用的多样性都有着深远影响。LoRaWAN 是基于支持远距离通信链路的 LoRa 物理层来设计的一套通信协议和系统架构，由 LoRa 联盟负责标准化和维护工作。其他公司也可以实现自己的协议规格，如中兴的 CLAA 联盟(China LoRa Application Alliance)等。

因为 LoRa 技术能实现长距离通信，可以在部署网络时采用远距离星型网络结构实现 LoRa 组网，如图 5-41 所示。终端设备发送单播的无线通信报文到一个或多个 LoRa 网关，LoRa 网关将从终端设备接收到的数据包经由回程网络(3G、4G、WiFi 等)通过标准的 IP 连接方式连接到后端的网络服务器。图 5-41 中，最左边是各种应用传感器终端，包括智能抄表、智能垃圾桶、资产追踪、自动贩售机等，右边是 LoRa 网关。在 LoRa 网关处，网关转换协议把 LoRa 传感器的数据转换为 TCP/IP 的格式发送到 Internet 上。LoRa 网关支持多信道、多调制收发、多信道同时解调以及同一信道上多信号同时解调。与终端节点不同，LoRa 网关具有更高的容量，可以被看作是一个透明网桥在终端设备和中心网络服务器间进行消息传递的中继。整个网络中，比较智能复杂的操作被推到了后端的网络服务器处。网络服务器负责管理网络，包括过滤由于冗余接收机制所接收到的重复数据包、执行安全检查、通过最优的网关来向终端发送确认信息、执行自适应的数据速率以及向相应的应用程序服务器发送消息等功能。

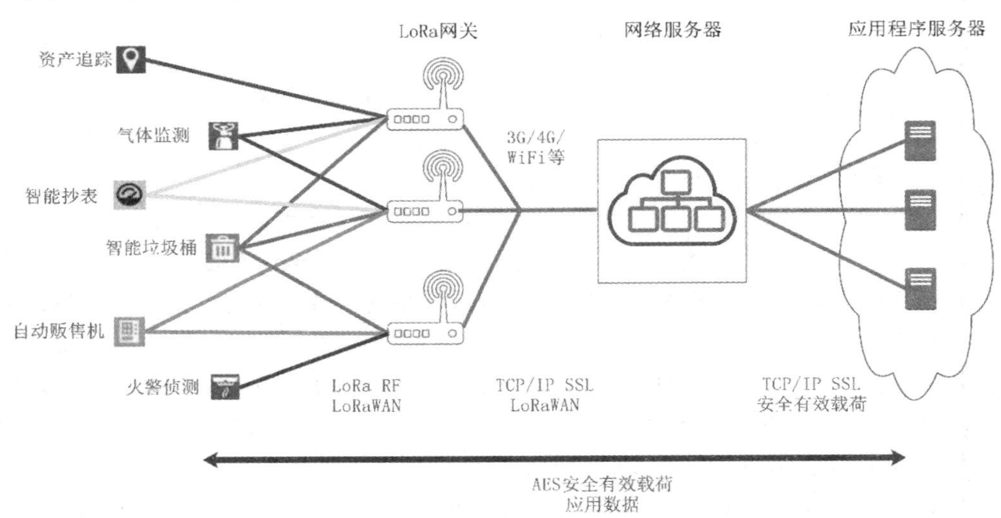


图 5-41　LoRaWAN 网络结构

LoRaWAN 网络实施冗余式消息接收机制。使用 LoRaWAN 网络，终端设备发送的每一条信息都被该范围内的所有基站接收。凭借这种冗余式的接收机制，LoRaWAN 网络提高了成功接收消息的比率。不过这一功能的实现要求在终端设备附近建设多个基站，这可能会增加网络部署成本。另外，LoRaWAN 网络可以利用不同基站对同一消息的多次接收来定位终端设备。为此，LoRaWAN 网络采用了基于到达时差(Time Difference of Arrival, TDOA)的定位技术，该技术要求多个基站之间有非常精确的时间同步。最后，在不同的网关(或基站)处多次接收同一条消息还可以避免 LoRaWAN 网络中的网关(或基站)切换(即如果一个节点是移动的，则无需在网关或基站之间进行切换)。

LoRaWAN 网络的异步通信机制支持网络以低功耗运行。在星型组网的 LoRaWAN 网络中，通信是异步进行的，即节点只在准备好发送数据时通信，不论这种通信是事件驱动还是预先调度好的。这种异步类型的通信协议被称为 Aloha 方法。相比之下，在网状网络或需要同步的蜂窝网络中，节点需要频繁被“唤醒”，以保证与网络的同步并检查消息。这样的同步机制会消耗可观的能量，也是电池寿命缩短的重要原因。

为了使远距离星型的组网架构切实可行，LoRa 网关需要有很高的容量和较强的能力来接收来自大量节点(终端)的消息。为此，LoRaWAN 网络通过自适应数据速率和多通道多调制收发来实现较大的网络容量。影响网络容量的关键因素包括：并发信道的数量、空口数据传输速率、有效载荷长度以及节点发送频率。LoRa 网络采用 Chirp 扩频调制方式，使用不同的扩展因子(SF)确保了信号彼此正交。SF 的变化会改变有效数据传输速率。LoRa 网关充分利用这一点，实现同一时间在同一信道上接收来自多个节点的不同数据速率的信息，还会根据终端节点和网关之间链路情况的好坏，自适应地调整数据速率。自适应数据速率调整对优化节点功耗，延长电池寿命也大有帮助。部署 LoRa 网络时，可以先以尽量少的基础设施实现，并在需要扩展网络容量时，通过添加更多网关实现网络容量扩增 6 到 8 倍。如此一来，LoRaWAN 网络实现了大容量以及较好的伸缩性。

在控制或执行类应用程序中，下行通信延迟是很关键的因素。为了更好地适应不同应用程序的多样化需求，LoRaWAN 依据网络的下行通信延迟和电池寿命为终端设备做出类型区分，详细的操作描述和适用情况如表 5-4 所示。

**表 5-4　LoRaWAN 的设备操作和适用情况**

| 设备分类 | 设备操作 | 设备特征及适用的应用 |
|---|---|---|
| A 类 | 终端允许双向通信，调度基于终端设备的通信需求，上行传输后跟随两个短的下行接收窗口。来自服务器的下行通信只是发生在下一个被调度的上行通信之后 | 是功耗最低的设备类型，比如以电池驱动、用于数据收集的传感器。适用于只在终端设备上行传输发生不久后需要从服务器处获取下行通信的应用 |
| B 类 | 终端允许双向通信，除参照 A 类操作外，还会在预定时间打开额外的下行接收窗口。为此，终端设备会从网关接收时间同步信标，以便服务器知道终端设备何时在监听 | 功耗较低的设备类型，比如以电池驱动、接收下行指令做出操作的执行器。适用于对下行通信可容忍一定延迟的应用 |
| C 类 | 终端允许双向通信，除非做上行发送，几乎始终连续地打开下行接收窗口，用于接收的时隙是最多的 | 功耗相对较大的设备类型，能够持续收听，下行通信无延迟 |

根据中国国家工信部文件“信部无[2005]423 号”，LoRaWAN 可以免费使用微功率无

线通信频率范围 470～510 MHz，但必须满足两个条件：① 有效全向发射功率(Effective Isotropic Radiated Power，EIRP)要小于 50 mW(或者+17dBm)；② 发射持续时间不能超过 5000 ms。

从 LoRaWAN 网络协议栈(图 5-42)可以看到，LoRa 是 LoRaWAN 的一个子集。LoRa 仅仅包括物理层定义，而 LoRaWAN 还包括了链路层。不过 LoRaWAN 也并不是一个完整的通信协议，因为它只定义了物理层和链路层，没有网络层和传输层，功能也并不完善，没有漫游和组网管理等通信协议的主要功能。

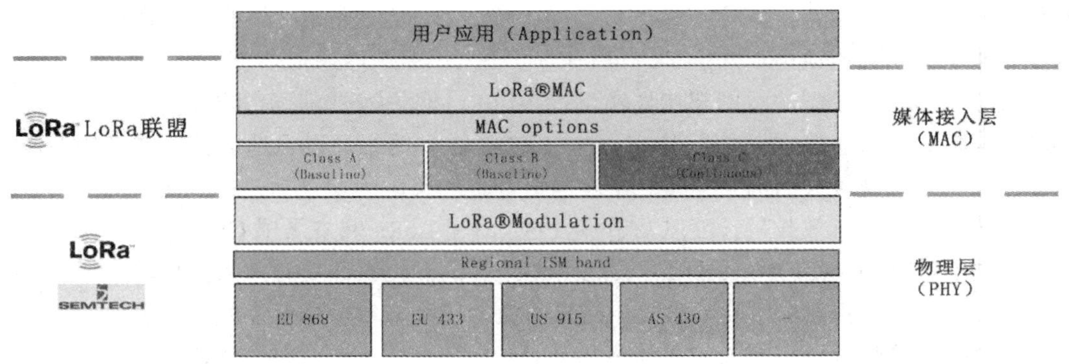


图 5-42　LoRaWAN 协议栈

LoRa 基站(网关)有多种类型。按照应用场景的不同，可以分为室内型和室外型。按照通信方式的不同，可以分为全双工网关和半双工网关。按照遵循标准的不同，可以分为完全符合 LoRaWAN 协议的网关和不完全符合 LoRaWAN 协议的网关。对一些具体的项目，特别是来自企业的私网需求而言，LoRa 私有协议比 LoRaWAN 更加灵活，成本更低。但是，没有统一的标准会极大地限制技术的大规模应用。对于客户而言，标准的不统一也会造成很多困扰，比如产品的通信质量参差不齐等，这些都增加了技术大规模推广的难度。

### 3. LoRa 适合的物联网应用

LoRa 特别适合那些远距离传输、通信数据量很少、需电池供电长久运行的物联网应用。一类是那些位置相对固定、密度相对集中的设备数据采集系统，比如：①无线抄表(电表、水表、气表、热表等)；②测量缓慢变化物理量(温度、水压、PM2.5、地磁感应器)的超低功耗传感器；③无线报警器(烟雾探测器、热释红外)；④远程 I/O 控制器(灯光控制、空调控制)；⑤仓储管理等。另一类是长距离广覆盖、需要电池供电的应用，如智能停车、资产追踪和地质水文监测、环境污染监控和自然灾害监控等。

## 基于 LoRa 的 LPWAN 解决方案

某企业基于 LoRa 的 LPWAN 物联网解决方案，可以支撑来自用户的各种业务需求，如图 5-43 所示。在方案中，传感层设备采用模块化设计原则，易于扩充，独立传感器可单独组网或与其他终端设备共同组网实现联动控制。物联网数据采集器和采集主机都属于传输设备，满足兼容性原则，可以根据用户业务需求匹配兼容来自第三方的传感器。为了和各类传感器联合实现满足不同需求的场景应用，后续的网关设备不但兼容企业自研 LoRa 私有协议，也支持 LoRaWAN 公有协议。

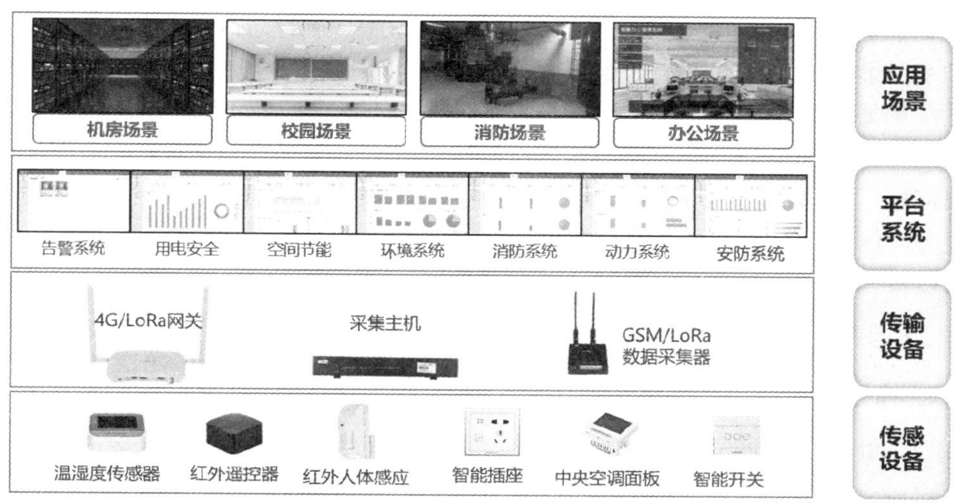


图 5-43　基于 LoRa 技术构建物联网应用系统的传输方案

## 5.3.2　SigFox

SigFox 技术及其在物联网中的应用

SigFox 是由法国 SigFox 公司于 2010 年开发的专网 LPWAN 系统，工作于免授权的 ISM 频段。该公司是一家 LPWAN 网络运营商，基于自主专利技术来为用户提供端到端的物联网连接解决方案。和其他 LPWAN 技术一样，SigFox 致力于为物联网应用提供具备广覆盖、低成本(低设备成本、低资费)、低功耗(长电池寿命)、大容量的连接解决方案。目前，SigFox 在 31 个国家运营和商业化它的物联网解决方案，SigFox 网络主要部署在欧洲和美国的部分城市。现在，SigFox 和各个网络运营商都建立了合作关系，在全球继续推广它的物联网方案。

SigFox 希望建立第一个仅供用于物联网的全球蜂窝连接的公司，其基础设施完全独立于现有的网络(如电信移动网络)，需单独建立基站。SigFox 网络中单元的密度(即单元之间的平均距离)在农村地区为 30～50 km，在城市中常有更多的障碍物和噪声距离可能减少到 3～10 km 之间。整个 SigFox 网络拓扑是一个可扩展的、高容量的网络，具有非常低的能源消耗，同时保持简单和易于部署的基于星型单元的基础设施。

### 1. SigFox 的技术特征

SigFox 工作在非授权 ISM 频段，欧洲为 868 MHz，北美为 915 MHz，亚洲为 433 MHz。SigFox 使用超窄带(UNB)技术，频带仅为 100 Hz，能够有效地利用带宽，噪声水平极低，如此带来极低的功耗、较高的接收灵敏度和低成本的天线设计。

SigFox 最初只支持上行链路通信，但后来发展为双向技术，链路不对称性显著。下行通信(即从基站到终端设备)的数据只能在上行通信之后发生。上行链路上的消息数量限制为每天 140 条。每个上行链路消息的最大载荷长度为 12 字节。下行链路的消息数量限制为每天 4 条消息，这意味着不支持对每个上行消息的确认。每个下行报文的最大有效载荷长度为 8 个字节，在没有足够的确认消息支持的情况下，上行通信的可靠性是通过利用时间和频率分集以及传输复制来保证。每个终端设备消息在不同的频率通道上传输多次(默认为 3 次)。例如以欧洲为例，868.180 MHz 和 868.220 MHz 之间的 40 kHz 频带被划分为 400 个正交的 100 Hz 信道(其中 40 个信道被保留，暂不使用)。由于基站可以在所有信道上同时接收信息，终端设备可以随机选择一个频率信道来传输其信息，这简化了终端设备的设计难度并降低了成本。

可以将 SigFox 的技术特征归纳为以下八个方面：

(1) 超窄带无线电调制。SigFox 使用超窄带调制(UNB)技术，结合 DBPSK 和 GFSK 调制，在 200 kHz 的公共频段以及未经授权的 ISM 频段(868 MHz 至 869 MHz 或 902 MHz 至 928 MHz，视地区政策而定)进行空口的无线电信息交换。SigFox 信息占用的频宽仅为 100 Hz，可以 100 b/s 或 600 b/s 的速度传输数据(传输速度的大小取决于覆盖区域)。如此一来，SigFox 可以实现长距离传输，同时具有较好的抗噪性能。

(2) 具有低有效载荷的小消息机制。SigFox 上行消息的有效载荷最多为 12 字节，相应的数据帧总共仅 26 字节，消息由终端到基站平均需要 2 秒钟。SigFox 下行消息的有效载荷限制在 8 字节。

(3) 轻量级协议。SigFox 为处理小的数据消息定制了很轻量级的协议，发送的数据越少，意味着能耗越低，电池寿命越长。

(4) 上行链路连接。SigFox 设备发出的无线电信息由 SigFox 基站收集，然后传输到 SigFox 云，并推送到最终用户的 IT 平台。

(5) 下行链路连接。下行链路的连接服务是由 SigFox 终端设备驱动的，只有 SigFox 设备要求从网络获得下行的消息时，才会启动下行链路连接，如此可以最大限度地降低能耗。此外，这样的设备端驱动式下行通信机制，还使得终端完全自主选择通信以及在什么频率通信，则终端不会收到来自黑客发送的错误恶意命令，从而为安全增加鲁棒性。

(6) 无线电资源的随机访问机制。SigFox 网络中，设备与基站之间的传输不是同步的。设备会以跳频的方式在 3 个不同频率上广播每条消息 3 次。基站负责检测频谱并寻找需要解调的超窄带信号。

(7) 星型网络体系结构。与蜂窝协议不同，SigFox 设备无需连接到特定的基站。以 SigFox 设备为圆心的特定范围内的任何基站都会接收到设备的广播消息。平均来说，SigFox 设备能连接到 3 个基站，但无需消息确认。SigFox 充分利用了空间分集、时间分集以及频率分集确保传输的鲁棒性，凭借在空间、时间、频率维度上的消息发送冗余机制确保 SigFox 网络具有较高的服务质量。

(8) 安全性保障。SigFox 从设备侧、无线电传输、基站与 SigFox 云通信、SigFox 云等多个方面确保网络的端到端通信足够健壮、可信、可扩展和安全。在网络架构的末端，应用平台则使用 HTTPS 加密接口连接到 SigFox 云。

### 2. SigFox 的网络架构

如图 5-44 给出了 SigFox 的星型网络架构。SigFox 基站是配备了认知软件的无线电专用基站，并可以使用基于 IP 的网络将基站连接到后端服务器，这样的网络架构和 LoRaWAN 的网络架构类似。

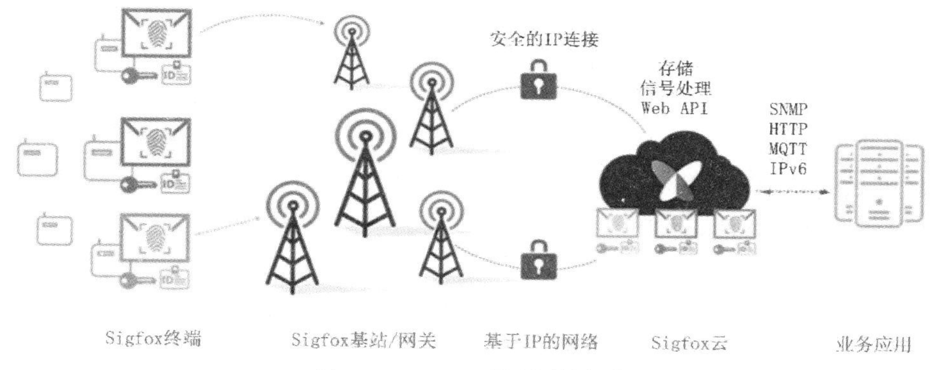


图 5-44　SigFox 星型网络架构

SigFox 的网络架构分为三部分。中间部分的 SigFox 基站(网关)和 SigFox 云部分由 SigFox 公司提供，也就是 SigFox 网络和 SigFox 网络服务器或设备管理服务器由 SigFox 提供。左边是 SigFox 终端部分，SigFox 倡导与多个 RF 芯片公司合作以实现网络前端的无线连接。这样的开放合作模式就能调动多家合作伙伴的资源，从而为用户提供多 RF 芯片供应商的选择，但终端必须符合 SigFox 网络认证。右边的部分则是业务的应用，包括应用服务器和 Web 客户端或 App 应用程序等。

作为能够被设备的调制解调器直接使用的软件，SigFox 协议栈负责生成在 SigFox 网络传输的无线电数据帧。SigFox 协议栈以免费的形式提供给设备调制解调器制造商。

### 3. SigFox 适合的物联网应用

在关键技术和组网方面的精心设计和优化，使得 SigFox 特别适合要求设备电池寿命长、设备成本低、网络连接费用低、网络容量大、距离广的物联网应用。以行业部分来看，SigFox 应用主要集中在工业、共用事业、农业、公共部门等领域。按用例来看，SigFox 应用主要集中在智能计量、智能跟踪和温度检测上。

## 5.3.3　NB-IoT

NB-IoT 技术及其在物联网的应用和选择合适的 LPWAN

LoRa 和 SigFox 作为 LPWAN 技术的一部分，虽然都工作在非授权频段，并在技术特征和性能表现上有大量的相似性，但都有各自的技术标准，都需要铺设专用的基站(网关)独立组网为前提。

与 LoRa 和 SigFox 不同，NB-IoT(Narrow Band Internet of Things)工作在授权频段，是以电信运营商为主推动的基于窄带无线电技术的 LPWAN 技术。NB-IoT 技术充分利用现有的广域蜂窝通信网络，无需铺设新的基础设施，而是在现网系统设备基础上进行平滑过渡，与 2G/3G/4G 网络共站部署。

在现有的蜂窝通信网络基础设施上，仅需软件升级即可支持物联网。NB-IoT 提供电信级别的安全保障，具有广覆盖、深覆盖、低功耗、海量连接、对延迟不敏感等特点。2015 年 9 月，NB-IoT 在 3GPP 标准化组织被立项，其规范 R13 于 2016 年 6 月冻结和发布，这是 NB-IoT 标准的基础版本。2016 年 12 月，沃达丰公司和华为公司将 NB-IoT 集成到西班牙的沃达丰网络中，并向安装在水表中的设备发送符合 NB-IoT 标准的第一条消息。2017 年 5 月，中国工业和信息化部宣布决定加快 NB-IoT 在公用事业和智能城市应用中的商业化进程。2018 年，多个国家宣布将部署 NB-IoT 技术。目前，华为公司正谋求扩大合作伙伴关系，在全球范围内部署 NB-IoT。NB-IoT 的性能测试和技术改进一直在继续进行。根据 3GPP 发布的 NB-IoT 规范，NB-IoT 增强技术会支持定位服务、多播服务、移动性等在内的一系列技术细节，以增强 NB-IoT 技术的应用。

### 1. NB-IoT 的技术特征

NB-IoT 的技术特征如图 5-45 所示。

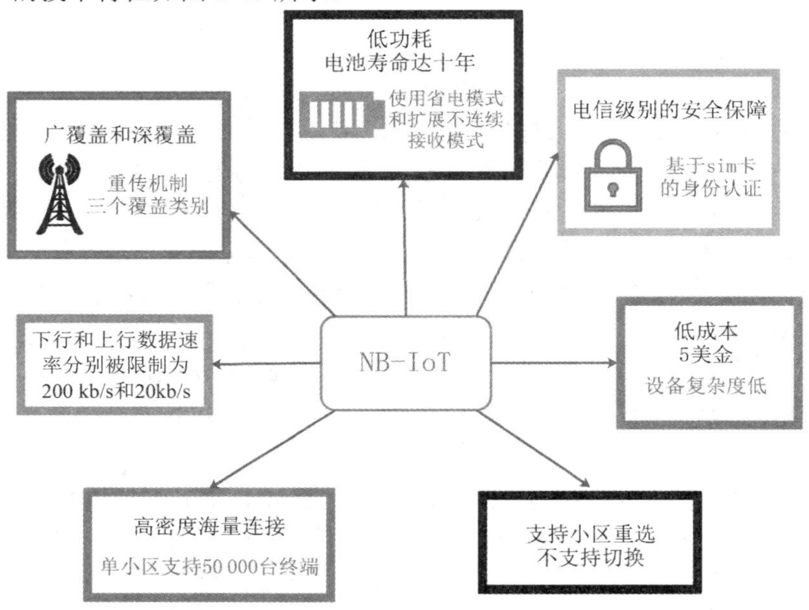


图 5-45　NB-IoT 的技术特征

1) 支持海量连接

NB-IoT 支持单频(Single Tone)传输和多频(Multi-tone)传输两种方案，这为服务大量用户提供了灵活性的支持。NB-IoT 支持大连接，单小区基站平均能支持 50 000 台设备在线，并可以通过增加 NB-IoT 载波的数量来提升网络容量。NB-IoT 在上行链路中使用单载波频分多址(FDMA)，在下行链路中使用正交频分多址(OFDMA)，并使用正交相移键控调制(QPSK)。它的下行和上行数据速率分别被限制为 200 kb/s 和 20 kb/s，每条消息的最大有效负载大小为 1600 字节。

2) 低技术复杂度带来低成本

NB-IoT 的上行和下行带宽均为 180 kHz，且设备只能工作于半双工(Half Duplex)模式，不可以同时接收和发送数据。NB-IoT 不支持比正交相移键控(QPSK)更高阶的调制方案。窄带宽、半双工运行、低阶调制的设定降低了设备复杂度和设备成本。此外，低数据速率的设定无需高容量闪存支持，这有助于减少芯片面积，从而降低设备成本。

3) 协议功能简化带来低功耗

NB-IoT 的通信协议基于 LTE 协议，在其基础上将功能简化，并根据物联网应用的需要做出针对性增强。凡物联网不需要的功能，例如监测通道质量的测量、载波聚合和双连接等都会被去掉。这样一来，进一步降低了终端设备的功耗，便于实现电池供电。NB-IoT 终端设备最大发射功率不超过 200 mW(23 dBm)，不足 GPRS 终端设备的最大输出功率的十分之一，与此同时实现了和 GPRS 相比多 20 dB 的覆盖扩展。

4) 灵活省电模式带来超低功耗

NB-IoT 支持三种省电模式：不连续接收模式(Discontinuous Reception，DRX)、扩展不连续接收模式(extended Discontinuous Reception，eDRX)、省电模式(Power Saving Modes，PSM)。eDRX 和 PSM 是为 NB-IoT 特别引入的，通过灵活使用三种模式可以达到降低功耗、延长电池寿命的目的。

在 DRX 模式下，下行业务随时要被终端设备接收，终端会在每个 DRX 周期(这个周期参数由运营商设置，通常为 1.28 s)都会检测是否有下行业务，适用于对时延要求较高的业务。该模式最为耗电，终端设备通常需要有电源供电。

在 eDRX 模式下，终端对寻呼信道(Paging Channel，系用于基站寻呼移动终端的下行传输信道)周期性地监视。具体地说，只在寻呼时间窗口内按照 DRX 周期监听寻呼信道、接收下行数据，其余时间都处于休眠态，不接收下行数据。eDRX 模式力求在低功耗和下行业务低时延之间获取平衡，适用于对时延有一定要求的业务。

在 PSM 模式下，终端始终维持注册在网的状态，但只有终端主动发送上行数据时，才会接收缓存的下行数据，其他非业务时间处于休眠状态。PSM 是最省电的模式，适合对时延要求不高的业务，终端设备通常可采用电池供电。

5) 广覆盖和深覆盖

NB-IoT 通过重复传输数据块提升信噪比，从而正确的将信号解码，以确保提供更广更深的覆盖。NB-IoT 支持正常(Normal)、扩展(Extended)和极端(Extreme)共三种覆盖类别(Coverage Class)。Extreme 类对应极低的接收功率水平，Normal 类对应相当高的接收功率水平。不同的覆盖类别对应不同调制方法、编码速率、重复因子以及子载波间隔，从而使得每个用户的数据速率与它可用的链路预算匹配。具有良好覆盖的设备比覆盖差的设备在更高的数据速率和更低的延迟下运行。Extreme 类设备对吞吐量和延迟的要求可以被满足，而 Normal 类和 Extended 类设备的性能可以得到尽量的改善。和 GPRS 相比，NB-IoT 进一步增加了 20 dB 的信号覆盖。这意味着，NB-IoT 可以有效的覆盖居民厨房、市政管网、地下车库、地下室等常规的蜂窝信号盲区，为物联网应用提供信号覆盖支持。

6) 灵活的频带资源使用模式

NB-IoT 支持灵活的零散频率资源部署，以达到在许可频段(如 700 MHz、800 MHz 和 900 MHz)与 GSM 网络和 LTE 网络共存并充分利用现有蜂窝网络的目的。如图 5-46 所示，

NB-IoT 占用 200 kHz 的频带宽度，对应于 GSM 和 LTE 传输中的一个资源块。通过选择频段可以实现独立操作、保护带操作以及带内操作三种模式。

✧ 独立操作(Stand-alone operation)：一个可能场景是使用当前已在使用的 GSM 频段。

✧ 保护带操作(Guard-band operation)：利用 LTE 载波保护带内尚未使用的资源块。

✧ 带内操作(In-band operation)：利用 LTE 载波中的资源块。

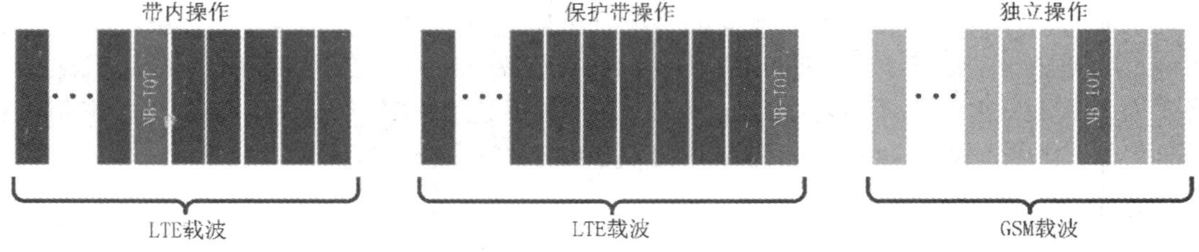


图 5-46　NB-IoT 的操作模式

7) 电信级别的安全保障

不同于工作在 ISM 频段的 LoRa 和 SigFox 技术，NB-IoT 工作在授权许可频段，能提供电信级别的安全性。

### 2. NB-IoT 的网络架构

如图 5-47 所示为 NB-IoT 的网络架构，核心网(EPC)在用户平面和控制平面都做了优化，以支持 NB-IoT 适用的小数据传输。

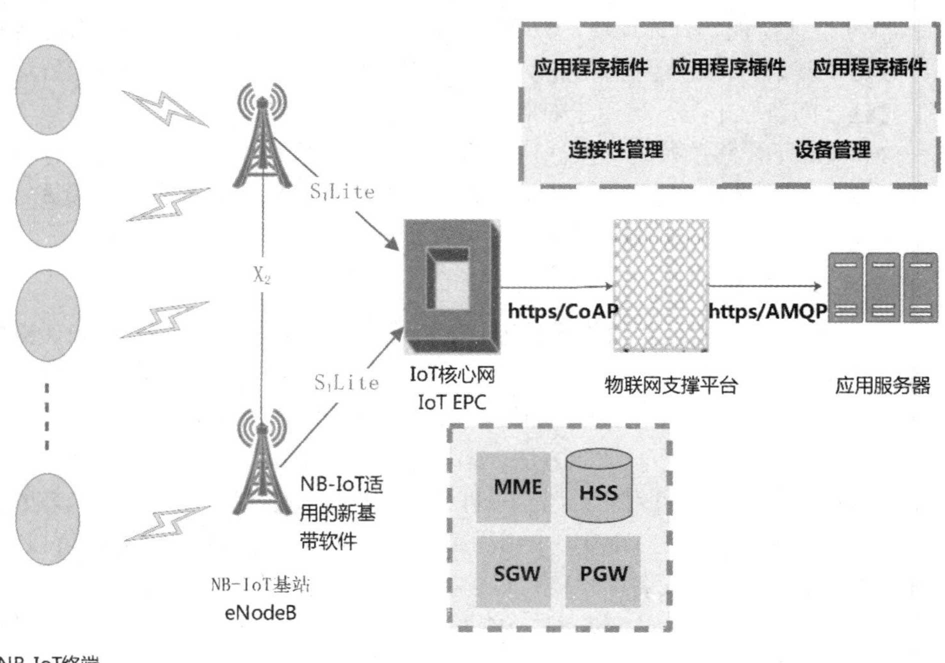


图 5-47　NB-IoT 的网络架构

NB-IoT 的终端设备通过空口连接到基站 eNodeB。基站通过 S1-lite 接口与 IoT 的核心网相连接，将 NAS(Non-Access Stratum)消息传输到核心网。NAS 是用于在用户设备和

MME(移动管理实体)之间传输非无线电信号的协议，NAS 消息携带了用于会话和移动管理的数据，进一步数据被传递到物联网平台。物联网平台将数据以被支持的格式传输到应用服务器，后者将对数据进行处理。在 NB-IoT 的设备和应用服务器之间，数据传输有 IP 传输和非 IP 传输两种方式。基于非 IP 的传输更受欢迎，因为用户设备的开销更小，传输也因为只支持一个目标 IP 而变得更安全。应用服务器是物联网数据的最终汇聚点，负责根据客户的需求进行数据处理等操作。

### 3. NB-IoT 适合的物联网应用

NB-IoT 的特点使其能在一些颇具市场潜力的应用领域发挥作用，如智能抄表(水/电/气)、工业自动化、智能物流、智慧建筑、智慧停车、废物管理、环境监测、智慧农业、家电监控、用于宠物或儿童追踪的可穿戴设备等物联网应用。

比如在智能公用事业的远程抄表应用中，水、电、气、热等测量表常位于覆盖较弱、传统蜂窝网络无法抵达的地下室等区域，而 NB-IoT 的广覆盖深覆盖特性可以很好的支持弱覆盖区域的终端设备的连接。

智能公用事业的废物处理公司也可以和电信运营商合作，利用 NB-IoT 为废物管理提供物联网解决方案。传感器负责检测垃圾桶内垃圾收集的情况，数据经由 NB-IoT 传送到后端云平台，为最优路线规划和决策提供数据支撑。

NB-IoT 在智慧停车、智慧抄表、环境监测方面在国内外也有不少经典案例。德国电信为希腊政府提供基于 NB-IoT 的环境监测服务，对环境污染、噪声污染、空气质量等参数进行监控。在中国，华为公司联合中国联通基于 NB-IoT 提供了智慧停车服务。

## 5.3.4 LPWAN 技术对比

各个LPWAN技术有不同的技术方案和性能参数，然而无论LoRa、SigFox还是NB-IoT，其宗旨都是以尽可能低的成本为广阔区域内分布的大量物联网终端提供低功耗的、满足数据传输需求的、安全可靠的链接。为物联网应用选择适当的 LPWAN 技术时，应考虑许多因素，包括服务质量、电池寿命、延迟、可扩展性、有效载荷长度、覆盖范围、部署成本等。可以从技术参数以及和物联网服务有关的多项因素入手，对 SigFox、LoRa 和 NB-IoT 做比较。

### 1. 技术参数对比

表 5-5 给出了 NB-IoT、SigFox 以及 LoRa 三种不同的 LPWAN 技术的参数对比。

表 5-5　LPWAN 技术参数对比：SigFox/LoRaWAN/NB-IoT

| | SigFox | LoRaWAN | NB-IoT |
|---|---|---|---|
| 调制方式 | BPSK | CSS(线性扩频) | QPSK |
| 频率 | 免授权 ISM 频段(欧洲 868 MHz/北美 915 MHz/亚洲 433 MHz) | 免授权 ISM 频段(欧洲 868 MHz/北美 915 MHz/亚洲 433 MHz) | 许可的 LTE 频段 |
| 带宽 | 100 Hz | 250 kHz、125 kHz | 200 kHz |

续表

| | SigFox | LoRaWAN | NB-IoT |
|---|---|---|---|
| 最大数据速率 | 100 b/s | 50 kb/s | 200 kb/s |
| 双向性 | 受限制/半双工 | 半双工 | 半双工 |
| 单日最大消息数 | 上行 140 条/下行 4 条 | 不限 | 不限 |
| 最大载荷长度 | 上行 12 bytes/下行 8 bytes | 243 bytes | 1600bytes |
| 覆盖范围 | 城市 10 km，郊区 40 km | 城市 5 km，郊区 20 km | 城市 1 km，郊区 10 km |
| 抗干扰 | 很高 | 很高 | 低 |
| 认证与加密 | 不支持 | 支持(AES 128b) | 支持(LTE 加密) |
| 数据速率自适应 | 否 | 是 | 否 |
| 切换 | 终端不只连接一个基站 | 终端不只连接一个基站 | 终端只连接一个基站 |
| 定位 | 是(RSSI) | 是(TDOA) | 否(R13) |
| 私有网络 | 不支持 | 支持 | 不支持 |
| 标准化 | SigFox 与 ETSI 协作完成 | LoRa-Alliance | 3GPP |

### 2. 服务质量(QoS)

SigFox 和 LoRa 采用未授权频谱和异步通信协议，可以克服干扰、多径和衰落的缺点，但不能提供与 NB-IoT 相同的 QoS。NB-IoT 采用已授权频谱和基于 LTE 的同步通信协议，并优化了 QoS，能提供电信级别的安全保障。对于那些需要保证服务质量的物联网应用，NB-IoT 是首选的，否则可以考虑为那些没有 QoS 限制的物联网应用选择 LoRa 或 SigFox。

### 3. 电池寿命和时延

为了减少能量消耗，延长设备寿命，在 SigFox、LoRa 和 NB-IoT 网络中的终端设备大部分时间处于休眠模式。然而 NB-IoT 的终端设备会因为同步通信和服务质量保证的处理而消耗更多能量，其 OFDM/FDMA 接入模式需要更多的峰值电流。因此与 SigFox 和 Lora 相比，这种额外的能量消耗缩短了 NB-IoT 终端设备的寿命。

NB-IoT 的同步通信机制使得它相对于另外两种技术有着低延迟的优点。C 类 LoRa 以增加能量消耗为代价来改善双向通信延迟。SigFox 则以设备端驱动式下行通信机制来确保极低的能量消耗，但必然带来较大的延迟。因此对于延迟不敏感且没有大量数据可发送的应用程序，SigFox 和 A 类 LoRa 是最佳选择。对于需要低延迟的应用程序，NB-IoT 和 C 类 LoRa 是更好的选择。

### 4. 可扩展性和有效载荷

支持海量设备是 LPWAN 技术的特点，因此也是 SigFox、LoRa 和 NB-IoT 都应该具备的关键功能。随着连接设备的数量和密度的增加，这些 LPWAN 技术通过有效地利用时间分集、空间分集以及频率分集确保网络的可扩展性。NB-IoT 允许每个小区连接多达 10 万的终端设备，而 SigFox 和 LoRa 也声称允许每个小区连接 5 到 10 万的终端设备。

在实际应用场景中，每种技术的基站或网关能支持的设备总数取决于基站类型、数据传输速率、无线网络环境等多方面的综合因素，通常需要经过真实网络环境的部署和实测来获取估计。

NB-IoT 还提供了最大有效载荷长度的优势。NB-IoT 允许传输高达 1600 字节的数据。LoRa 最多允许发送 243 字节的数据。相反，SigFox 建议最低有效负载长度为 12 字节，这限制了它在需要发送大数据量的各种物联网应用程序上的使用。

### 5. 网络覆盖距离

SigFox 的主要优势在于一个基站可以覆盖整个城市(即距离>40 千米)。在比利时，一个总面积约为 30 500 平方千米(仅相当于我国海南省)的国家，SigFox 网络部署覆盖了整个国家，只有 7 个基站。

相比之下，LoRa 的覆盖范围较小(即小于 20 千米)。在巴塞罗那需要三个基站就可以覆盖整个城市。

NB-IoT 的覆盖能力最弱(即范围<10 千米)，它主要关注的是那些安装在蜂窝网络弱覆盖区域(例如建筑物深处、室内深处)的设备。此外，NB-IoT 的部署仅限于有蜂窝通信基站覆盖的地方，因此它不适用于没有被传统电信网络覆盖的偏远地区。

### 6. 网络部署

SigFox 和 LoRa 的研究开发于 2010 年前后就已启动。经过多年经营，生态系统较为成熟，并正在多个国家和城市进行商业化。LoRa 目前已在 42 个国家部署，而 SigFox 已在 31 个国家部署，二者的全球扩张部署都在进行中。相比之下，NB-IoT 于 2015 年启动，第一版规范于 2016 年 6 月正式发布，因此需要额外的时间以建立部署 NB-IoT 网络。

LoRa 的一个显著优势是其灵活性。SigFox 和 NB-IoT 主要提供公共网络的部署，而 LoRa 除了通过部署基站进行公共网络部署外，还支持用 LoRa 网关提供本地网络部署(局域网部署)。例如在工业物联网应用场景中，可以采用混合操作部署的方式：在厂区内部署本地的 LoRa 网络，并利用公共的 LoRa 网络覆盖外部区域。

### 7. 成本

在成本方面包括频谱成本(授权许可)、网络/部署成本和设备成本。在 2017 年一些研究人员的估算显示，与 NB-IoT 相比，SigFox 和 LoRa 更具成本效益，如表 5-6 所示。

**表 5-6　LPWAN 网络成本对比**

| | 频谱成本 | 基础设施成本 | 终端成本 |
|---|---|---|---|
| SigFox | 免费 | 单基站高于 4000€ | 低于 2€ |
| LoRa | 免费 | 单网关高于 100€<br>单基站高于 1000€ | 3 到 5€ |
| NB-IoT | >500M€/Hz | 单基站高于 15 000€ | 高于 20€ |

不过由于 NB-IoT 技术是使用现成的蜂窝通信基础设施，可为运营商节省大量的固定投入。NB-IoT 得到各电信运营商以及高通、爱立信、华为等通信企业的强烈支持。综合考虑

成本和性能，针对 NB-IoT 提出的未来理想目标包括：终端设备成本低于 5 美金，耦合损耗 164 dB，上行链路延迟小于 10 秒，单个家庭支持 40 个设备连接，设备每天传输 200 字节数据量，电池续航时间达 10 年。

从不同的角度考虑，SigFox、LoRa 和 NB-IoT 各有优势。三种技术的性能对比描述如图 5-48 所示。

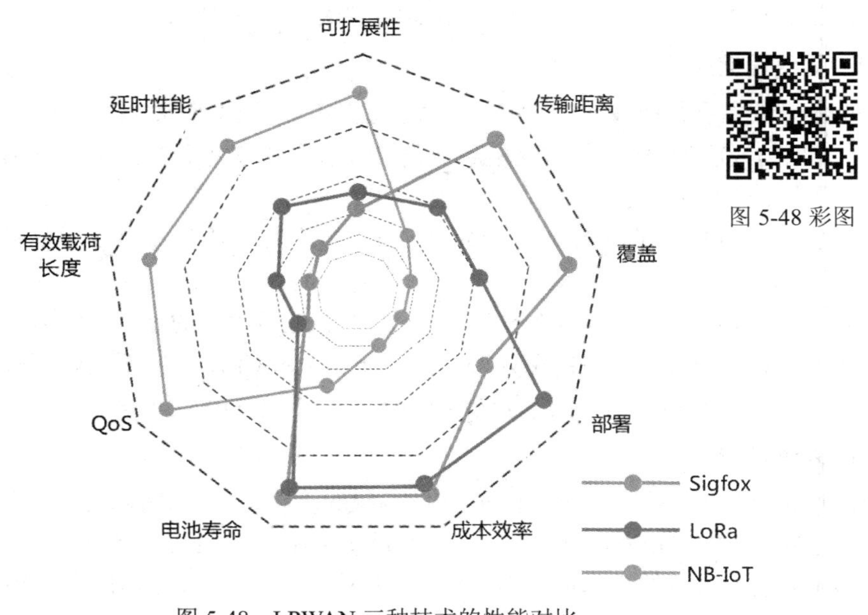


图 5-48　LPWAN 三种技术的性能对比

## 5.3.5　为物联网应用选择合适的 LPWAN

不论是哪一种技术，都处于发展的初步阶段，只有在实际可以大规模部署的情况下，相应的部署成本才会进一步降低。很多时候，为物联网部署选择 LPWAN 技术的出发点要出于商业上的综合考虑。要全面比较 LPWAN 技术，应不仅限于成本的比较，需要从多个角度入手分析。第一，对不同的应用程序的适应灵活性。第二，通信协议的安全性。第三，技术因素，包括覆盖范围、网络容量、双向通信能力、抗干扰能力等。第四，网络部署成本、终端设备成本、电池成本等。第五，解决方案商业模式的灵活性。第六，终端设备的可用性对网络部署的投资回报率的影响。

考虑到 SigFox、LoRa 和 NB-IoT 在技术以及物联网服务性能上的各种差异，各自存在优势和劣势，没有任何一种 LPWAN 技术可以普适于所有的物联网应用场景，它们都应该在物联网市场上占有一席之地。针对不同的物联网应用，应根据具体情况具体分析，选择最合适的 LPWAN 技术。

### 1. 电能计量

在电能计量市场，通常需要频繁通信、低延迟和高数据速率的解决方案。通常情况下，由于电能表具有连续电源，因此它们既不需要低能耗，也不需要较长的电池寿命。此外，公司需要实时的电网监控来做出即时决策，例如在负载、停机和中断场景。因此，SigFox

不适合此类应用，因为它的延迟性能不理想。相反电能表可以使用 C 类 LoRa 进行设置，以确保非常低的延迟。NB-IoT 则可能是更好的选择，因为它能保证较高的数据速率和频繁的通信。考虑到电表通常位于人口稠密地区的固定位置，故很容易保证蜂窝通信网络的覆盖，从而确保 NB-IoT 可以被部署。

### 2. 智慧农场

在农业应用中，传感器设备需要有较长的电池寿命。温度、湿度和碱度传感器的使用可显著降低耗水量，提高作物产量。设备每小时更新几次感知数据即可，因为环境条件在这个时间长度内一般不会有较根本的改变，因此 SigFox 和 LoRa 是此类应用的理想选择。此外，如果农场位置过于偏远，并没有蜂窝网络的覆盖，则也无法利用 NB-IoT 技术。

### 3. 智慧工厂

在智慧工厂的场景中，常通过对机械设备的实时监控了解工业生产线运转情况，并支持远程控制以提高生产效率。这样的场景下，存在各种类型的传感器以及相关的通信要求。对那些需要频繁通信和高质量服务的应用，NB-IoT 是最好的选择。对那些通常使用低成本低功耗传感器来进行资产跟踪和状态监控的应用而言，SigFox 和 LoRa 是更好的解决方案。总之，应该根据具体的应用场景评估需求，选择最合适的 LPWAN 技术解决方案或多种 LPWAN 技术的混合解决方案。

### 4. 智慧建筑

在智慧建筑的应用场景中，温度、湿度、安全性、水流和电插头传感器可以帮助完成资产状态实时在线监控，提醒酒店管理人员防止公物的损坏或破坏，更高效率地完成建筑的清洁和维护。这类应用对实时性要求相对低，通信需求不频繁，传感器成本不能过高，并需要以电池供电从而避免频繁更换带来的成本增加，所以 SigFox 和 LoRa 更适合这类应用。

### 5. 智慧零售

用于智慧销售系统的终端设备有频繁通信的需求，需要保证服务质量。终端设备一般由电源持续供电，或以电池供电但更换方便，因此对低功耗不敏感、对电池寿命没有限制。同时，延迟过长会限制商店可以进行的交易数量，故对低延迟性能有要求。NB-IoT 更适合这一类应用。

### 6. 智慧物流

在物流行业，托盘追踪是一个高需求应用，主要用于确定货物位置和状态。对托盘追踪应用而言，较低的设备成本和较长的电池寿命是核心需求。可以采用 LPWAN 混合部署解决方案来支持托盘追踪应用。首先将低成本的物联网设备部署在车辆上。当车辆在物流公司外(运输途中)或货物到达客户地点时，可以使用 SigFox 或 LoRa 公共基站。在高速移动的运输途中，LoRa 和 NB-IoT 相比 SigFox 有更可靠的通信保障。在偏远地区，可能缺乏蜂窝通信的覆盖，NB-IoT 就无法发挥作用。综合考虑到低成本、长电池寿命和可靠的移动通信，LoRa 可能是一个不错的选择。

# 思　考　题

## 一、选择题

1. 在传输速度、传输距离以及广告容量方面，蓝牙 5.0 版本的功能改善可以归纳为(　　)。

A. 两倍速度、三倍距离、八倍广告消息容量

B. 两倍速度、四倍距离、八倍广告消息容量

C. 两倍速度、四倍距离、六倍广告消息容量

D. 三倍速度、四倍距离、八倍广告消息容量

2. iBeacon 基站基于低功耗蓝牙 BLE 向周边广播蓝牙信号，终端根据接收信号场强随距离衰减的模型计算探测到的与 iBeacon 基站的距离，并根据测距结果将终端靠近基站的程度区分为(　　)。

A. 近距、远距共两个范围等级

B. 贴近、近距、远距、超远距四个范围等级

C. 贴近、近距、远距三个范围等级

D. 近距、远距、超远距三个范围等级

3. ITU 针对 5G 网络新增了(　　)四个关键能力指标。

A. 峰值速率、移动性、时延、频谱效率

B. 用户体验速率、移动性、时延、频谱效率

C. 峰值速率、连接数密度、流量密度和能效

D. 用户体验速率、连接数密度、流量密度和能效

4. 有关 LPWAN 技术，以下表述中，正确的是(　　)。

A. LoRa 使用六个扩展因子在数据速率和传播范围之间做权衡。扩展因子越高，距离越长，数据传输速率越高

B. SigFox 使用六个扩展因子(SF7 到 SF12)在数据速率和传播范围之间做权衡。扩展因子越高，距离越长，数据传输速率越低

C. LoRa 使用六个扩展因子(SF7 到 SF12)在数据速率和传播范围之间做权衡。扩展因子越高，距离越长，数据传输速率越低

D. NB-IoT 使用六个扩展因子(SF7 到 SF12)在数据速率和传播范围之间做权衡。扩展因子越高，距离越长，数据传输速率越低

5. 有关 SigFox 技术，以下表述中，正确的是(　　)。

A. SigFox 使用超窄带无线技术，频带仅为 180 kHz，可以 100 kb/s 或 600 kb/s 的速度传输数据

B. SigFox 使用超窄带无线技术，频带仅为 100 Hz，可以 100 b/s 或 600 b/s 的速度传输数据

C. SigFox 使用超窄带无线技术，频带仅为 100 kHz，可以 200 kb/s 或 600 kb/s 的速度传输数据

D. SigFox 使用超窄带无线技术，频带仅为 100 Hz，可以 200 b/s 或 600 b/s 的速度传输数据

6. 下列主流 LPWAN 技术中，具有电信级别安全保障的技术是(　　)。

A. LoRa　　B. SigFox　　C. NB-IoT

7. 有关 NB-IoT 技术，如下表述中，正确的是(　　)。

A. NB-IoT 的下行和上行数据速率分别被限制为 20 kb/s 和 200 kb/s。每条消息的最大有效负载大小为 1600 字节

B. NB-IoT 的下行和上行数据速率分别被限制为 200 kb/s 和 20 kb/s。每条消息的最大有效负载大小为 24 字节

C. NB-IoT 的下行和上行数据速率分别被限制为 200 kb/s 和 20 kb/s。每条消息的最大有效负载大小为 1600 字节

D. NB-IoT 的下行和上行数据速率分别被限制为 200 kb/s 和 20 kb/s。每条消息的最大有效负载大小为 254 字节

8. NB-IoT 支持三种省电模式：不连续接收模式(DRX)、扩展不连续接收模式(eDRX)、省电模式(PSM)。这三种模式的耗电情况排序为(　　)。

A. DRX>eDRX>PSM　　B. PSM>eDRX>DRX

C. PSM>DRX>Edrx　　D. DRX>PSM>eDRX

9. 有关 NB-IoT 的省电模式，以下说法中正确的是(　　)。

A. DRX 模式只在寻呼时间窗口内按照 DRX 周期监听寻呼信道、接收下行数据，其余时间处于休眠状态，不接收下行数据。

B. 在 eDRX 模式下，下行业务随时要被终端设备接收，终端会在每个 DRX 周期检测是否有下行业务，适用于对时延要求较高的业务。

C. 在 PSM 模式下，终端始终维持注册在网的状态，只有终端主动发送上行数据时，才会接收缓存的下行数据，其他非业务时间处于休眠状态。

D. eDRX 模式适用于对时延要求较高的业务。

10. 以下短距离通信技术中，要从睡眠转入工作状态，响应速度最快的是(　　)。

A. WiFi　　B. ZigBee　　C. Blue Tooth

11. 以下 LPWAN 技术中，传输带宽最窄的是(　　)。

A. LoRa　　B. SigFox　　C. NB-IoT

12. 以下 LPWAN 技术中，在发送大数据量的物联网应用上最有优势的是(　　)。

A. LoRa　　B. SigFox　　C. NB-IoT

13. (　　)是新型无载波无线通信技术，利用纳秒至微秒级的非正弦波窄脉冲传输数据。

A. WiFi　　B. ZigBee　　C. UWB　　D. NFC

14. 用 NFC 设备模拟银行卡或者车票，NFC 设备的正确操作模式应当为(　　)。

A. 阅读器模式　　B. 对等模式　　C. 无线充电模式　　D. 卡模拟模式

15. 以下 LPWAN 技术中，(　　)对单日最大消息数有限制。

A. LoRa　　B. SigFox　　C. NB-IoT

16. 蓝牙设备在通信连接状态下，有四种工作模式：激活(Active)、呼吸(Sniff)、保持(Hold)和休眠(Park)。其中，(　　)属于低功耗工作模式。

A. 激活　　B. 呼吸　　C. 保持　　D. 休眠

17. Zigbee 组网的网络角色有三种——协调器(ZC)、路由器(ZR)、终端(ZED)。其中，通常需要主电源常供电的网络角色包括(　　)。

A. 协调器(ZC)　　B. 路由器(ZR)　　C. 终端(ZED)

18. 以下有关 LiFi 技术的表述，错误的是(　　)。

A. LiFi 专注于低速率传输类物联网应用的需求

B. LiFi 技术是照明和通信的深度耦合，光照明的同时就能传输信号，为通信的目的所消耗的功率不到发光功率的 5%

C. LiFi 接收机白天难以在户外正常工作

D. LiFi 技术也可以用于室内精确定位

19. 在三大主流 LPWAN 技术中，工作在非授权频段的技术是(　　)。

A. SigFox　　B. NB-IoT　　C. LoRa　　D. LiFi

20. 以下有关 NFC 技术的叙述，说法正确的包括(　　)。

A. 相比蓝牙、WiFi 和 ZigBee 等技术，NFC 设备之间配对过程简单，连接更快

B. 利用 NFC 技术进行手机支付时，作为 NFC 设备的手机工作在阅读器模式

C. 起用设备的 NFC 功能会明显减少设备的电池运行时间

D. NFC 技术可以为小型物联网设备充电

21. LoRaWAN 网络通过自适应数据速率和多通道多调制收发来实现较大的网络容量，能够影响 LoRa 网络容量的关键因素包括(　　)。

A. 并发信道的数量　　B. 空口数据传输速率

C. 有效载荷长度　　D. 节点发送频率

**二、判断题**

1. iBeacon 是苹果公司在 iOS7 版本所发布的新特性，是基于 WiFi 技术实现。(　　)

2. iBeacon 是苹果公司在 iOS7 版本所发布的新特性，因此，只有苹果操作系统 ios 支持 iBeacon。(　　)

3. 与蜂窝协议不同，SigFox 终端设备和 LoRa 终端设备都无需连接到特定的基站。(　　)

4. NB-IoT 终端设备可以工作在全双工模式，可以同时接收和发送数据。(　　)

5. RFID 主要用于 10 cm 以内的近距离私密通信，而 NFC 的传输范围达到几米到几十米。(　　)

6. NFC 支持读卡器和标签之间的通信，不支持读卡器之间直接进行通信。(　　)

7. 要实现 LiFi 的数据双向传输，LiFi 的上行链路通信(用户终端到 LiFi 热点)以及下行链路通信(LiFi 热点到用户终端)通常都是依赖可见光通信实现。上下行传输的速率基本相当。(　　)

8. LPWAN 技术中，NB-IoT 可以支持全双工，LoRa 和 SigFox 只能支持半双工。(　　)

9. 异步通信机制会带来低延迟优势，同步通信机制会带来低功耗优势。(　　)

10. 和 ZigBee 适合传感控制类应用不同，Z-Wave 比较适合音频或视频等需要较高数据速率的集约式带宽应用。(　　)

11. Z-Wave 会受到在 2.4 GHz 工作的 WiFi、蓝牙和 ZigBee 等无线电系统的干扰。(　　)

12. 在星型组网的 LoRaWAN 网络中，节点需要频繁被“唤醒”，以保证与网络的同步并检查消息。(　　)

13. SigFox 的下行链路的连接服务由 SigFox 基站或网关来驱动。(　　)

14. GPRS 要达到和 NB-IoT 相同程度的通信覆盖范围，需要更大的发射功率。(　　)

## 三、填空题

1. 蓝牙 5.0 标准相对于之前版本的功能改善可以归纳为三点：_____、_____、_____。对应这三点功能的增强，可以挖掘潜在的物联网应用。

2. 低功耗蓝牙中，设备可以运行的三种主要状态包括_____、_____或_____。

3. ZigBee 组网模式包括_______、_______和_______。网络角色也有三种：_______、_____和_____。

4. 在一个有 8 个 LiFi 集成灯的房间中，每个灯传输数据速率为 42 Mb/s，则房间的总无线容量可以达到_____Mb/s。

5. NB-IoT 支持_____、_____和_____三种覆盖类别。其中，_____类对应极低的接收功率水平，_____类对应相当高的接收功率水平。

## 四、简答题

1. 从蓝牙 5.0 的功能增强的角度，阐述蓝牙技术在物联网的应用。
2. 简述 ZigBee 的三种组网模式。
3. 简要说明 UWB 技术的特点。
4. 简述 LiFi 技术实现双向传输的难点。
5. 作为适合智能家居的近距离无线技术，试阐述 Z-Wave 不如 ZigBee 流行的原因。
6. 简述 NFC 设备的六种操作模式及适用场景。
7. 简述 5G 网络新增的四个关键能力指标。
8. 简述 LoRa、SigFox 及 NB-IoT 在网络覆盖距离上的区别。
9. 简述 LoRa、SigFox 及 NB-IoT 在有效载荷上的区别。

# 第 6 章

# 物联网的计算

硬件处理单元(例如微控制器、微处理器、片上系统 SOCs、FPGAs)和软件程序可以看作是物联网的“大脑”，它们决定了物联网的计算能力。从传统来看，“计算”这一技术要素涉及物联网硬件平台、物联网操作系统、介于物联网操作系统和各种物联网应用程序之间的中间件技术等。此外，物联网将从多个应用领域生成海量数据，为了有效应对大数据的存储、处理和检索机制，分布式计算技术开始兴起，也成为计算要素不可或缺的组成部分。

## 6.1 物联网硬件平台

物联网的硬件平台

针对物联网应用，硬件平台是初期设计流程中必不可少的部分，物联网应用程序的运行需要依托硬件平台。人们已开发了各种开源或封闭式的物联网硬件平台，本书对 Arduino、树莓派、LinkIt ONE 这三款比较有名的开源硬件平台做简要介绍。

### 6.1.1 Arduino

Arduino 于 2005 年始诞生于 Ivrea 交互设计研究所，是一个基于易于使用的软硬件的开源电子平台，适用于任何需要互动的项目的设计，可以帮助人类更加充分的感知和控制物理世界。Arduino 的要素包括基于一系列单片机电路板的开源物理计算平台、用于 Arduino 和 Genuino 开发板的软件开发环境以及一个拥有活跃开发者和用户的社区。

Arduino 很适合用于开发交互式物体，它的电路板能接受来自各类开关或传感器的输入(这些输入可以是传感器上的光、按钮上的手指或一条社交网站的信息)，并能将读取到的输入转换为输出，用输出信号去控制各类装置，如激活马达、打开 LED、在线发布内容等操作。Arduino 平台支持通过向板上的微控制器发送一组指令来告诉板子需要做什么。Arduino 可以单独运行，也可以与计算机上运行的创意设计类专业软件如 Processing 和 MaxMSP 来配合使用。使用者可以手动组装简单的开发板或购买预装的整套开发板，还可以免费下载开源 Arduino 软件(IDE)。

Arduino 平台使用 Arduino 编程语言和 Arduino 软件(IDE)。Arduino 软件(IDE)已经能

支持由英特尔和三星等公司制造的众多核心板和开发板。

在诞生之初，Arduino 主要面向没有电子和编程背景的学生和设计人员，为其提供能快速进行原型(Prototype)制作的易用性工具。随着 Arduino 的不断发展，在 Arduino 开源平台的周围逐渐形成了由各类创客组成的世界性学习社区。这些创客包括学生、业余爱好者、艺术家、程序员和专业人士，他们共同成为社区内容的提供者，为 Arduino 社区提供了大量可免费访问的 Arduino 相关知识，对基于 Arduino 的项目开发提供帮助。在 Arduino 社区的推广下，Arduino 板不再仅限于产品原型制作，开始改变以适应新的需求和挑战。Arduino 产品的种类进一步拓展，从简单的 8 位板到适用于物联网应用、可穿戴、3D 打印和嵌入式环境的产品，以满足各类应用的需求。Arduino 板完全开源，允许用户独立地创意和构建，以适应特定应用的需求。Arduino 软件同样开源，可以通过全世界开发者的贡献不断发展和成熟。

Arduino 能在 Mac、Windows 和 Linux 上运行，提供简单易用的用户体验，故而成为诸多项目应用开发的选择。学生、业余爱好者等初学者容易上手，对专业设计人员、程序员等高级用户来说也足够灵活。Arduino 工具包会给出详尽的分步骤指导，供开发者学习调试。在教育领域，教师和学生基于 Arduino 搭建低成本的科学仪器，或者用于机器人项目编程。在设计领域，设计师和建筑师基于 Arduino 来搭建可以互动的产品原型。在艺术领域，音乐家和艺术家将 Arduino 用于新型乐器的安装和调试。在创意发明领域，创客利用 Arduino 构建许多新颖的项目和产品。

Arduino 将大量烦琐的微控制编程细节封装，大大简化了单片机工作流程，和市场上其他用于物理计算的单片机平台相比，具备很多独特优势，如表 6-1 所示。

**表 6-1 Arduino 相较于其他平台的独特优势**

| | 优 势 描 述 |
|---|---|
| 成本低 | Arduino 模块支持手工组装和预组装，成本低(2 至 50 美金) |
| 多操作系统支持 | Arduino 软件(IDE)支持 Windows、Macintosh OS X 和 Linux 操作系统 |
| 编程简易 | Arduino 的编程环境易于初学者使用，同时对高级用户来讲也足够灵活<br>以 Processing 编程环境为基础，可与 Processing、MaxMSP 等协作 |
| 软件开源可扩展 | Arduino 软件(IDE)作为面向对象的开源编程工具，可以基于 C++库以及 AVR 单片机的 C 语言进行扩展开发 |
| 硬件开源可扩展 | Arduino 以 ATMEL 公司的 8 位单片机和 32 位单片机为硬件基础，其开发板遵循“知识共享许可协议”开源发布，可供电路设计人员理解内部原理，进行深度扩展开发 |

有关 Arduino 产品和解决方案的详细情况，可以在官方网站以及中文社区找到更多资料。

### 6.1.2 树莓派(Raspberry Pi)

树莓派(Raspberry Pi，RPI)是英国的教育慈善机构树莓派基金会主导推动研发的系列小型单板计算机。早期电脑公司常常以水果命名，最著名的就是美国的苹果公司，还有一些不太出名的如英国的红杏电脑(Apricot Computers)和橘子电脑(Tangerine Computer

Systems)。“Raspberry”是出于对这些公司的致敬，如图6-1所示。“Pi”的意思是指树莓派支持运行Python编程语言。

图6-1 树莓派以水果命名致敬早期电脑公司

树莓派基金会成立于2008年，基金会主导推动了树莓派项目立项。项目建立的原始动机出于对学生学习计算机科学的兴趣逐渐下降的担忧，其目的是开发出低功耗、低成本、方便在教室使用的微型计算机系统，并为学生配套提供简单易学、充满趣味的计算机编程教学，以促进学校和发展中国家的基础计算机科学教学。然而随着树莓派的发展和成熟，这一即用型嵌入式开发平台渐渐被世界各地开发者用来验证产品设计原型，以构建最终的产品，更被不少企业级客户关注和青睐，其中不乏IBM、微软这样的大型企业级客户。事实上，树莓派就是一台功能完整的计算机，特别适合被工业工程师广泛应用于原型设计和概念的验证，尤其适用于物联网开发、工业自动化的控制应用开发、机器人/消费类电子开发等。

确切的说，树莓派是一款基于ARM(Advanced RISC Machine，进阶精简指令集机器)架构的微型电脑主板。树莓派将计算机的必要组件集成在一个由CPU、内存、I/O端口及辅助内存组成的芯片上。树莓派还拥有HDMI高清视频输出接口、3.5 mm模拟音频/视频接口、USB 2.0接口(4个)、以太网接口、摄像机串行接口和显示串行接口。树莓派3代还内置了蓝牙和WiFi模块，能用于无线数据传输和连接以太网。USB接口能连接键盘鼠标等外设。树莓派还能经由5.1 micro USB接口和USB接口供电。这些部件被整合在一张仅比信用卡稍大的主板上，如图6-2所示，具备电脑必备的基本功能。我们只需接通显示器和键盘，就能执行如电子表格、文字处理、玩游戏、播放高清视频等诸多功能。作为一款功能完整且接口丰富的单板计算机，树莓派能大大降低产品开发难度和开发成本、缩短产品上市时间，为企业研发带来切实的便利和商业效益。

图6-2 树莓派主板尺寸近似信用卡

2012年2月19日，第一款树莓派产品RPI Model A上市，这个版本有256 MB的RAM，可以运行于基于Linux的桌面操作系统，配有一个USB端口，没有以太网口。树莓派产品的命名系统有两种：按模型命名和按代际命名。按模型命名，目前有ModelA、ModelA+、ModelB、ModelB+。按代际命名，有Pi 1、Pi 2、Pi 3、Pi 4。其中Pi 1为2012～2014年模型，Pi 2 为 2015 年模型，Pi 3 为 2016 年模型。Pi 4 为 2019 年模型，如图 6-3 所示。树莓派产品价格低廉，官网给出的各代际产品售价如表 6-2 所示。

**表 6-2 树莓派产品参考售价**

| 模型(上市时间) | 售价 |
|---|---|
| Pi 1 Model B (2012) | $35 |
| Pi 1 Model A (2013) | $25 |
| Pi 1 Model B+ (2014) | $35 |
| Pi 1 Model A+ (2014) | $20 |
| Pi 2 Model B (2015) | $35 |
| Pi Zero (2015) | $5 |
| Pi 3 Model B (2016) | $35 |
| Pi Zero W (2017) | $5 |
| Pi 3 Model B+ (2018) | $35 |
| Pi 3 Model A+ (2019) | $25 |

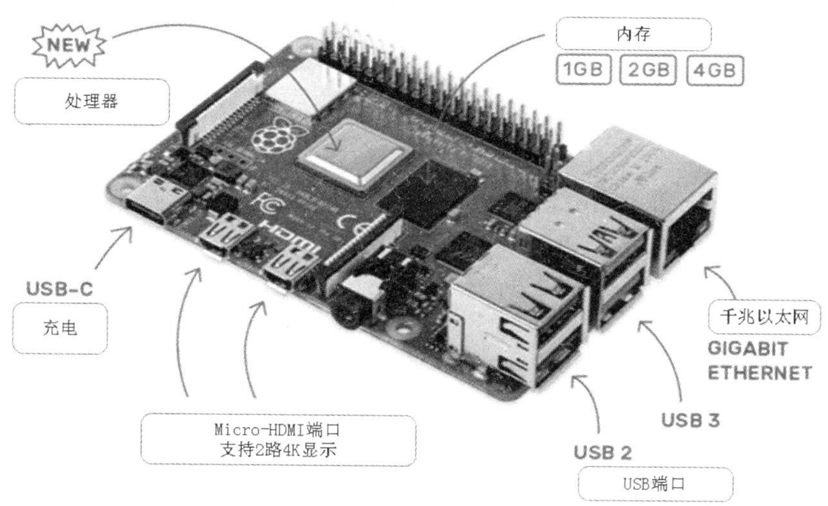


图 6-3 2019 年树莓派 Raspberry Pi 4 模型

Raspberry Pi 4 的技术指标如表 6-3 所示。

**表 6-3 树莓派 Raspberry Pi 4 的技术指标**

| | |
|---|---|
| 处理器 | Broadcom BCM2711, quad-core Cortex-A72 (ARM v8) 64-bit SoC@1.5 GHz |
| 内存 | 1GB/2GB/4GB LPDDR4 |
| 连接性 | 2.4 GHz 及 5 GHz 802.11b/g/n/ac WLAN<br>Bluetooth 5.0, BLE<br>Gigabit Ethernet<br>2xUSB 3.0<br>2xUSB 2.0 |
| GPIO | Standard 40-pin GPIO header(与旧版兼容) |

续表

| | |
|---|---|
| 视频和音频 | 2xmicro HDMI ports<br>2-lane MIPI DSI display port<br>2-lane MIPI CSI camera port<br>4-pole stereo audio and composite video port |
| 多媒体 | H.265<br>H.264<br>OpenGL ES, 3.0 graphics |
| SD 卡 | Micro SD，支持加载操作系统及数据存储 |
| 输入功率 | 5V DC via USB-C (minimum 3A)<br>5V DC via GPIO header (minimum 3A)<br>PoE-enabled (需 separate POE HAT) |
| 工作环境 | 0～50℃ |
| 生产制造周期 | 至少到 2026 年 1 月 |

Raspberry Pi Zero 是史上最小的树莓派，如图 6-4 所示，其大小约为 Pi 4 的一半，虽然没有 Pi 4 那样强大的处理器，但是它尺寸小特别适合可穿戴设备这样的嵌入式项目，因为在小尺寸嵌入式项目中，空间非常宝贵。作为入门级树莓派产品，售价仅为 5 美金。配备 WLAN 和 Bluetooth 的 Raspberry Pi Zero 售价也仅为 10 美金。Pi Zero 的基本技术指标如表 6-4 所示，该版本相对普通版的树莓派产品，音效功能、以太网口等都被简化掉了。

图 6-4　树莓派入门级 Raspberry Pi Zero

**表 6-4　树莓派 Raspberry Pi Zero 基本技术指标**

| | |
|---|---|
| 处理器 | Broadcom BCM2835 1GHz ARM11 core 单核处理器 |
| 内存 | 512MB LPDDR2 SDRAM |
| SD 卡支持 | Micro-SD 卡插槽 1 个 |
| 视频支持 | 用于 1080p 60 视频输出的 mini-HDMI 插槽 1 个<br>Unpopulated 复合视频头 1 个 |
| 数据和电源支持 | 用于数据和电源的 Micro-USB 接口 1 个 |
| 通用型输入输出 GPIO | Unpopulated 40-pin GPIO header 1 个 |
| Pinout | 与 Model A+/B+/2B 相同 |
| 尺寸 | 65 mm × 30 mm × 5 mm |

和 Arduino 相似，树莓派也有很强大的社群支持。创客们自发建立了围绕树莓派的各类社群，以有针对性进行知识和应用开发的分享交流。

### 6.1.3 Media Tek LinkIt ONE

LinkIt ONE 是联发科(Media Tek)推出的一款物联网套件，这是一个物联网设备原型设计开发平台，提供近似于 Arduino 的硬件和 API ，让开发人员可以基于创意研发设备原型，快速验证设计功能。LinkIt ONE 硬件配置基于联发科技 MT2502A 系统单芯片，支持各种通行的通信与多媒体功能，如 GSM、GPRS、卫星导航系统(Global Navagation Satellite System，GNSS)、WiFi、蓝牙、SD 卡和 MP3/AAC 音频等。LinkIt ONE 开发板拥有与 Arduino 基础开发板类似的引脚，可以连接许多不同的周边组件。LinkIt ONE SDK 软件开发环境提供开发者熟悉的 Arduino 环境和简单易用的工具，让初学者能轻松进行开发。

LinkIt ONE 开发板能够与各种仿真、数字传感器及控制器连接，支持将所需的周边硬件添加到设备。利用 LinkIt ONE 开发平台，开发者可以构建控制物联网设备的应用软件以及相应的硬件产品原型，如图 6-5 所示。

图 6-5　LinkIt ONE 开发板和 AWS IoT Starter Kit

AWS IoT Starter Kit 是一个工具套件包，包括 LinkIt ONE 开发板、电池和天线以及多种 Grove 感应器。开发者可以使用 AWS IoT Starter Kit 并结合 AWS 提供的云计算服务来实现穿戴式物联网概念原型设计，装置的数据被传输至 AWS 云服务。AWS(Amazon Web Services)是亚马逊公司旗下的专业云计算服务平台。

套件提供的 Grove 传感器可以收集数据，并和周边配件例如显示屏幕配合，使装置数据可视化，再经由安全的 MQTT(MQTT 是一种基于发布/订阅的应用层通讯协议)连接，以确保安全的 AWS 云计算服务。这种 AWS 云计算服务能为整个物联网业务提供灵活性、可扩展性以及基于计算用量付费的便利。

## 6.2 物联网操作系统

物联网的操作系统

所谓操作系统，就是直接运行在硬件资源上的最基本的系统软件。一个操作系统包含多种组件，内核(kernel)、工具软件(utility software)和系统外壳(shell)是必备的。其中内核是操作系统最重要的组件，它是负责管理系统所有活动，并授予其他软件和用户执行操作的权限的软件。操作系统充当了应用程序(用户)和硬件之间的“中介”。传统的操作系统是为工作站和个人电脑设计的，这些设备通常拥有强大的资源和能力。

物联网所连接的“物”，通常可以定义为基于微控制器的嵌入式设备，它可以发送和接收信息。这样的“物”(设备)，一般都具有低功率、低内存、资源受限的特点。针对这样的物联网设备，老式操作系统并不合适，而应有取而代之的更为高效的操作系统，能在传感器或嵌入式设备激活时间内都处于运行状态，以更好的管理和利用有限的资源。这样的操作系统应该具备内核(Kernel)、联网(networking)、实时(Real-time)和安全功能等，使得物联网硬件设备具有良好的灵活性。针对小型设备的操作系统，还应该有适合的资源管理服务，对处理器也应该有合适的调度策略，使设备可以在严格的内存及功耗限制下多线程运行、低功耗运行。

在手机操作系统的领域，呈现出 Android 和 iOS 两家独大的局面，而在物联网体系中，却不是一两种操作系统就能支持所有的物联网设备。操作系统比较分散，呈现出了“山头林立”的局面。造成如此局面的原因是多方面的。从应用的角度来说，不同的物联网应用对性能指标的需求大相径庭，由此带来网络架构及硬件平台支撑需求的各不相同。从设备的角度来说，物联网设备通常功能受限，存储容量小、内存小、计算能力薄弱，有的靠电池驱动，需要工作数月甚至几年才能更换电池续电。但与此同时，随着物联网的持续发展，设备功能正向着更智能的方向发展，如需要监控多个输入、向网关等设备更新事件、接收网关等设备发来的指令并执行、设备和设备之间的彼此通信、信息共享和协同决策等，设备需要完成的工作变得更加复杂。在不同的应用领域都采用同一个能适应各类异构化的物联网设备的物联网操作系统几乎是不可能的。

较为著名的物联网操作系统包括 Contiki、TinyOS、LiteOS、RIOT 以及 Android Things，可从支持语言、最小存储、是否支持事件驱动编程、是否支持多线程、是否支持动态内存几个方面对比其特点，如表 6-5 所示。可以看到，物联网操作系统普遍支持极低内存运行，这意味着物联网设备无需配备高内存以运行操作系统。此外，支持事件驱动编程意味着操作系统的控制依赖于设备从周围环境接收到的事件。例如，在智慧建筑中的传感器设备常需要测量温度、湿度或其他代表空气质量的参数。当温度高于或低于某个水平，事件被触发，操作系统能控制空调设备使温度回归正常水平。

**表 6-5　适用于物联网的各种操作系统对比**

| 操作系统 | 语言 | 最小内存 | 事件驱动编程 | 多线程 | 动态内存 |
|---|---|---|---|---|---|
| TinyOS | nesC | 1 kb | 支持 | 部分支持 | 支持 |
| Contiki | C | 2 kb | 支持 | 支持 | 支持 |
| LiteOS | C | 4 kb | 支持 | 支持 | 支持 |
| Riot OS | C/C++ | 1.5 kb | 不支持 | 支持 | 支持 |
| Android Things | Java | — | 支持 | 支持 | 支持 |

基于物联网设备的功能和性能表现，可以将物联网操作系统分两大类，如图 6-6 所示。一类是适用于高端物联网设备的操作系统，如谷歌的 Android things、树莓派官方操作系统 Raspbian 和嵌入式操作系统 uClinux，这类操作系统通常基于传统的 Linux OS 实现。高端物联网设备包括类似于树莓派这样的单板机。另一类是适用于低端物联网设备的操作系统

(又细分为基于 Linux 的系统和非 Linux 系统)，TinyOS、Contiki、LiteOS 及 Riot OS 都属于这一类，低端物联网设备的一个典型例子就是 Arduino。

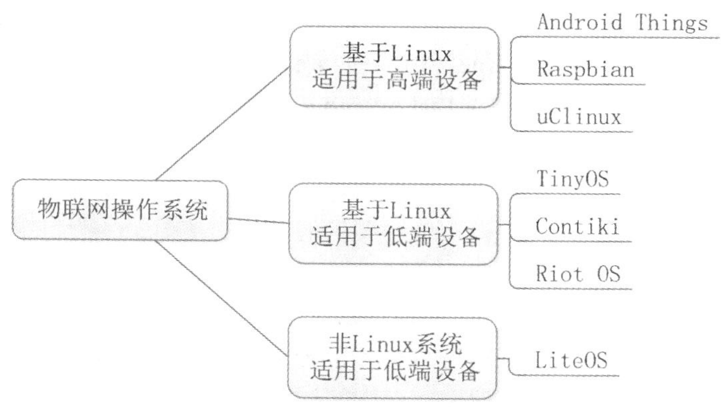


图 6-6　物联网操作系统的分类

本书重点介绍最常用和先进的开源物联网操作系统，这些实时操作系统是开发物联网应用程序的理想选择。微软的 Windows 10 for IoT 和苹果的 iOS 并非开源操作系统，本书不予介绍。

### 6.2.1　物联网操作系统的要素

物联网操作系统的关键要素主要包括架构和内核模型、编程模型、调度、内存管理、网络协议、模拟器、安全性、功耗、多媒体支持九个方面，如图 6-7 所示。不论是操作系统的设计者，还是选择合适的操作系统进行物联网应用程序的开发，都有必要对物联网操作系统的关键设计要素有所了解，掌握综合对比的优缺点，为研究和开发工作提供支撑。

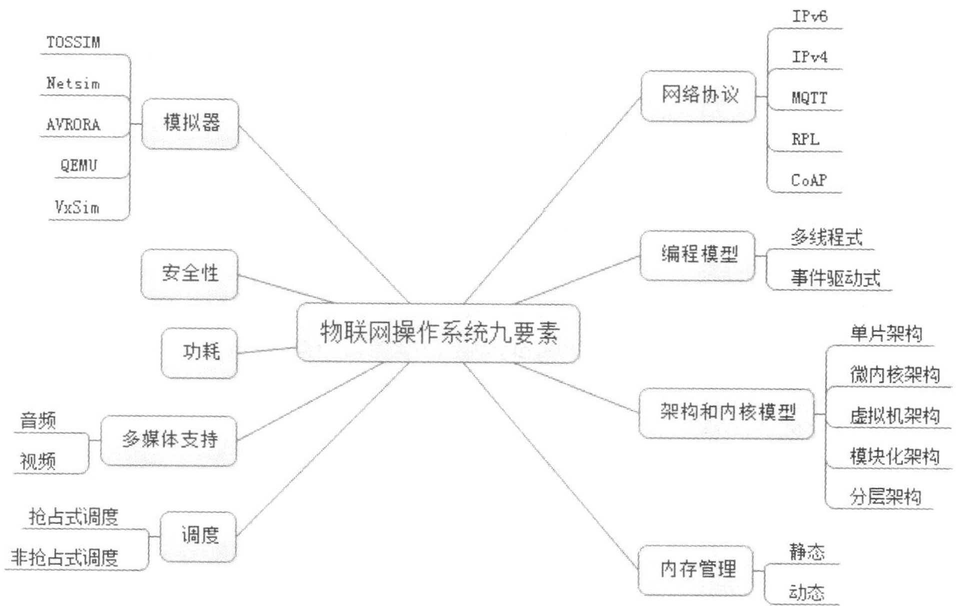


图 6-7　物联网操作系统九要素

### 1. 架构和内核

操作系统的体系架构对其核心软件组件——内核的大小及运作机制(如何向应用程序提供服务)有决定性的影响。操作系统主要有五种标准架构：单片架构(Monolithic Architecture)、微内核架构(Microkernel Architecture)、虚拟机架构(VM Architecture)、模块化架构(Modular Architecture)和分层架构(Layered Architecture)。

单片架构不遵循特定的架构，在内核空间里工作。采用单片架构的内核会在最底层做各种计算机处理操作，包括访问输入输出设备、内存、硬件中断、中央处理器堆栈、文件系统和网络协议等。相对于其他内核，单片架构的内核有更好的吞吐量，但由于其所有组件都放在一起，造成其功能相对复杂、灵活性差，若任何程序组件修改，就意味着整个程序都必须重新编写，这可能会带来系统的崩溃。

微内核架构模型分为多个独立的进程，一部分进程在内核空间中运行，另一部分在用户空间中运行。微内核架构仅提供调度、进程间通信和同步这样的操作系统不可或缺的主要功能。其他操作系统的功能，如设备驱动及系统库都在微内核架构外的线程中运行。微内核架构的灵活性很好，允许向核心应用程序添加插件以实现附加功能，以高效方便地提供可扩展性。

虚拟机架构允许在操作系统上运行操作系统，从而能实现更好的软件可移植性和灵活性。在虚拟机架构的操作系统上运行的操作系统被称为 Guest OS，被运行在原 OS 上的虚拟机监视器(Hypervisor，又称作 VMM)监控管理。虚拟机的实现依靠真实硬件机器和虚拟软件。虚拟机监视器通过特定的接口，为操作系统提供对硬件资源的访问。虚拟机架构的优点是灵活的可一致性，缺点在于较低的系统性能。

模块化架构支持在运行状态下动态地更换或添加内核组件。在模块化架构操作系统的内核中，多种具有相似功能的组件被分别放置在独立的文件中，方便配置处理，以实现不同类型的功能。

分层架构包括若干层，从底层硬件层到高层用户界面层。分层架构容易理解和管理，可靠性较好。它的缺点在于灵活性差，不同的层要有较为适当和明确的定义，并进行精心的规划。

### 2. 编程模型和开发环境

开发软件时所选用的编程模型可以分为两种：多线程编程和事件驱动编程。在物联网中，设备通常资源受限，事件驱动的编程模型比多线程编程模型更为适合。

对于应用程序开发者来说，通常可使用适用于操作系统的软件开发工具包(SDK)作为软件框架，与各类微控制器、传感器等物联网设备交互。作为建立应用程序的软件开发工具集合，SDK 包括一组库，并提供标准的应用程序编程接口(API)，方便软件开发和现有软件移植。

### 3. 调度策略

为支持用户不同的优先级和交互程度，操作系统的调度策略非常关键，并与系统满足实时需求的能力密切关联。调度算法可以分为两类：基于优先级的调度算法和基于非优先级的调度算法。基于优先级的调度算法又分为抢占式调度策略和非抢占式调度策略。抢占式调度器总是选择运行优先级最高的任务，即便有其他任务正在运行也可能会被中断。非抢占式调度器不支持抢占，进程一旦运行不能被中断，必须等待优先级更低的任务在处理器中运行完毕。

### 4. 内存管理

传统操作系统中，内存管理是指内存资源的分配和释放方法，包括静态内存管理和动态内存管理。静态内存管理方法非常简单，但无法支持运行过程中的内存分配，灵活性差。动态内存管理方法能支持运行过程中内存的分配和释放。一个好的操作系统，能够使用最小的内存占用来提供最佳的性能，包括有效的内存管理性能。功能受限的物联网设备对操作系统的内存管理能力很敏感，较复杂的操作系统无法直接用于物联网设备。

### 5. 通信和网络协议

物联网设备可以直接连入互联网，也可以先通过网关构成局域网，再间接经网关接入互联网。为了达到这样的目的，涉及各类通信技术和网络协议，需要根据数据传输速度、安全性、功耗等因素选择最合适的方案。为此，物联网的操作系统要提供对通信和网络协议的支持，还要考虑设备异构性的影响。

### 6. 模拟器

模拟器指将一个操作系统模仿成另一个操作系统或设备的过程。模拟器的主界面包含一个可以在模拟器中创建多个代码实例的处理器，建立独立的进程。通过操作系统的模拟器，可以了解物联网设备在内存和进程管理方面的行为情况。

### 7. 安全

物联网设备间的绝大多数通信都依赖无线通信技术，为窃听带来方便，同构或异构的设备之间都要确保连接的安全可靠。设备功能受限也使得复杂的安全方案无法应用。和传统的终端设备(计算机、平板、智能手机)相比，功能受限的物联网设备更容易被攻击。为应对物联网系统日益增长的安全威胁和潜在攻击，可以采用的安全技术手段包括传统的补丁升级、安全扫描、病毒检查和杀死、入侵检测等技术，底层可信赖平台模块(TPM)安全系统等。

网络层面临的安全问题包括传感器攻击、传感器异常、无线电干扰、网络内容安全、黑客入侵和非法授权等。应用层面临的安全问题包括数据库访问控制、隐私保护、信息泄漏跟踪、计算机数据安全销毁、安全电子产品技术和软件知识产权的保护等。

### 8. 功耗

对于那些依赖电池供电的物联网设备，功耗指标非常关键。一些应用场景甚至要求设备能在不换电池的情况下运作数年甚至更久。功耗一方面取决于所选择的硬件本身，也和运行于其上的操作系统是否能对应用程序进行高效率管理关系很大，比如在不影响设备运作的情况下尽量延长设备的睡眠周期来扩展电池寿命。总的来说，操作系统的电源管理策略可分为被动和主动两种方式。主动电源管理模式下，操作系统可以采取特定的措施来控制、限制和优化设备功耗。被动电源管理模式下，操作系统的体系结构会对系统功耗产生间接的影响。操作系统作为运行在硬件平台上的核心软件，决定了所有应用程序执行的总功耗。

### 9. 多媒体支持

一些物联网的应用场景比如流媒体应用、分布式游戏、在线虚拟环境，要求物联网操作系统能支持有较严格时延要求的数据传输。要支持商业化的实时多媒体软件，还常常要求操作系统能够为独立的实时活动提供针对资源使用的控制和通信。此外，音频和视频源所生成的数据通常要进行压缩和解码等处理才能适应流媒体应用。操作系统要能对这些音频和视频数据进行处理。

## 6.2.2 Contiki

Contiki 是一个小型开源多任务嵌入式操作系统，于 2004 年首次发布。Contiki 最初是用于嵌入式无线传感网设备的操作系统，经过改良优化，逐渐成为广泛应用于物联网硬件平台的操作系统。Contiki 具有良好的可移植性，这意味着它可以运行在不同体系结构的处理器和开发板上。

Contiki 采用模块化架构，如图 6-8 所示。它的核(Core)是操作系统最核心的部分，提供基础和结构性的功能，运行在最高特权级，由多个轻量级事件调度器和一个轮询机制构成。事件调度器负责将事件分配到进程上，并定期调用进程的轮询处理程序，该程序能标识被轮询的程序的操作。利用轮询机制，进程可以实现对硬件设备状态更新的检查。轮询机制可以识别出高优先级事件，所有执行轮询处理程序的进程都是按优先级被请求的。此外，内核设计中采用微型 TCP/IP 协议栈 uIP。在使用 uIP 协议栈时，上层用户需要将应用程序提供给 uIP 协议栈，uIP 接收来自底层数据包后调用函数将数据返回给应用程序处理。设备驱动(Driver)位于最底层，直接控制和监视各类硬件设备，将硬件的细节隐藏，并向其他部分提供抽象通用的接口。我们可以将系统框架中的每个模块看做服务，这些服务模块都有对应的接口。

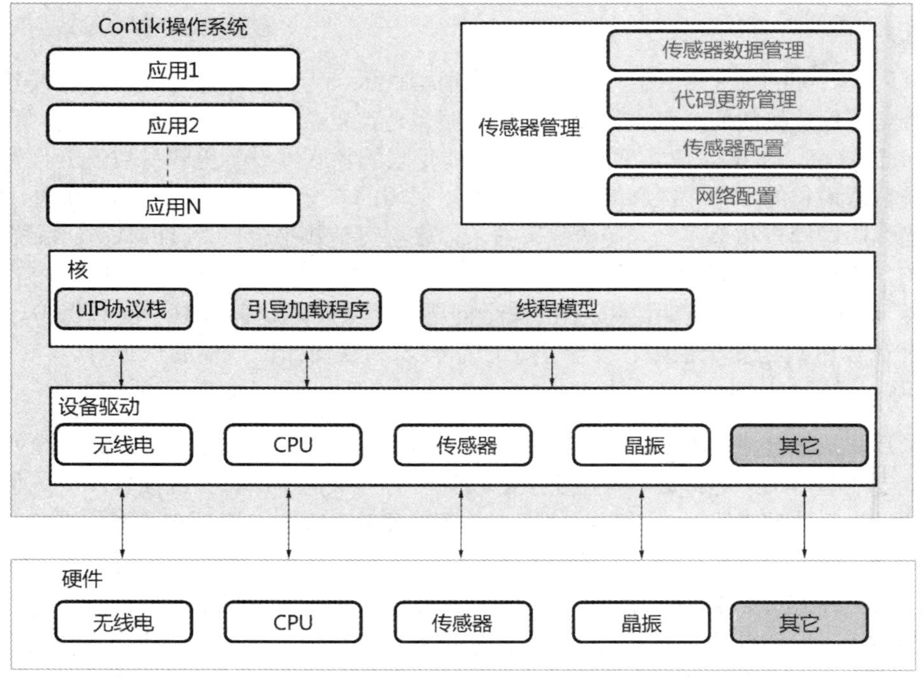


图 6-8　Contiki 的模块化架构

Contiki 以模块化架构的风格开发，使用 C 语言编写，支持多线程编程模型以及事件驱动的编程模型，并采用并发编程 Protothread 机制。Protothreads 在事件驱动的内核上提供了一种线性的、类似于线程的编程风格。Protothread 使得线程不需要额外的栈(stack)，因此内存开销极小。典型配置下，Contiki 仅使用 2 kb 的 RAM 和 40 kb 的 ROM。

Contiki 采用 FIFO 调度策略，支持抢占式多线程调度。

Contiki 提供 Unix 风格的命令解释器(shell)用于和操作系统交互，方便程序开发调试。

Contiki 支持内存的动态分配和释放。动态加载是 Contiki 的一大基本和突出的特征，也就是在运行状态下链接模块的能力。

uIP 和 Rime 是 Contiki 最主要的两个通信栈，它们由专门适用于功率受限的无线网络的一组轻量级协议组成。RIME 是一个针对物联网网络的轻量级分层协议栈，支持低功耗、支持无线网络，可提高电源和内存管理的效率。Contiki 支持的通信和网络协议包括 CoAP、MQTT、UDP、TCP、HTTP 和 6LoWPAN 等。

Contiki 配有一个 Cooja 模拟器，如图 6-9 所示，可以模拟物联网和无线传感器网络相关的应用程序。Cooja 所提供的仿真环境允许在目标硬件设备上运行代码之前就进行功能验证和测试，为方便开发者程序调试、加速研发进程提供便利。

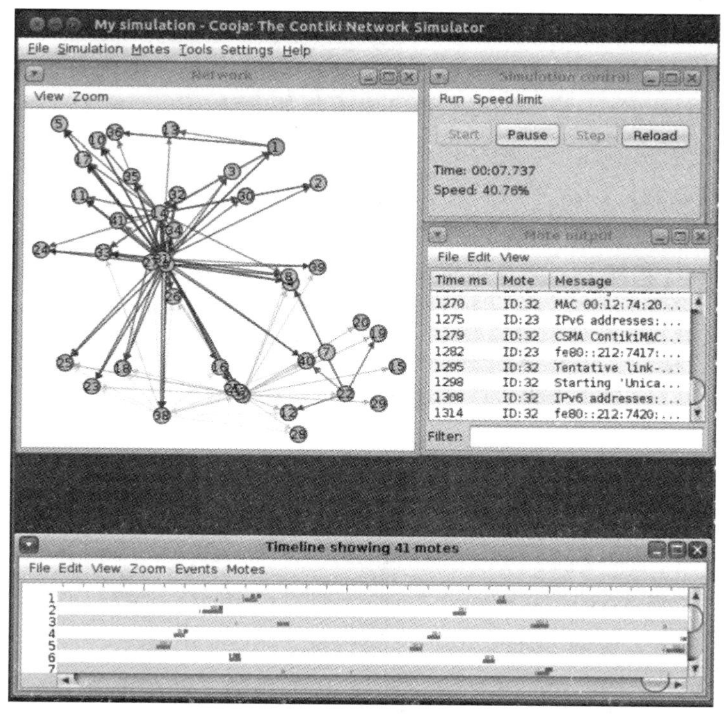


图 6-9　Contiki 自带的 Cooja 网络仿真器

Contiki 会打包提供一些必需的标准应用程序，包括小型网络浏览器、网络服务器、计算器、命令解释器 shell、电子邮件客户、开源远程控制软件 vnc viewer、ftp 等。

Contiki 使用的安全协议包括在 TCP 传输协议之上的传输层安全性协议(Transport Layer Security，TLS)和在 UDP 传输协议之上的数据包传输层安全性协议(Datagram Transport Layer Security，DTLS)，确保数据的认证、加密和完整性。

为帮助优化硬件设备的功耗，Contiki 提供基于软件的功耗分析机制，支持针对各种操作来估计系统功耗情况，了解功率消耗的位置，以帮助开发者构建功率敏感的应用程序。Contiki 允许节点设备在中继消息收发的间隙睡眠，以减少节点功耗。

Contiki 对全 IP 网络栈的支持意味着其能利用 TCP、UDP 以及 HTTP 等常见传输协议来传输流媒体内容。Contiki 对视频编解码器和多媒体流的支持有限，不包含扩展支持，也不支持实时传输协议 RTP(Real-time Transport Protocol)。

某种程度上，或者说在一些应用领域，Contiki 已成为物联网最常用的操作系统。

### 6.2.3 TinyOS

TinyOS 是专为低端的嵌入式无线传感网设备设计的开源操作系统，由加州大学伯克利分校开发。TinyOS 具有良好的移植性，可支持不同种类的设备，特别是低功耗、内存受限的无线装置，很适合作为物联网硬件平台的操作系统，特别是用于无线传感网设备、个人区域网络设备(如可穿戴设备)、泛在计算设备、智能电表、智慧建筑设备、智慧家居设备等。和 Contiki 相比，TinyOS 支持的硬件设备相对要少。

TinyOS 支持事件驱动的编程模型，也支持多种调度技术和算法。TinyOS 使用 nesC 编写，这是专为 TinyOS 所使用的扩展 C 语言，语法与 C 语言并无差别，但使用 nesC 编程可以提升操作系统在电源和内存管理方面的效率。不过，nesC 编程语言也是 TinyOS 的弱点，来自开发者的反馈认为使用 nesC 难以写出高效率的代码。和 Contiki 类似，TinyOS 拥有自己的活动消息机制以进行网络通信。

TinyOS 为物联网应用程序的开发者提供了大量抽象组件，包括传感器抽象、单跳组网、ad-hoc 路由机制、电源管理、定时器、非易失性(non-volatile)存储等。组件有三个计算抽象：命令、事件和任务。命令用于调用组件执行特定的任务，事件用于启动组件通信的机制并意味着服务的完成，命令和事件都是组件之间通信的机制。任务用于表示组件内部的并发性。开发者通过 nesC 语言编写功能组件和 TinyOS 提供的组件相连接，就可以构建特定的应用程序。TinyOS 给出的可供应用程序开发者使用的核心接口如表 6-6 所示，这些接口均可以和多个组件适配。

**表 6-6　TinyOS 的核心接口**

| 接　口 | 描　述 |
|---|---|
| Clock | 硬件时钟 |
| EEPROMRead/Write | EEPROM 读和写 |
| HardwareId | 硬件 ID 接入 |
| I2C | 到 I2C 总线的接口 |
| Leds | 红/黄/绿 LED 灯 |
| MAC | MAC 层 |
| Mic | 麦克风接口 |
| Pot | 用于发送功率的电位器 |
| Random | 随机数生成器 |
| ReceiveMsg | 接收活动消息 |
| SendMsg | 发送活动消息 |
| StdControl | 初始化、开始及停止 |
| Time | 获取当前时刻 |
| TinySec | 轻加密/解密 |
| WatchDog | Watchdog 计时控制 |

TinyOS 的架构如图 6-10 所示。调度器负责调度组件操作。每个组件包括四个部分：命令处理程序、事件处理程序、已封装好的固定大小的框架以及一组任务。命令和任务都在框架内执行，并针对状态来操作。每个组件都声明了自己的命令和事件，以方便和其他组件进行交互。基于 TinyOS 进行程序开发的主要挑战，就是如何创建灵活和可重用的组件。

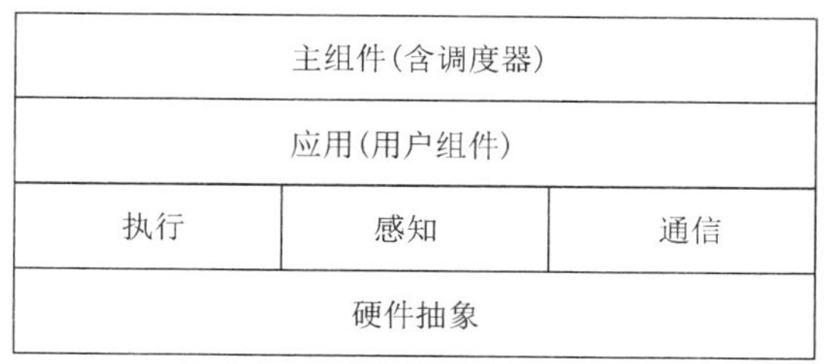


图 6-10　TinyOS 的架构

TinyOS 的任务调度器执行最简单的非抢占式 FIFO 调度策略，没有优先级的概念。调度器在任务完成时，会将处理器设置为休眠，以优化 CPU 利用率和操作系统的性能。

在内存管理和网络协议支持方面，TinyOS 只支持静态内存分配，不支持动态内存分配。TinyOS 能够支持包括 TCP、UDP、ICMPv6、IPv6、6LoWPAN、RPL 和 CoAP 在内的各种常见网络协议。

TinyOS 提供的仿真环境 TOSSIM 用于验证 TinyOS 的应用程序功能。TOSSIM 支持高灵活性的仿真，能通过仿真实现组件替换，还能提供网络功能和故障排除功能。只有在真实的传感器网络中，服务器端的应用程序才能连接到 TOSSIM，这方便了模拟部署和实际部署之间进行转换。TOSSIM 还支持在 Mote 节点(一般指物联网中配备了传感器的无线设备)上对应用程序进行故障排除和调试。TOSSIM 不支持功率测量的收集。

TinyOS 使用以 nesC 语言开发的 TinySec 库在链路层实现对于安全性的支持，包括消息的保密性和完整性、认证机制、语义安全性等。TinySec 只消耗全系统不到 10%的能量和传输速度。

在有限存储空间的条件下，TinyOS 的执行模型(execution model)基于分阶段作业(split-phase operations)和中断处理(interrupt handlers)实现低功耗操作。该执行模型允许调度器尽量少的使用 RAM。不过这种机制会对系统的响应速度有一定负面影响。

TinyOS 对完整 IP 网络栈的支持意味着它能利用 TCP、UDP 以及 HTTP 传输协议来传输多媒体内容。TinyOS 对视频编解码器和多媒体流的支持有一定限制，不包含扩展支持，也不支持实时传输协议 RTP。

### TinyOS 应用于栖息地环境监控系统

图 6-11 是一个利用 TinyOS 构建物联网应用程序的例子——某海岛上的栖息地环境监控系统。这是一个由 35 个传感器节点构成的传感器网络，可以以无人值守的方式连续四个月监控地下洞穴的情况。放置在洞穴中的传感器节点能监测环境光、温度、相对湿度、压力及被动红外。传感器网络将传感器收集到的数据经由某种通信网络(可能是卫星通信、

蜂窝通信等)传回能与互联网连接的基站，继而被上传到数据库。在传感器节点上运行的TinyOS程序周期性地采集传感器数据并将其送到基站。TinyOS提供的电源管理策略可以极大延长传感器网络的网关节点的寿命，网关节点在低功耗状态和活跃状态的工作电流分别在数十uA和数十mA的量级。在TinyOS多线程功能的支持下，网关节点可以利用分阶段(split-phase)数据采集操作对不同类型的传感数据进行并行而不是串行的采样，从而进一步降低了功耗。在无人值守的四个月监控时间内，该传感器网络收集了超过120万个传感器数据。

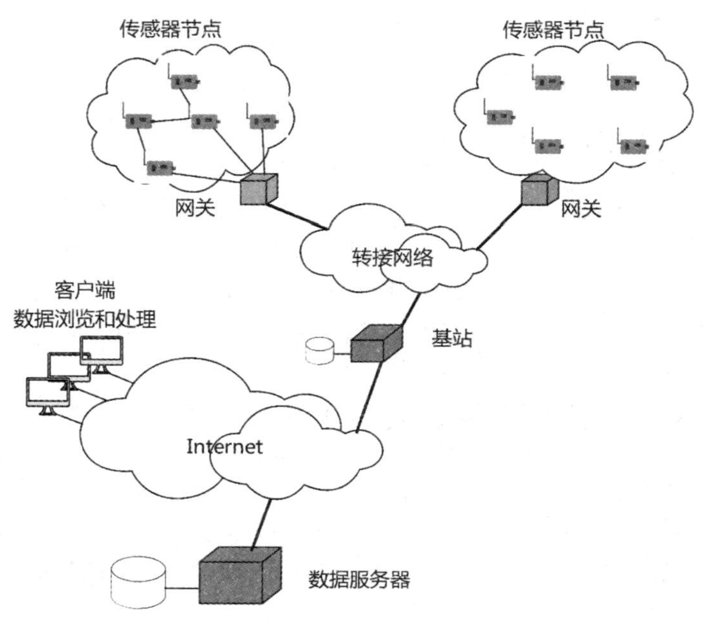


图 6-11　栖息地环境监控系统

传感器网络的网关节点配有一根高增益天线，将数据从传感器网络中继到与互联网连接的基站。网关应用程序是轻量级的，只有3k左右字节。在长达四个月的运行期间，连续运行无宕机，体现出极好的健壮性。这些安装了TinyOS的网关节点使用36平方英寸的太阳能电池板供电，每天耗能仅为2瓦时(0.002度)。与此对比，一个安装了Linux的嵌入式网关节点原型，所需要的太阳能电池板面积增加了25倍，每天耗能超过60瓦时(0.06度)，且平均几天就会出现故障。

### 6.2.4　LiteOS

LiteOS是华为公司主导开发的轻量级物联网操作系统，基于Linux实现，致力于构建“统一物联网操作系统和中间件软件平台”，其体积只有10 kb，具有低功耗、互联互通、安全性高等特别适用于物联网应用的特征。LiteOS采用模块化架构和内核，使用LiteC++作为编程语言。LiteOS的编程模型支持事件驱动和多线程，采用“运行到完成(run to completion)”的任务调度方法。

在2015年的华为网络大会上，LiteOS正式宣布开源，其适用于物联网领域的各类应用。LiteOS 特别适合智能家居、穿戴式设备、联网车辆、智能抄表、工业互联网微控制器等 IoT 领域的智能硬件，还可以和 LiteOS 生态圈内的硬件互联互通，提高用户体验。LiteOS 为开发者提供了熟悉的编程环境，包括类 unix 的操作系统，以及使用 LiteC++编程环境和类 unix shell 开发的分层文件系统。

LiteOS 采用的是模块化架构，如图 6-12 所示，共有 LiteShell、LiteFS 和 Kernel 三个子系统。LiteShell 是一个类 unix 的 shell，支持文件管理、进程管理和调试类的 shell 命令。LiteShell 运行在功能较为强大的基站或者 PC 上，因此可以支持较为复杂的命令。LiteShell 由用户使用，用户可以通过 shell 在本地发出处理的命令，命令通过无线方式传输到物联网的节点设备。物联网节点接收并执行命令后会发回响应，通过 shell 显示给用户。若命令不能被成功执行，也会返回错误代码。LiteFS 是 LiteOS 的文件系统，该系统把传感器网络作为一个目录，而将下辖的每个单跳传感器节点设备作为独立的文件在目录下列出。基站或 PC 侧的用户可以使用这个目录结构，调用合法的命令。Kernel 位于物联网节点上，是 LiteOS 的第三个子系统。Kernel 支持多线程并发、动态加载，支持基于优先级和 Round-Robin 机制的调度策略。

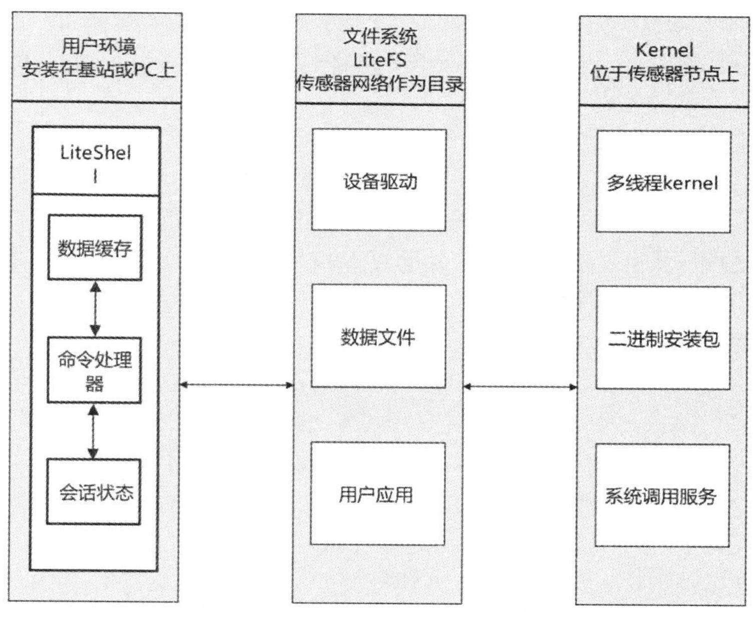


图 6-12　LiteOS 的架构

LiteOS 是支持多线程并发和事件处理机制的多任务操作系统。进程在相互独立的线程中运行应用程序，每个线程被分配了一定的内存。LiteOS 支持通过用户应用程序进行动态重编程和源代码替换机制。操作系统的源代码可用与否不影响重编程。若可用，就利用新的内存设置重新编译它；若不可用，可以利用差异补丁机制升级和替换旧版本。LiteOS 包含丰富的开发库，并可以用变量监控以及设置断点(breaking points)的方式实现在线调试。

LiteOS 在 Kernel 中实现了基于优先级和 Round-Robin 机制的调度，会在队列中选择高优先级的任务来执行。如果某个任务所需要的资源暂时不可用，允许任务被中断并进入睡眠模式(sleep mode)。

LiteOS 可以通过对 malloc 和 free 这两个 API 函数进行调用，以几乎零代价实现动态内存的分配，其中 malloc 负责申请内存，free 负责释放内存，可以根据应用程序的实际需要来调整动态内存的大小。

在通信和网络协议支持方面，LiteOS 支持通过 LTE 和 NB-IoT 技术实现远距离无线连接和通过 Zigbee 实现短距离无线连接，也支持 6LoWPAN 这样的低功耗广域无线连接技术。LiteOS 不支持实时应用所需要的网络协议。

在安全性方面，LiteOS 通过系统调用的方式将不同的用户以及应用程序隔离开来。此外，LiteOS 能在基站和下辖的节点设备(mote)之间实现较低成本的认证机制。

LiteOS 支持超低功耗，可以在配置了 128 kb 闪存、4 kb RAM 以及 8 MHz 主频 CPU 的 MicaZ mote 设备上运行，设备可以电池供电的方式工作 5 年甚至更长。

LiteOS 可以支持 MicaZ 以及 IRIS 类的传感器节点设备。LiteOS 不支持多媒体应用所必须的各种网络协议。

LiteOS 提供的仿真器为 AVRORA。

### 6.2.5　RIOT

与 TinyOS 和 Contiki 相比，2013 年面世的 RIOT 直接为物联网而生，它被赋予的定义为“友好的物联网操作系统”。RIOT 能够在众多硬件平台上运行，包括嵌入式设备、PC 以及各式各样流行的传感器。

RIOT 采用的是微内核架构，可以在具有不同 CPU 架构的 8 位、16 位、32 位物联网硬件平台上运行。RIOT 的 Kernel 与硬件无关，包括调度器、进程间通信、线程、线程同步、数据结构和类型定义的支持等。与底层硬件(CPU 板)有关的代码负责对特定 CPU 进行配置。设备驱动程序则包括网络接口、传感器、执行器等外部硬件的驱动程序。此外，还有库、网络代码以及用于演示及测试功能的应用程序、用于各种任务的脚本集合以及预定义的环境文档等。

RIOT 以 C++语言开发，支持 C++和 C 语言编程，支持抢占式的多线程调度。开发者编写好应用程序代码就可以运行在安装有 RIOT 的不同种类的物联网硬件设备上。RIOT 支持 C++编程使得其能够利用类似 Wiselib 的强大算法库，调用诸多路由、集群(Clustering)、时间同步、本地化以及安全算法。RIOT 还能提供模块动态链接、Python 解释器以及能量分析器等编程特性。RIOT 提供常见的应用程序编程接口(API)。

RIOT 能提供基于优先级的抢占式多线程调度。调度器从多个任务中选择具有最高优先级的任务在 CPU 上运行。如果有多个相同高优先级的任务，则使用 RR(round-robin)机制来调度。

RIOT 支持对应用程序进行静态内存分配和动态内存分配。RIOT 不具备内存管理单元，其内存占用约几个 kb。

RIOT 支持的网络协议包括 TCP、UDP、IPv4、IPv6、6LoWPAN、CoAP 以及 RPL。

RIOT 本身不自带仿真器，不过可以借助 Contiki 的 Cooja 模拟器实现 RIOT 应用程序的仿真。

RIOT 通过一个被称为 CPS(cyber-physical ecosystem)的安全网络物理生态系统来确保系统安全性。CPS 拥有强大的攻击检测能力，通过一系列复杂的过程与智能设备交互，监视和控制智能设备。一旦检测到攻击，就会有一系列措施启动。

RIOT 简单的微内核架构确保了它的低能耗特点，支持硬件设备基于电池供电。

RIOT 支持包括 UDP、TCP 和 HTTP 在内的全 IP 网络栈协议，能够实现流媒体内容的传输、支持多媒体类应用。

### 6.2.6　Android Things

Android Things 是谷歌于 2018 年初推出的物联网开源操作系统，基于 Linux 实现，是在之前推出的 Brillo 操作系统的更新版本。它作为 Android 系统的一个分支版本，可以助力譬如车联网这样的物联网典型应用的发展。Android Things 类似于可穿戴设备和智能手表用的 Android Wear，后者实际也是一种物联网操作系统。

Android 使用名为 Weave 的通信协议，实现设备与云端相连，并且与谷歌助手等服务交互。事实上，Weave 就是一种跨平台编程语言。Android Things 面向所有 Java 开发者，不管开发者有没有移动开发经验。它能运行在配有几十兆内存的高端物联网硬件平台上，其中包括英特尔 Edison 平台，NXP 公司的 Pico 平台以及树莓派 3/4 等众多硬件平台。Android Things 采用模块化架构，如图 6-13 所示。

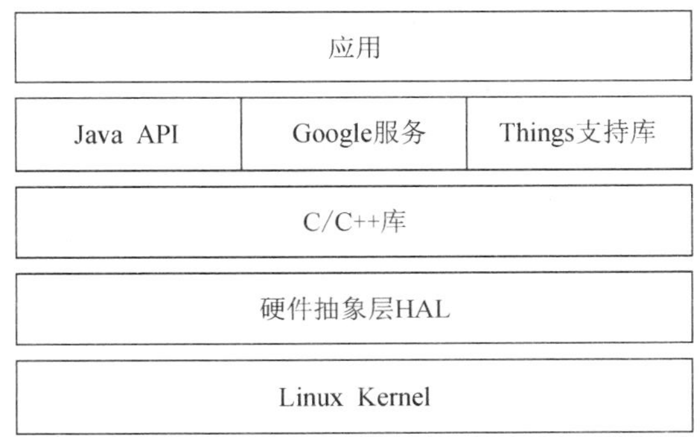


图 6-13　Android Things OS 的模块化架构

在编程开发环境方面，Android Things 支持包括 API、AdMob 等 Android SDK，支持 C、C++以及 Java 编程开发。

在调度策略方面，Android Things 支持多线程调度。根据调度器配置的不同，可以基于优先级和抢占式调度，也支持协同式调度。

在内存管理方面，Android Things 支持以系统调用的方式实现动态内存分配。

在通信和网络协议方面，Android Things 支持 WiFi、BLE(低功耗蓝牙)、ZigBee、IPv6 等网络协议。

在仿真支持方面，Android Studio 是谷歌公司推出的 Android 集成开发环境，该工具提供了一个称作 Android Virtual Device 的模拟器用于创建虚拟设备，以方便 Android 应用程序的功能验证和仿真调试，但目前 Android Things 还不能支持 Android Virtual Device。不过，Android Things 可以运行在英特尔 Edison 平台、NXP 公司的 Pico 平台以及树莓派 3/4 等硬件平台上，以获得初步仿真和模拟。换言之，在实际开发中，我们可以直接选择用“真机”进行应用程序的调试开发。

Android Things 的开源特性为应用程序开发带来了方便和快捷，但也因此带来安全黑洞，为病毒和黑客攻击打开方便之门。Android Things 通过须经过验证的安全启动和无线方式更新签名提升安全性，还提供完整的磁盘加密功能以保护数据。

Android Things 全面支持高性能流媒体传输和处理。它支持 H264、MP3、VP9 等多媒体格式，对图像及视频的分析处理可以在设备本地进行，无需转移到云端。

Android Things 与谷歌云平台组件兼容，例如可以将 Firebase 集成到 Android Things 中。开发者可以利用不同的云服务进行存储、状态管理和消息传输。

### 6.2.7 五大开源物联网 OS 对比

表 6-7 所示为 Contiki、TinyOS、LiteOS、RIOT 以及 Android Things 这五个物联网操作系统的关键特性对比，包括内核架构、调度器、编程模型、编程语言和实时性支持。总的说来，常用编程语言还是 C、C++和 Java 这三种。

**表 6-7　五大开源物联网 OS 的特性对比**

| 名称 | 发布时间 | 内核 | 调度 | 编程模型 | 语言 | 实时性 |
|---|---|---|---|---|---|---|
| TinyOS | 2000 | 单片架构 | 非抢占式 FIFO | 事件驱动 | NesC | 不支持 |
| Contiki | 2004 | 模块化架构 | 抢占式 FIFO | 事件驱动、(轻量级)原始线程 | C | 部分支持 |
| RIOT | 2013 | 微内核架构 | 优先级抢占/tickless 低功耗模式 | 多线程 | C/C++ | 支持 |
| LiteOS | 2008 | 模块化架构 | 抢占式优先级 | 多线程 | LiteC++ | 不支持 |
| Android Things | 2018 | 模块化架构 | 抢占式 | 多线程 | Weave (C/C++) | 支持 |

表 6-8 给出了五大物联网 OS 的硬件需求推荐配置，主要包括 RAM、ROM、处理器和硬件平台支持等几个方面。在物联网系统的设计中，开发者可以基于这些信息考虑为拟采用的物联网硬件设备的操作系统进行选型。

**表 6-8　物联网操作系统的典型硬件配置**

| 名称 | 最小 RAM(kb) | 最小 ROM(kb) | 处理器/CPU(MHz) |
|---|---|---|---|
| TinyOS | 1 | 4 | 7.4, 8 bit |
| Contiki | 2 | 30 | 8 bit |
| RIOT | 1.5 | 5 | 16～32 bit |
| LiteOS | 4 | 128 | 8 MHz |
| Android Things | 128 | 32 | ARM, Intelx86, MIPS |

表 6-9 总结了几个物联网操作系统的技术特点对比，主要包括在远程可编写脚本的无线 Shell、用于网络节点的远程文件系统接口、文件系统、在线调试、动态内存、仿真环境和网络协议等方面的支持情况。

表 6-9　物联网操作系统的技术特点对比

| 名称 | 远程 Shell 脚本 | 远程文件系统 | 文件系统 | 在线调试 | 动态内存 | 仿真器支持 | 网络及协议支持 |
| --- | --- | --- | --- | --- | --- | --- | --- |
| TinyOS | 否 | 否 | 单层目录 | 是 | 否 | TOSSIM/PowerTossim | BLIP/TinyRPL/CoAP/WiFi/LTE/MQTT/6LowPAN/TCP/BBR/IPv6/Bluetooth/Multipath Routing |
| Contiki | 否 | 否 | 单层目录 | 否 | 是 | Netsim/Cooja/MSPSim/Java nodes | RPL/uIP/uIPv6/MQTT/6LowPAN/CoAP/WiFi/Bluetooth |
| RIOT | 是 | 是 | 分层目录 | 是 | 是 | Cooja | TCP/UDP/IPv6/6LowPAN/RPL/CoAP/CBOR/UBJSON/OpenWSN/WiFi/Bluetooth |
| LiteOS | 是 | 是 | 分层目录 | 是 | 是 | AVRORA | NBIoT/6LowPAN/ZigBee/LTE/Bluetooth |
| Android Things | 是 | 是 | 分层目录 | 是 | 是 | RPi 3/Intel Edison/NXP Pico | IPv6/Zigbee/Z-Wave/Bluetooth Smart/LTE/MQTT |

### 6.2.8　为应用选择合适的物联网操作系统

操作系统对于开发可靠、高效、伸缩性好、可互操作的应用程序方面起着关键作用。在既定的目标部署场景下，每个物联网操作系统都有一定限制。为特定的物联网设备和应用程序选择最合适的物联网操作系统，开发者需要在充分了解候选 OS 的优缺点的前提下，结合应用场景的具体需求，从操作系统的体系结构和内核、编程模型、调度方式、内存管理、组网协议支持、模拟器支持、安全性、功耗、对多媒体的支持等方面做综合的比较、权衡和决策。

物联网应用领域范围很广，其技术影响力也通过在各个领域的应用在不断提升。在本节，我们尝试探讨部分较为典型的物联网应用，并从应用需求的角度看一看，在做操作系统的开发和选择时有哪些可能遇到的挑战，有什么值得关注的属性。有些应用如智慧医疗需要特别关注系统的通信可靠性和实时性，有些应用如智能家居和可穿戴设备需要低能耗和更长的电池寿命，而智能城市和智能工业类应用的信息交换或许非常频繁，这又意味着通信安全性和良好的内存管理机制的需求。一般来说，如何以尽量最小的带宽消耗获得更好的通信服务是所有应用都追求的目标。以上都需要在为应用选择操作系统时，进行充分的考虑和比较。

表 6-10 从应用领域的角度归纳了各类应用较常使用的物联网操作系统。物联网操作系统在开发者中受欢迎的程度和它们各自对物联网应用的支持力度是正相关的。Contiki 和 RIOT 还是应用最为广泛的操作系统，因为它们能满足物联网应用的大多数要求。

**表 6-10　操作系统在各类应用领域的使用现状**

| 普及度 | | 1 | 2 | 3 | 4 | 5 | 6 | 7 | 8 | 9 | 10 |
|---|---|---|---|---|---|---|---|---|---|---|---|
| 应用领域 | | 智慧家居 | 可穿戴 | 智慧城市 | 智慧电网 | 工业 | 智慧交通 | 医疗健康 | 智慧零售 | 供应链 | 智慧农业 |
| 特征 | 网络连接 | Wifi/3G/4G/BT | Wifi/3G/4G/BT | WiFi/卫星通信/4G | WiFi/卫星通信/4G | WiFi/卫星通信 | Wifi/3G/4G | Wifi/3G/4G | Wifi/3G/4G | WiFi/卫星通信 | WiFi/卫星通信 |
| | 组网规模 | 小 | 小 | 大 | 大 | 大 | 大 | 大 | 小 | 大 | 大 |
| | 带宽消耗 | 低 | 低 | 高 | 中等 | 高 | 中等 | 中等 | 中等 | 中等 | 高 |
| | 实时性 | ✓ | ✓ | ✓ | ✓ | ✓ | ✓ | ✓ | ✓ | ✓ | ✓ |
| | 可视化 | ✓ | ✓ | ✓ | ✓ | ✓ | ✓ | ✓ | ✓ | ✓ | ✓ |
| | 数据管理 | 本地 | 本地 | 分享 | 分享 | 分享 | 分享 | 分享 | 分享 | 分享 | 分享 |
| | 交互方式 | 电话/触摸/语音 | 电话/触摸/语音/文字/手势 | 电话/触摸/手势 | 电话/触摸/手势/语音/文字 | 电话 | 电话/触摸/手势/语音/文字 | 电话/触摸/手势/语音/文字 | 电话/触摸/语音/文字 | 电话/触摸/文字 | 电话 |
| 操作系统 | Contiki | ✓ | — | ✓ | ✓ | ✓ | ✓ | ✓ | 未知 | ✓ | ✓ |
| | TinyOS | ✓ | — | ✓ | ✓ | ✓ | ✓ | ✓ | — | — | — |
| | LiteOS | ✓ | ✓ | ✓ | ✓ | ✓ | ✓ | ✓ | — | — | — |
| | RIOT | ✓ | ✓ | ✓ | ✓ | ✓ | ✓ | ✓ | — | — | — |
| | Android Things | ✓ | ✓ | ✓ | ✓ | ✓ | ✓ | ✓ | ✓ | ✓ | ✓ |
| 产品或解决方案 | | 灯/锁/温控装置/电视/空调/冰箱/火警 | 手表/腰带/手环/眼镜/鞋袜/可穿戴音乐装备 | 废物废水/空气污染/天气监测系统 | 数字计量 | 监控/报警/温控装置/锁 | 交通流量感知装置/远程锁/跟踪定位装置 | 听力辅助装置/心率冲击监控装置 | 智慧显示并监控装置/防盗标签 | RFID 标签/数据定位与跟踪 | 温控装置/水、土壤管理/天气感知 |

### 1. 智慧家居

智能家居应用最常见的需求是实现通过手机来连接和控制家用设备，包括控制灯光、防盗警报器、电子设备和窗帘等。这些功能不但为现代生活增添便利，也将安全性和管理效率进一步提高，为管控带来方便。流行的智能家居应用案例包括：在主人到家前几分钟开启以提前降温的智能空调、用手机控制的智能门锁、通过从互联网上收集温度数据来改变室内温度的智能恒温器等。在智能家居领域，比如联网、安全、家电智能控制、远程学习以及碳排放管控相关的应用都可以得到解决。

要实现这样的功能，安装了操作系统的设备应能够在实时环境中工作，方便随时按需查看。我们可以通过一些短距离通信技术(如 WiFi)来远程控制设备，并且通常对设备的访问和控制并不需要大量的带宽。因此综合来看，在为配套的操作系统选型时，应注意尽量以更高的电源效率消耗更少的带宽。

### 2. 可穿戴设备

自 2014 年可穿戴技术被提出，可穿戴设备一直备受关注，其全球市场正以惊人的速度增长。可穿戴设备为人类的现代生活提供了更加安全、健康和多样化的生活方式。产品形式的变化也层出不穷，戒指、鞋子、手表、背包都可以成为可穿戴设备的载体。为发挥出可穿戴装备的最佳性能，需要高效的硬件和中间件。这些可穿戴设备一般都是定制且可以升级的。一些可穿戴设备要通过手机或触摸屏才能访问，而另一些跟踪类设备只需要通过手势收集数据就可以给出相应的反馈。著名的产品案例包括谷歌眼镜和 Intel 的 BASIS Peak 智能手表等。此外也涌现出一些定向服务小众客户的活动追踪器类产品，如有社交媒体功能的服装、带定位功能(GPS)的鞋、智能耳机、为艺术家准备的无线鞋以及为鼓手准备的无线鼓等。

一般来说，可穿戴设备对操作系统的要求有三个方面：第一，适配的操作系统要具有实时性和安全性；第二，操作系统要支持设备之间能以尽量少的带宽消耗来传输信息；第三，需要尽量延长可穿戴设备的电池寿命，这意味着操作系统应尽量提升电源效率。

### 3. 智慧城市

智慧城市是非常典型的物联网综合应用，凭借物联网技术将构成城市的各类元素(人和物)以恰当的方式组网，能实现对城市资源和设施的安全监控和管理，包括交通、能源、供水、废物等。在智慧城市，资源能得到更灵活高效的利用，使居民能够获得更舒适方便的服务，城市更加宜居，充满活力。

智慧城市的案例很多，其中不少已成为现实，比如停车场的智慧感应路灯(当有人经过或停在停车场，路灯自动亮起)、智慧停车引导(当找不到停车位，车辆会被实时引导到最近的停车点)、共享充电(如果手机或笔记本电脑没电的情况下，确保就近找到充电器)、共享单车(确保就近找到单车，满足短途交通的需要)、共享打车(实现闲置私家车的资源优化共享以及出租车资源的高效利用)、自动化垃圾收集(垃圾收集的需求被及时通知到垃圾公司)、空气污染监控(噪音和大气污染能被实时监测并及时通知系统)和路况实时监控(交通路况被实时监控和上报，以确保需要时减速或改变既定路线)等等。智慧城市类应用所使用的操作系统应该支持以尽量少的带宽消耗实现实时消息的传递，并支持个人信息能被实时和安全地在网络共享。

随着无线通信进入 5G 时代，它的连接服务在容量、覆盖范围、可靠性和效率方面具有高度的可扩展性。5G 的愿景之一即是支持千亿量级的海量设备连接，低功耗资源受限的物联网设备在接入网络时，也会受惠于此。可以预见在未来的智能城市场景下，在更强大的网络基础设施的支持下，我们需要为硬件设备匹配合适的物联网操作系统，从而使得各类有关应用的实时性、能量效率和可靠性得到更好的保证，城市可以变得更加宜居、安全和高效。

4. 智能电网

电网是将电力输送到住宅、商户和工业企业的输电线网络。根据美国能源部《Grid 2030》规划，智能电网要能监控每个用户和电网节点，确保从电厂到终端用户的整个输配电过程中所有节点之间信息和电能的双向流动。一方面电网将电能传送给用户，另一方面用户的电能消耗情况会被实时发送到服务器，告知电网公司。要实现这种信息和电能双向流动的智能电网，物联网技术扮演着关键角色。在避免停电和电网故障处理方面，智能电网会比传统电网表现出更优越的管控性能。

5G 的发展会给智能电网带来新的发展——很多在 5G 商用之前不能联网的电网设备将被联通，以帮助电网更精准的感知用电状况，并结合智能管控技术进一步降低电能消耗，降低成本。例如在公共照明设备要被纳入智能电网实现实时监测和管控后，当没有行人或车辆时就可以调暗公共照明，从而节省电能，减少光污染。

为了实现智能电网的关键特征，为相关应用所选取的操作系统，核心需求仍然是支持设备以尽量少的带宽消耗实现实时消息的传送。

5. 智慧工业

物联网正在深刻影响着工业的各个领域，包括过程控制、工业环境监测、产品生命周期、节能、污染控制等。物联网赋能工业，带来更高效的生产制造、更创新的混合商业模式、更智能的设备以及工业生产力改造，能帮助企业提升运营效率，提高利润率。智慧工业领域的典型案例包括数字工业、机器人和数字电网等等。在智能工业领域，物联网设备所选取的操作系统应满足应用对低能耗、高可靠性、低带宽的需求。

6. 智能交通

物联网也在深刻的改变驾驶方式。根据预测，到 21 世纪全球 75%的汽车将联网，人类的驾驶方式将被车联网深刻改变。汽车的温度、机油、压力和发动机转速都可通过物联网进行监控。车联网将更多的车辆信息实时收集并引入基于云计算的设备管理系统，从而实现对车辆的远程控制和监控。很多功能会被进一步增强，比如车辆定位、实时调度、远程监控、控制、安全和道路协同等等。在智能交通时代，准时交货率被进一步提升、燃油功率被最大限度地降低、车队管理更加高效。智能交通类应用也需要有适当的物联网操作系统来支持，满足对实时性、安全性、低带宽的需求。

7. 智能医疗

医疗保健关系到全年龄段人口的健康和福祉。随着人口不断增长，医疗保健服务也需要进一步提升效率和降低成本，从而使最广泛的人群受惠。为了这样的目标，需要高科技为传统的医疗健康服务赋能，实现更低成本、更高质量、安全可靠的智能医疗。比如在远程临床手术的场景中，实时功能是强制性的，时延要求苛刻，任何形式的延迟都不能容忍。又比如在医院场景下，智能医疗可以提供患者监控和个人健康监控服务，帮助医院提升管理效率；在家庭场景下，家庭可以接受来自医疗机构的远程医疗服务。

考虑到智能医疗的各种特征，在为医疗保健类应用程序选择操作系统的时候，可以重点关注安全性、信息共享实时性、低带宽消耗等需求。

**8. 智慧零售**

物联网技术赋能传统的零售领域，主要是通过对消费习惯的感知、对消费趋势的预测、对生产制造的引导等途径，达到为消费者提供多样化、个性化的产品和服务的目的，这就是所谓的智慧零售。比如在物联网技术的帮助下，可以在不同的时间尺度(小时、天、周、月等)观测和记录顾客光顾店铺的频率和消费细节，并凭借大数据技术进行深入分析，归纳出顾客的消费习惯，以良性反馈的方式实现对生产制造、物流、销售等环节的智能引导。智能货架管理系统、智能零售解决方案等零售管理系统、智能标牌、智能视频墙等新颖产品都是提升零售效率的新手段和新工具。对于这类应用，选取操作系统时要特别注意对低能耗以及带宽的需求，而对时延性能的要求通常不太苛刻。

**9. 智慧供应链**

随着信息技术的发展，供应链势必发展到与互联网、物联网深度融合的智慧供应链新阶段。将物联网技术和现代供应链管理的理论、方法和技术相结合，可以帮助在供应链链条上的各个关键节点(客户、批发、零售、工厂和物流运输等)之间构建一个沟通和协同的平台，能够协同采购、分销、仓储、配送等环节，帮助实现供应链的智能化、网络化和自动化管理。对于智慧供应链应用来说，配套的物联网设备操作系统应重点考虑实时性以及对不同硬件的普适性。

**10. 智慧农业**

地球气候变化持续为全球粮食安全带来挑战，为了应对挑战，物联网技术需要为传统农业赋能：保持水和土壤等宝贵的农业资源，避免浪费和过度消耗，实现农业在气候变化中的可持续发展，维护粮食安全。所谓智慧农业是将物联网技术应用到传统农业中，运用传感网技术，透过应用软件对农业生产进行管控，为传统农业赋予“智慧”。狭义的智慧农业解决方案涉及精准感知、监测、控制和决策管理；广义的智慧农业还涉及农业电子商务、食品溯源防伪和农业信息服务等。对于智慧农业类应用，开发者选择操作系统时应重点关注操作系统的能源效率，尽可能降低能源消耗。

## 6.3　中间件技术

物联网的中间件技术

中间件技术一般指介于物联网操作系统和物联网应用程序之间的软件系统。通常物联网终端设备是多种多样的，这带来了物联网的异构性。中间件技术作为物联网操作系统和物联网应用程序之间的中介软件系统，能支持物联网系统的关键构成组件之间更好地互相适应，并充分考虑如何确保物联网系统的安全性。有了中间件，物联网应用软件开发者就可以把注意力主要集中在应用程序本身的实现上。为此，中间件常常被形象地称作“软件黏合剂(Software Glue)”。

### 6.3.1 IoT 为什么需要中间件

一个典型的物联网应用程序需要实现的关键功能包括数据收集和数据分析。通过一个典型物联网应用程序的创建过程可以看到，一个开放的、轻量级的、安全的 IoT 中间件对于物联网应用程序的开发和物联网系统的实现非常重要。

酒后驾驶是严重威胁交通安全的全球性问题。避免酒后驾驶的传统做法主要依赖于驾驶者的谨慎自觉以及法律法规的制定和执行。随着技术进步，逐渐出现一些能较精确判断“醉酒”或“没醉酒”的方法：如使用可判断血液酒精浓度(Blood Alcohol Concentration,BAC)的小型便携呼气分析仪和支持酒精测试的手机应用软件。比如一款名为 Alcohol Tracker 的 APP 软件支持用户手动快速自检体内的酒精浓度，手机用户只需要提交自己的性别、体重、身高、葡萄酒类型和饮酒量就可以预估出 BAC。又如 Breathometer 公司推出的便携式酒精测试仪配件，能够配合经由耳机插孔装在智能手机上测试 BAC。然而这些方法的局限性在于：首先需要用户主动自觉地参与测试；其次即便用户已经主动测试，在醉酒状态下也有很大概率丧失自觉根据测试结果正确执行后续操作的能力。

为此需要设计一种更为智能自主的 BAC 监控系统，该系统能在用户醉酒时发出警告，还可以与汽车的点火装置相结合，向酒后驾驶者发出警告，强制避免醉酒者驾车的极度危险操作。我们可以考虑开发一个安全的物联网 BAC 应用，该应用可以分析从可穿戴设备上的传感器(如智能手表或手环)收集到的数据，估测酒精中毒水平。为避免数据在本地和云端之间无线传输的不确定的延迟，传感器收集到的数据会被存储在本地，并被传输到云存储进行分析。这些数据在本地存储、云存储及传输状态下都应该得到保护，确保完整无误，这就意味着要确保端到端——从边缘(传感器)到云端(数据中心)的数据安全。

图 6-14 为一个通用的数据收集分析系统的架构。数据收集应用程序直接在智能手机(也可能是智能网关)上运行，应用程序会处理数据收集进程的细节，比如管理收集传感器数据的各种线程，还会对收集的数据执行聚合功能后将数据发送到云端存储。云端则配置有高性能的计算引擎和各类大数据分析及可视化工具，可以支持高质量的数据分析，得到判断酒精中毒的预测模型。这个预测模型可以用作评估酒精中毒水平的预测器。综上所述，数据采集和分析的过程是这样的：首先，在智能设备(手机或网关)处，通过传感器采集到的数据经聚合处理后送到云端；然后，在云端对收到的采集数据应用各种机器学习算法，将数据送入预测模型(预测器)，确定采集到的传感器数据和已被记录的历史 BAC 数据(某种模型)是否存在关系，以获得最准确的 BAC 预测结果。

又比如，跟踪建筑物内环境污染的数据收集和分析的环境监控应用程序，和 BAC 监控应用的基本需求是类似的。环境监控应用也会包含 BAC 应用程序中涉及的多个计算单元。负责感知数据的传感器可以是 Mica(一种传感器节点系列)，网关可以是台式机、笔记本电脑或者手机，收集的数据会被推送到云存储或后端数据库。

理解了 BAC 应用程序和环境监控应用程序如何进行数据采集和分析的过程后，我们可以将实现类似应用程序所涉及的关键单元总结为以下六个组件，如图 6-15 所示。

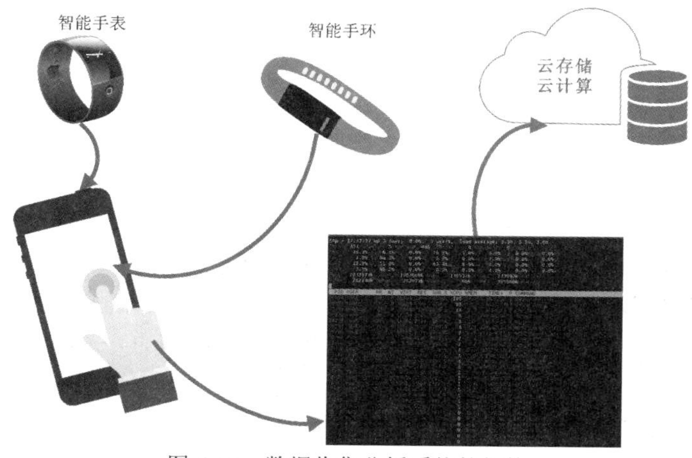


图 6-14　数据收集分析系统的架构

图 6-15　实现 BAC 应用程序的关键软件单元

(1) 提供设备抽象功能的组件。所谓设备抽象是指将异构硬件设备虚拟化为 BAC 应用程序的软件组件，该组件能从与硬件设备连接的各类可用传感器处获取数据。虚拟化的目的在于将不同的物理传感器的网络协议和通信能力的细节隐藏。

(2) 提供流处理、事件处理和聚合服务的组件。这个组件要能支持 BAC 应用程序和物理设备之间的实时交互。在设备处的数据会经常性的产生，并将以时间戳顺序从设备处以无限流的形式被传递到 BAC 应用程序。流处理功能将收集到的大量数据转化为有用的可操作的信息，即实现复杂事件检测。聚合功能则通过对原始数据再处理从而为后续分析提供更有意义的数据。例如在收集加速度计数据时，使用线性加权平均三个最近的值，而不是仅仅使用最后的值。

(3) 提供监视和可视化服务的组件。该组件为用户提供可视化服务，使得用户得以监视和控制物理设备的状态，还可以管理数据，决定将数据归档到云端进行进一步分析和处理的时间和频率。该组件能提供通知和订阅服务，能及时向用户发送物联网状态。以前面的 BAC 程序为例，通知和订阅体现为在判断为醉酒的情况下发出警报。

(4) 提供连接服务的组件。应用程序生成大量需要分析和存档的数据，需要送往云端。为此，需要在设备和云基础设施之间提供无处不在的连接。

(5) 安全和隐私组件。该组件能确保收集数据(流)的完整性，并确保不侵犯用户的隐私。用户只能连接到经过身份验证或认证的物联网设备，并能将收集的数据存档在存储介质中。

(6) 提供规则引擎的组件。很多场合下，可能需要将来自不同对象(云端、网关设备、终端设备)的数据进行联合，得到组合的分析服务。规则引擎支持用户在不进行底层编程(low-level programming)的情况下，得到组合分析服务。

毫无疑问，每个类似应用程序的实现都绕不开如上的六大功能。那么如果没有中间件软件的存在，那么必须为环境监控和 BAC 监控这两款应用开发两个独立的应用程序，这些应用程序必须包含上面提到的各种功能组件。这样一来，应用程序的开发人员会面临来自数据处理、数据连接、安全和隐私等多方面的技术挑战，应用程序的开发成本和时间大大增加。

因此有必要开发一种开放的、轻量级、适应性强、安全的物联网中间件，负责实现不同的物联网应用程序所需要的通用和共性的功能，成为连接各种异构物联网设备(操作系统)和各类物联网应用程序的桥梁。有了中间件软件，应用程序的开发者无需底层编程(low-level programming)，就能将精力集中在如何构建适用于特定场景的应用程序，进行和具体应用相关的数据收集和分析。

## 6.3.2 IoT 中间件的架构

物联网中间件的架构有三种类型：基于服务的体系架构、基于云的体系架构以及基于角色的体系架构。

### 1. 基于服务的物联网中间件架构

基于服务的物联网中间件的架构如图 6-16 所示，自下至上包括物理平面(传感器和执行器)、虚拟平面(服务器或云基础设施)和应用平面(应用及服务)。虚拟平面是中间层，主要提供包括访问控制、存储管理以及事件处理引擎等通用服务，负责支持物联网应用程序的数据收集，但是不支持数据分析。

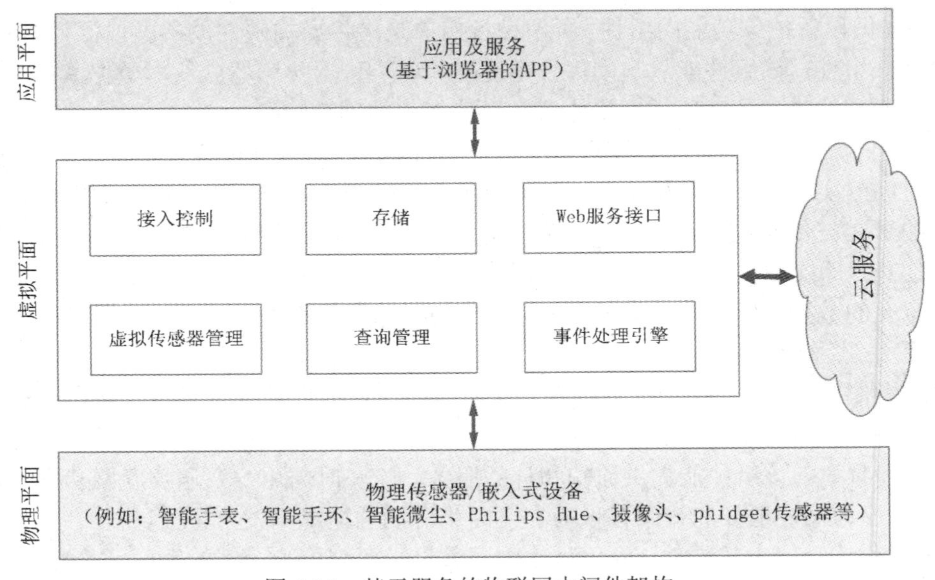


图 6-16　基于服务的物联网中间件架构

物联网中间件若选择基于服务的体系结构，通常它是一种高性能的重量级中间件，需要部署在云中运行的多个节点上，或部署在物联网设备和应用程序之间的性能强大的网关上。一般不会直接部署在资源受限的物联网设备(如智能手机)上，也不支持设备到设备的通信。

采用基于服务架构的物联网中间件软件能够为开发者提供基于服务的解决方案(Service-based Solution)。在该架构下，开发者或用户可以将物联网设备看做服务来添加或部署。

### 2. 基于云的物联网中间件架构

基于云的物联网中间件的架构如图 6-17 所示。采用云架构的中间件部署在云端，所提供的功能组件仅限于云端可用，通常以公开 API 的形式便于开发者去访问(即图中的白框部分)。不同的云平台所能提供的功能组件可能有很大差异，可能是一个极高性能的存储系统，也可能是一个预先定义好了监视分析工具的强大计算引擎。物联网设备的服务只在云端可用，并只能通过服务供应商所提供的应用程序或云平台支持的 RESTful API(符合典型互联网设计理念和规则的接口)来访问或控制。

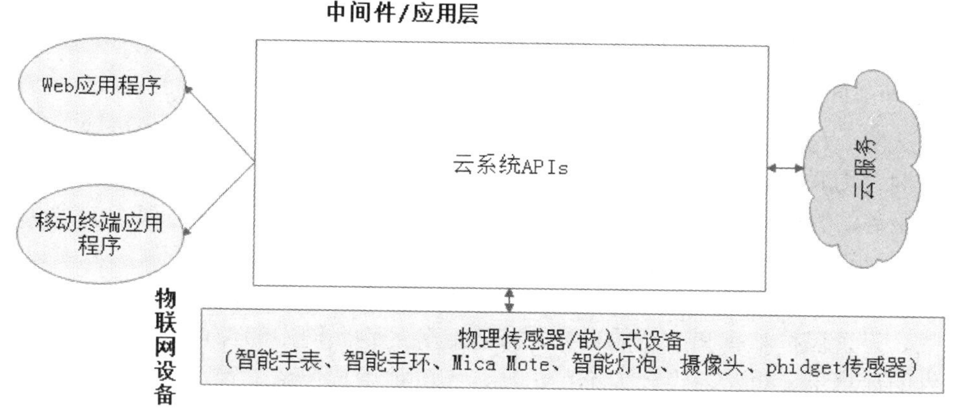


图 6-17　基于云的物联网中间件架构

采用基于云架构的物联网中间件能为开发者提供基于云的中间件解决方案(Cloud-based Solution)。在该架构下，通常会预先将可能的用户用例(user case)确定和编程，开发者(用户)的开发负担被大大减轻，能轻松地连接、收集和解释数据，不过用户能够部署的物联网设备的类型和数量会有一定的限制。

### 3. 基于角色的物联网中间件架构

基于角色的物联网中间件架构如 6-18 所示。这个架构也可以分为三个部分：感知群(传感器和执行器)、移动接入层(网关如移动手机、树莓派设备、Swarmbox、笔记本电脑等)和云服务。采用基于角色的架构的物联网中间件(在图中的名称为 Actor Host)通常被设计为超轻量级的，因此可以在架构中的任意组成部分处配置。中间件的基本计算单元可以分布在网络中(图中白框所示)。例如，基于角色的中间件可以直接部署在智能手表上，但并不包括提供存储服务的角色。当需要存储服务时，就从云端的角色库中下载能够提供存储服务的角色。

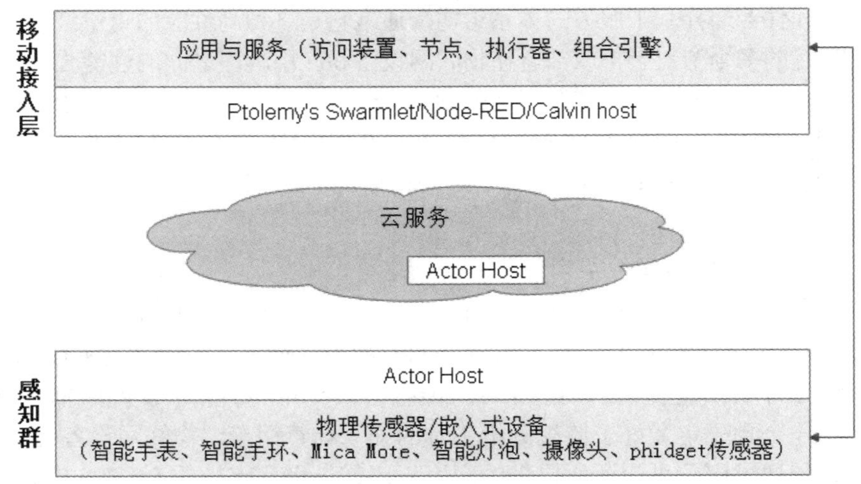


图 6-18　基于角色的物联网中间件架构

基于角色的中间件采用的是开放的、即插即用(plug and play)的物联网架构，在该架构下，各种物联网设备是以可重用的角色(actor)身份分布在网络中并能被开发者使用。

### 4. 三种中间件架构的对比

可以从两个角度对比三种不同的中间件架构：一方面是中间件的部署位置；另一方面是体系结构对物联网设备类型、中间件服务类型或计算单元的支持力度，是否足够开放。

基于服务的物联网中间件一般部署在服务器或云端。采用基于服务架构的物联网中间件可以为用户提供实现基础功能的简单工具，比如 Web 应用程序可以查看物联网设备收集的原始数据。但这类中间件在与其他应用程序组合或集成方面，以及深度解释数据方面，功能有限。为了保护私有和敏感的数据，基于服务的物联网中间件可以设置为限制访问，其所提供的计算单元也常被设计为不可扩展，不可被用户任意配置。

基于角色的物联网中间件可以部署在物联网系统的所有位置。这样的配置策略意味着基于角色的物联网中间件可以根据实际情况在最有利的地方执行中间件的各种功能，配置策略的灵活性能为大规模连接的物联网系统带来更好的延迟性能和可扩展性。开发者可以自主开发即插即用(plug and play)的新角色，或从中央存储库下载库中已有的角色，来扩展中间件的计算单元。

不论是基于服务的物联网中间件，还是基于角色的物联网中间件，都是通过支持特定的编程模型或设备抽象来支持物联网设备的异构性。但是，这两个架构都不支持被开发者广泛认可的通用标准，如 RESTful API 或者低功耗蓝牙 BLE。

基于云的物联网中间件被部署在云端。与前面两种架构不同的是，在基于云的中间件架构下，云服务供应商通过提供特定的应用程序或特定的标准如云平台支持的 RESTful API 来提供中间件功能，并实现互操作性。一个典型例子就是 Google 的智能家居生态系统 Nest，Nest 试图让不同类型和功能的传感器和硬件统一在一个云平台下，共享数据、协同工作。

在安全和隐私方面，三种中间件的处理因应所采用架构的不同而有所不同。对于基于云的中间件，数据的隐私和完整性主要靠云服务提供商维护，用户只能接受云平台所提供的安全服务，没有更多的选择和灵活性。对于基于服务的中间件和基于角色的中间件，用户可以选择存储数据的方式和位置。此外，基于服务的中间件以及基于云的中间件都需要部署在云端，而不是部署在本地的终端设备侧，这意味着在终端设备和中间件之间需要传输数据，所以还要特别关注相应无线链路的安全性，确保传输过程中数据的完整、无损和安全性。

物联网应用的运行环境常常充满了变化和不确定性。例如，当物联网设备耗尽电池电量就会停止工作，设备和网关之间的连接就会丢失。为了应对这样的动态和不确定的场景，中间件需要提供支持服务发现(service discovery)的功能组件。服务发现功能是指，当紧急情况发生时能够及时发现新的可用服务，并用新的可用服务动态地替换失败的服务，以保证一定的服务质量。例如，如果当前的网关即将断开连接，则物理设备可以连接到类似的其他网关。目前在业界已经提出的三种架构中间件中，只有基于服务的中间件支持一定形式的服务发现。

### 6.3.3 典型 IoT 中间件介绍

一些大公司或研究机构都推出了适用于物联网系统的中间件软件，这些 IoT 中间件可以归纳到三种架构中去，如图 6-19 所示。不论采用什么架构，它们需要实现物联网应用所需要的一系列通用功能，去适应需要数据收集和分析类的物联网应用的需要。这些通用功能包括但不限于物理设备抽象化、物联网设备和服务的灵活组合、服务发现、数据的隐私和安全等。

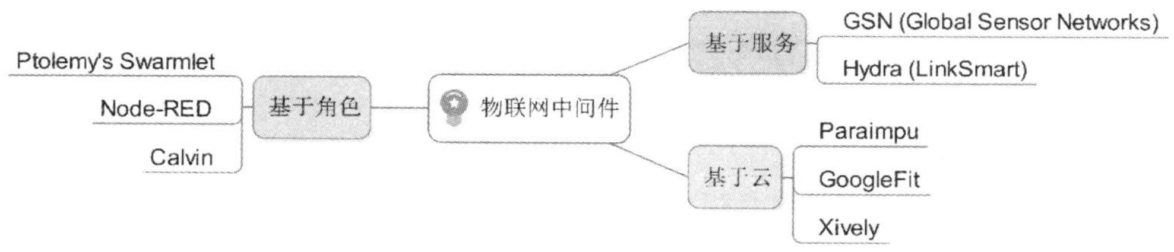


图 6-19　一些 IoT 中间件及其分类

#### 1. LinkSmart

LinkSmart 系统是一款基于服务的中间件，适用于联网嵌入式系统，由欧盟资助开发。LinkSmart 中间件可以部署到由功能受限的无线及有线终端设备构建的网络上。所谓功能受限体现在计算、能源以及内存等方面的资源受限。它采用的面向服务的架构意味着开发者可以将设备当做服务来使用。LinkSmart 使用同质化的 Web 服务来解决物联网设备的异构性。具体的说，Web 服务将异构的硬件设备以服务的形式整合到应用程序中，开发者侧所看到的物联网设备被包装成了易用的 Web 服务，因此无需考虑这些设备所采用联网技术的类型(如蓝牙、射频、ZigBee、RFID、WiFi 等)。LinkSmart 还支持服务(设备)的发现和配置，以动态地发现和配置新的设备资源。在安全机制方面，LinkSmart 通过分布式的安全和社交信任组件确保设备和服务的安全可靠。

LinkSmart 在智能建筑、智慧家居、工业 4.0、智慧城市、智能电网等应用领域已经有成功案例。开发者可以使用 LinkSmart 提供的软件开发工具包(SDK)开发物联网应用程序，比如使用 SDK 工具包创建一个对应着智能手表设备的 Web 服务。

由于 Web 服务不足以运行在所有资源受限的物联网设备上，因此把设备包装成 Web 服务的做法会在一定程度上限制物联网设备的类型。并且因为设备的能力受限，收集到的数据并不能在设备本地做处理或聚合，而是需要传输到 LinkSmart 中间件进行处理和存档。因此，那些对收集和分析数据的实时性需求较高的应用程序(比如医疗监护类应用)就不太适合选择 LinkSmart 作为中间件。总的说来，LinkSmart 对开发者的编程能力要求较高，更适合企业级的物联网应用。如果需要快速地搜索、创建和部署一个实现数据收集和分析的物联网应用程序，LinkSmart 中间件不是一个太合适的选择。

### 2. GSN

GSN(Global Sensor Networks)也是一款基于服务的物联网中间件，旨在为异构物联网设备的灵活集成、共享和部署提供一个通用的开源平台。GSN 很重要的特点之一便是支持虚拟传感器抽象(virtual sensor abstraction)。虚拟传感器由基于 XML 的描述符定义，并使用 Wrapper 封装起来。具体地说，虚拟传感器的输入是根据 XML 规范处理的一个或多个数据流。这些输入包括数据的采样率、数据流的类型和位置、数据的持久性、数据的输出结构以及数据流的 SQL 处理逻辑。每个输入流都与 Wrapper 相关联。Wrapper 程序指定的内容包括：① 首次初始化时，用于和物理传感器连接、交互和通信的网络协议；② 如何从传感器读取数据；③ 如何处理从传感器接收的数据。如此一来，开发者就能利用基于 XML 的部署描述符来部署一个物理传感器。

GSN 的体系结构遵循与 J2EE(为大企业主机级的计算类型而设计的 Java 平台)相同的容器体系结构，其中每个容器可以承载多个虚拟传感器，容器为传感器的生命周期管理提供功能，包括持久性、安全性、通知、资源池和事件处理等。

对于 GSN 中间件来说，数据不会在功率及计算能力均受限的本地设备(如智能手机或 Rasperry Pi)上做处理和聚合，所有收集到的数据都要传输到中间件进行处理和存档，这点和 LinkSmart 类似。在收集和存储了传感器数据后，GSN 只支持在提供的 Web 应用程序上显示数据，但不会提供进一步集成或解释数据的工具。

### 3. Google Fit

Google Fit 是一个开放的物联网生态系统，它允许开发者将健身数据上传到谷歌基础设施构建的中央存储库，用户可以通过网络从不同的设备和应用程序访问这个存储库里的数据。具体地说，健身应用可以存储来自可穿戴设备或传感器的数据，也可以访问其他应用程序创建的数据。本质上，Google Fit 是基于云的物联网中间件。

Google Fit 由健身商店(Fitness Store)、传感器框架(Sensor Framework)、一组 API、权限和用户控制这四部分组件构成。健身商店实质是一个云存储服务，作为中央存储库，它存储来自各种设备和应用程序的数据，如图 6-20 所示。

传感器框架包括一组高级表示，在调用 API 的时候配合使用，以方便在不同平台上使用健身商店。框架所定义的高级表示包括数据源(即传感器抽象)、数据类型、数据点、数据集和会话，如图 6-21 所示。

Google
Fitness Store
移动设备
Google Fit APIs
移动端应用程序
设备传感器
可穿戴设备
Google Fit APIs
Web端应用程序
客户端设备
Web浏览器

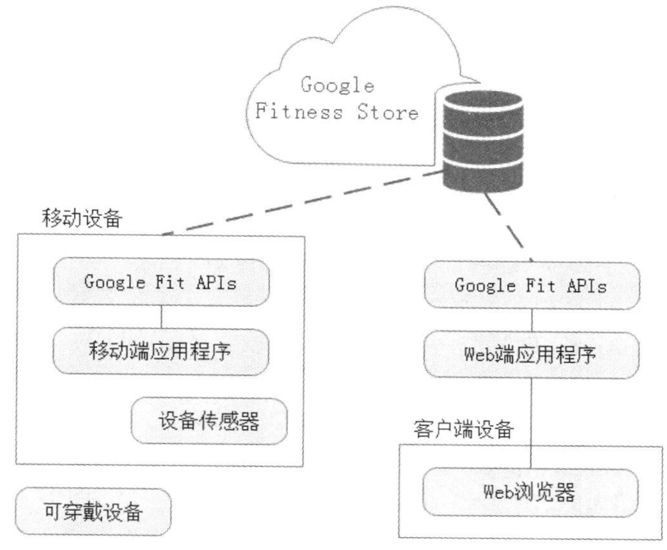

图 6-20　Google 健身商店(Fitness Store)

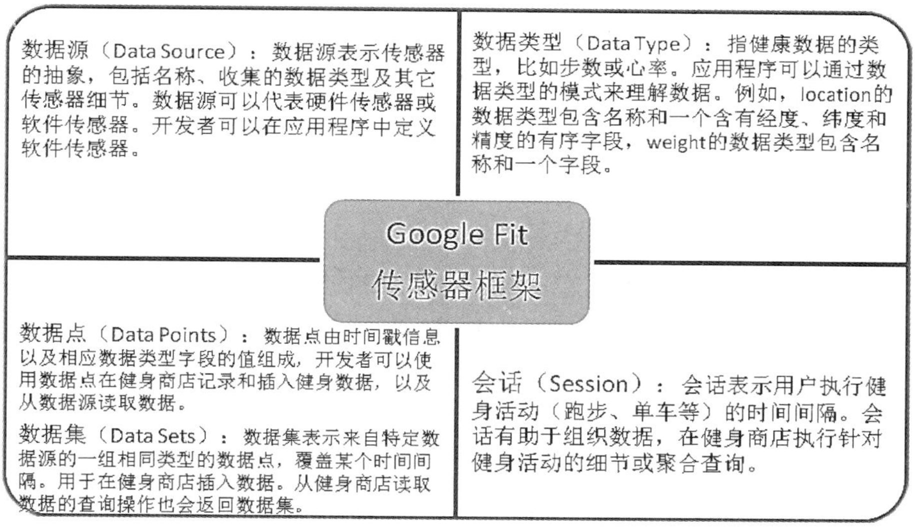

数据源（Data Source）：数据源表示传感器的抽象，包括名称、收集的数据类型及其它传感器细节。数据源可以代表硬件传感器或软件传感器。开发者可以在应用程序中定义软件传感器。
数据类型（Data Type）：指健康数据的类型，比如步数或心率。应用程序可以通过数据类型的模式来理解数据。例如，location的数据类型包含名称和一个含有经度、纬度和精度的有序字段，weight的数据类型包含名称和一个字段。
Google Fit
传感器框架
数据点（Data Points）：数据点由时间戳信息以及相应数据类型字段的值组成，开发者可以使用数据点在健身商店记录和插入健身数据，以及从数据源读取数据。
数据集（Data Sets）：数据集表示来自特定数据源的一组相同类型的数据点，覆盖某个时间间隔。用于在健身商店插入数据。从健身商店读取数据的查询操作也会返回数据集。
会话（Session）：会话表示用户执行健身活动（跑步、单车等）的时间间隔。会话有助于组织数据，在健身商店执行针对健身活动的细节或聚合查询。

图 6-21　Google Fit 传感器框架

Google Fit 提供了一组能将第三方物联网设备连接到中央存储库的 API，包括用于 Android 应用程序的 Android API 以及用于任何平台的 REST API。开发者通过调用 API 来创建能在 Android、iOS 或 Web 运行的应用程序。应用程序可以从特定的健身源订阅数据、查询历史数据并持续记录数据，特定的健身源可以是类似 Fitbit 的运动记录器或智能手表和手环。

此外，Google Fit 提供一个权限和用户控制模块，通过针对不同数据类型设置的授权机制保证数据的隐私和安全。在应用程序读取或存储收集的数据之前，必须获取用户同意。

Google Fit 可以很方便地构建一个预先定义好的应用程序，比如可穿戴健身设备的数据跟踪。但是它目前只支持以 BLE 协议通信的物联网设备，所提供的服务发现功能也仅限于扫描附近的 BLE 设备。如果要添加的健身传感器不能依赖 BLE 通信，而是采用别的通信技术比如 WiFi，那就需要开发者进行较为复杂的编程工作去实现。因此，Google Fit

的应用范围比较窄，主要目标是健身和健康类应用程序，并不能支持一般性物联网应用程序的数据收集、合成和分析功能。Google Fit 在隐私、安全和不可预知的延迟方面也存在不足。此外，Google Fit 采用基于云的物联网中间件架构，用户必须委托 Google Fit 来管理他们的私人数据。

4. Xively

Xively 是一个基于公共云的物联网中间件平台服务。对于物联网应用程序开发者来说，Xively 的主要用途是连接用户选择的物联网设备，并以可扩展的方式将从设备收集到的数据存储在云上。Xively 能将物理传感器转变为软件传感器，以基于 Web 的应用程序为工具，将物联网设备连接到 Xively 的物联网云平台，设备收集的数据会被存储在云平台。数据存到云端后，用户可以使用工具从云端提取数据。

Xively 提供数据库服务，可以支持快速数据存储和检索。

Xively 还提供目录服务(directory service)，用于查找适当的服务，这实际就是所谓服务发现(service discovery)功能。

和 Google Fit 类似，Xively 为构建物联网应用程序的开发者提供了一系列可以利用的 API 以方便他们调用。不过在想要连接的物联网设备还不能被 Xively 支持的情况下，需要更复杂的编程工作。因此，如果想基于 Xively 构建一个能关联多个异构物联网设备数据的应用程序并不容易，需要更多的编程工作。和 Google Fit 相比，Xively 能支持更多样化的设备，以及支持企业级服务的集成功能。在安全、隐私和延迟方面，Xively 与 Google Fit 存在相似的情况。2018 年初，Xively 被 Google 收购，正式成为 Google Cloud 服务的组成部分。

5. Paraimpu

Paraimpu 是一款具备社交意识的物联网中间件，也是一个基于 Web 技术的云平台，允许消费者添加、使用、共享和互连各种能够支持 HTTP 的智能设备以及社交网络上的各类虚拟服务。Paraimpu 将实体或虚拟的“物”映射为抽象的传感器或执行器，并提供物与物之间的连接的抽象，如表 6-11 所示。基于 Paraimpu，开发者可以将传感器和执行器相连，组成简单的物联网应用程序。在 Paraimpu 中，所有传感器和执行器都被表示为 RESTful 资源，并使用 JSON 格式来进行设备之间的数据交换。Paraimpu 采用可扩展架构，以达到构建可扩展的云基础设施的目的。

**表 6-11　Paraimpu 的抽象传感器、抽象执行器以及连接抽象**

| 名称 | 定　义 | 举　例 |
|---|---|---|
| 抽象传感器 | 任何能够生成相关类型数据(文本、数字、JSON、XML 等)的事物 | 连接到 Arduino 硬件板上的环境传感器，能产生地理数据的虚拟对象(如 Foursquare)，来自 RSS、Weibo 或 Twitter 等的文本消息等 |
| 抽象执行器 | 任何能够根据传感器生成的数据来执行操作的事物 | 照明系统，Chumby(一种智能小电脑)，各种执行器(继电器、电磁阀、线性执行器、旋转执行器等)，Facebook、google calendar 等能“消费”发送到 agenda 上的文本消息的虚拟对象 |
| 连接抽象 | 在抽象传感器(数据源)和抽象执行器(数据接收方)之间建立的实时数据流 | 依赖连接抽象，可将一个装有传感器的 Arduino 板连接到 PWM 电机控制器、Facebook 或 Twitter |

和其他中间件比较，Paraimpu 的核心优势和特点是它的社交意识——消费者可以在其社交网络中复用和共享物联网服务。Paraimpu 提供包含可配置执行器、可配置传感器、可配置连接在内的一个有限的集合，这些抽象资源可以在应用程序中被重复使用，创建从传感器到执行器的连接。Paraimpu 支持和管理 string、numeric、JSON 及 XML 等类型的数据，这些数据能被传感器生成，也能被执行器使用。为此，Paraimpu 通过基于 Javascript 的规则引擎来实现传感器和执行器之间的组合逻辑。Paraimpu 比较适合仅涉及一个传感器和一个执行器的物联网应用。如果开发者想将两个传感器连接到同一个执行器，则必须是有两个单独的连接，且要制作执行器的副本。

与采用云架构的中间件 Google Fit 和 Xively 一样，Paraimpu 的用户无法控制其数据的总体所有权。Paraimpu 通过支持 HTTPS 协议和通过访问令牌进行身份验证来保证安全性。允许用户控制共享数据的方式(私有或公共)，以处理隐私问题。Paraimpu 不支持设备到设备的通信，同样会有基于云架构的中间件常见的延迟问题。Paraimpu 不支持服务发现功能。

**基于中间件的物联网应用**

在意大利的 T 酒店，一个被称为“Tlight”的社交物联网应用为人们带来有趣味的互动体验。这个应用就是基于 Paraimpu 实现的。人们可以在推特上发布一条带有“T Hotel”标签的推文，并在推文中使用“red, blue, green, orange, yellow, white, cyan, wave, different, couple, full, pulse e random”等关键词。推文可以被抽象传感器 Twitter Paraimpu Sensor 读取，该传感器被连接到抽象执行器 Paraimpu Max/MSP13 Actuator 上，该执行器能驱动灯光做出推文数据指定的反应。还有一些社交物联网的有趣案例，例如当来自温度传感器 T 的温度数据值小于 5，在 Facebook 上发布“冬天来了”。又如，当哮喘病人按规定服药的动作被传感器识别，一条附带时间的推文“别担心，我已服用哮喘药”被自动发送到病人的推特账户，并能被亲人和医生读取。

### 6. Calvin

Calvin 是爱立信主导开发的开源物联网中间件，旨在为能力和能量受限的物联网设备提供一个统一的轻量级可移植编程模型。Calvin 采用混合的框架，将面向角色的模型和基于流的计算的概念结合起来，以构建和管理物联网应用程序。对 Calvin 而言，为了构建物联网应用程序，关键要理解角色(actor)这个抽象概念。角色即是一个可重用的软件组件，可以表示设备、计算或服务。角色的接口由其输入和输出端口定义。角色通过生成输出对输入进行响应，而不是像传统的面向对象模型中那样，通过返回值对方法调用进行响应。Calvin 角色模型还隐藏了设备之间的底层通信协议，不管物理连接是如何完成，各个角色之间都通过端口进行连接和通信。为了方便对于角色的编程，Calvin 配有专属的脚本语言版本 CalvinScript。Calvin 提倡一个规范的应用程序开发过程，包括描述、连接、部署和管理，以改进物联网应用程序的开发过程。Calvin 是一款轻量的物联网中间件，它可以在边缘设备(即终端设备)上运行，以最大限度地减少延迟，并在需要时充分利用云端可用的计算能力。

就 Calvin 中的角色而言，其关键优势在于能够从一个运行环境(也可称为运行系统 runtime system)迁移到另一个运行环境，从而提供一个强大的分布式物联网计算平台。该平台还附带一组预定义的角色，这些角色负责执行常见的独特任务，如流行的通信协议和并行处理等等。Calvin 的开发者可以使用 CalvinScript 创建新的角色，并将新角色添加到库中，实现对中间件功能的扩展。

Calvin 为角色提供的编程模型极为简单，能提供基础功能但不支持服务发现功能，也不支持基于图形用户界面(GUI)来组合构建物联网应用程序。在如何保障安全性方面，Calvin 也没有涉及。

7. Node-RED

Node-RED 是 IBM 提供的开源物联网中间件平台。与 Calvin 类似，它是一个轻量级物联网中间件，可以在网络边缘(终端设备)运行。对 Node-RED 中间件来说，主要的抽像是 Node，即一个 JavaScript 代码块的可视化表示，Node 被设计用于在物联网设备上执行特定功能(例如读取特定值)。在这样的框架下，每个 Node 可以被看作是一个角色，因此 Node-RED 也是一种基于角色的中间件架构。

Node-RED 的主要优势在于可视化。如图 6-22 所示，它提供了一个基于浏览器的流编辑器，用户可以通过拖放和连线操作将抽象成了节点的系统组件连接在一起，形成物联网应用程序。开发者可以开发和发布抽象的节点，其他开发者可以使用这些节点。Node-RED 提供的文本编辑器用于创建 JavaScript 函数，开发者还可以在内置库中保存有用的函数、模板或者流便于重用。Node-RED 提供了一个低代码的开发环境，大大简化了构建物联网应用程序的工作难度。

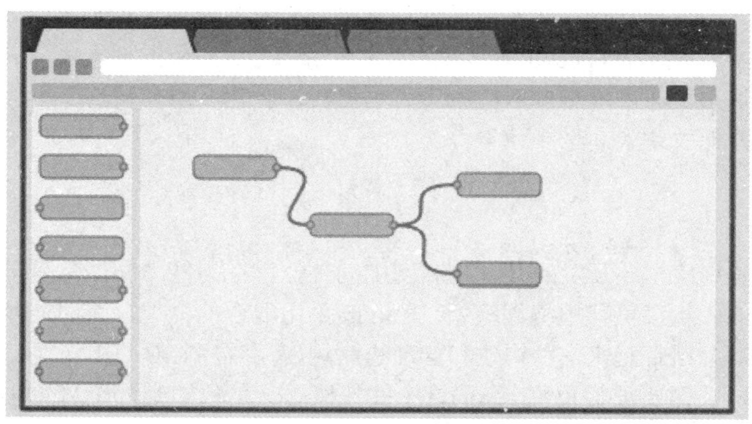

图 6-22　Node-RED 的流编辑器

Node-RED 比较适合快速建立一个物联网应用程序的原型(prototype)，可以用简单的 Javascript 编写功能，并使用 Node-RED 内置的事件驱动计算模型来执行功能。Node-RED 提供一个包存储库，其中有超过 225 000 个模块，这些模块可以被调用来增添新的功能。

Node-RED 通过口令认证提供有限的安全性。Node-RED 不支持服务发现。

作为事件驱动型轻量级物联网中间件，Node-RED 可以在网络边缘的低成本硬件(如 Raspberry 和 Arduino)板上运行，也可以在云端运行。

### 6.3.4　IoT 中间件小结

对于这些提到的物联网中间件系统，基于服务的物联网中间件较偏重如何对来自大量传感器的流数据进行高效、安全的处理，基于云的物联网中间件偏重考虑消费者的可用性。无论哪种架构，轻量、开放和安全是物联网中间件需要关注的关键要素。

表 6-12 对前面介绍到的物联网中间件的关键功能做了总结，这些功能都是用于支持创建以数据采集和分析为主要目标的物联网应用程序。设备抽象功能指中间件为了对开发者屏蔽物理设备的异构性，是如何将异构的物理设备封装的。网络连接功能指中间件对不同通信协议类型的支持情况。组合功能描述了中间件将物联网设备连接和混搭的方法。监视和可视化能力是指中间件支持随时随地监控设备状态并实现收集数据可视化的能力。服务发现是指动态地发现最佳设备或服务并将其进行组合的能力。安全和隐私指中间件对个人数据的安全性和隐私性的考虑。数据持久性指中间件如何存储数据。

**表 6-12　物联网中间件的功能**

| 功能 | LinkSmart | GSN | Google Fit | Xively | Paraimpu | Calvin | Node-RED |
|---|---|---|---|---|---|---|---|
| 设备抽象能力 | Web 服务 | 基于 XML 的描述符的抽象传感器 | API/Restful 资源 | Restful 资源 | 传感器/执行器/连接 | 角色 | Node |
| 网络连接能力 | ZigBee, Bluetooth, RFID, WiFi, HTTP, SOAP | Push/pull, SOAP, HTTP | Bluetooth, WiFi, HTTP | Bluetooth, WiFi, Socket, MQTT, HTTP | Push/pull, HTTP | Bluetooth, WiFi, i2c | MQTT |
| 组合能力 | 提供专用软件开发工具包(SDK) | 对开发编程强依赖 | 基于云平台存储及管理健身数据和设备 | 基于云平台存储及管理数据和设备 | 以连接组合传感器和执行器 | 提供专用脚本语言 CalvinScript | 流编辑器下的可视化拖拽 |
| 监控与可视化能力 | GUI 应用程序 | Web 应用程序 | Web 应用程序 | Web 应用程序 | Paraimpu 工作区 | Web 应用程序 | 基于浏览器的流编辑器 |
| 服务发现 | 支持 | 支持 | 不支持 | 不支持 | 取决于新传感器的声明 | 通过 API 查找角色 | 通过关键词查找 Node |
| 安全与隐私 | 分布式安全与社交信任机制 | 账户登录/电子签名 | 权限和用户控制机制 | 用户控制 | HTTPS 协议/令牌访问 | 没有考虑 | 口令认证 |
| 数据持久性 | / | SQL 数据库 | 云存储 | 云存储 | Mongo 数据库 | 分布式哈希存储 | 本地文件系统 |

从表 6-12 可以看到，对不同的物联网中间件其提供的设备抽像是不同的，抽象对象的类型和粒度区别也很大。对于基于云的中间件，会提供底层 API 用于添加本机不支持的物

联网设备，这需要更多的编程工作；而基于服务和角色的中间件，则提供了访问器、Node或虚拟传感器等比较高级的编程模型。如果我们想在中间件上部署新的物联网设备，部署的难易程度和中间件对设备抽象的支持方式必然密切相关。所有系统都能提供数据持久存储的服务，区别在于存储的数据类型和存储服务的可扩展性。Google Fit 目前只支持与健身相关的数据，且不支持多媒体数据。

一般来说，基于云的中间件总是面向大量的物联网设备和用户，因此须提供高性能的持久存储服务。Xively 和 Google fit 通过高性能 Web 服务器和存储系统的组合，即所谓“云存储”来实现持久性存储服务。基于角色的中间件(如 Node-RED)则是以本地文件系统实现持久性存储服务，这样的做法就有无法扩展的缺陷。这些中间件的组合功能和服务发现功能都是有限的。当前，中间件普遍采用身份验证、加密协议、访问权限控制等机制确保数据安全和保障用户隐私。

# 6.4　分布式计算

以“万物互联”为终极愿景的物联网，意味着装有传感器的嵌入式设备、智能手机、个人电脑等大量联网的物理实体会产生海量规模的数据——大数据，这些数据来自智能家居、工业、交通、可穿戴设备和医疗健康等多个应用领域。根据麦肯锡全球研究所给出的定义，大数据是一种规模大到在获取、存储、管理、分析方面大大超出了传统数据库软硬件工具能力范围的数据集合，具有海量的数据规模、快速的数据流转、多样的数据类型和价值密度低四大特征。依托大数据技术，可以从海量数据中提取分析结果，从而提取有价值的信息——知识，以使企业获得竞争优势。所谓得数据者得天下，大数据已经成为企业的重要资产。然而，传统常用的硬件和软件工具提供的本地存储、本地计算以及离线分析功能，并不具备有效捕获、管理和处理大数据的能力，不适合“万物互联”的物联网。为了更智能和高效的利用大数据，需要有针对大数据的存储、处理和检索机制。在这样的背景下，云计算、雾计算以及边缘计算为代表的分布式计算技术出现了。

## 6.4.1　云计算

云计算及其应用于物联网的挑战

依照美国国家标准与技术研究院(NIST)的阐述，云计算定义为一种利用互联网实现的计算模式，它支持对可配置的计算资源所形成的共享资源池进行随时随地的、便捷的、按需的访问和使用，可配置的计算资源包括网络、服务器、存储、应用、服务等。云计算意味着允许个人和公司不但可以使用本地的软硬件资源，也可以使用远程第三方的软硬件资源。云计算使研究人员和企业能够以较低的成本远程和可靠地使用和维护许多资源。物联网使用了大量的嵌入式设备，如传感器和执行器，它们生成海量规模的数据，需要凭借复杂的计算工具从这些数据中提取出有用的知识以支持物联网服务。云计算平台作为云计算服务的提供方，管理着 CPU、存储、服务器等大量硬件资源。云平台能够整合一个数据中心或多个数据中心的资源，屏蔽不同底层设备的差异性，以透明的方式向用户提供计算环境、开发平台、软件应用等在内的多种服务。云计算平台为大数据提供了一种新的管理机制，支持智能对象向云端发送数据，支持对大数据的实时处理，帮助用户从搜集的大数据中提炼出有价值的知识。

云平台包括公有云、私有云和混合云。公有云即第三方提供商为用户提供服务的云平台，用户可通过互联网访问公有云。私有云是为特定用户单独使用而组建的，对数据存储量、处理量、安全性要求很严格。结合公有云和私有云的优点，可以组建混合云。

随着云计算技术的兴起和发展，云计算平台提供的云服务——对大数据的云端存储服务和计算服务能够帮助物联网存储和处理大数据，而能够托管物联网服务的云计算平台就成为决定物联网计算能力的重要组成部分。一个能够支撑各行业物联网应用开发的通用云计算平台应能支持设备接入、设备通信、设备管理，能提供规则引擎和丰富的 API 接口资源，以及提供设备的安全保障机制。设备连接通信能力能帮助用户将海量的设备数据以安全可靠的方式采集上云，设备管理能力能帮助用户远程维护设备，开发者通过调用 API 接口并结合规则引擎，可以快速开发和集成物联网应用。一个托管物联网服务的云平台的建议功能配置可归纳如表 6-13 所示。

**表 6-13　能够托管物联网服务的云平台的建议功能配置**

| 功能 | 描　　述 |
| --- | --- |
| 异构设备接入 | 支持有线及无线等多种接入方式，预集成 IoT 主流厂商芯片模组如 NB-IoT、LoRa 等 |
| | 支持多通信协议，例如 MQTT、CoAP、HTTP 等，提供多种协议的设备开发工具包(SDK) |
| | 支持多种开发语言，例如 C、NodeJS、Java 等，提供相应的多平台设备端代码，支持跨平台移植，支持将基于不同硬件平台的设备接入云平台 |
| 设备通信 | 支持设备与云端的双向通信，为设备数据上报云端及云端指令下发设备提供稳定可靠的双向通信 |
| | 提供将实体设备和逻辑设备解耦的设备抽象机制，克服无线通信不可靠问题 |
| 设备管理 | 设备生命周期管理，支持注册、删除、禁用设备 |
| | 设备状态(online/offline)跟踪报告与可视化 |
| | 设备权限管理，基于权限与云端通信 |
| | 设备远程 OTA 软硬件升级维护、远程配置、远程故障定位 |
| | 设备抽象功能，方便应用开发和集成 |
| API 资源 | 支持 API 调用以快速开发和集成垂直行业的物联网应用 |
| 规则引擎 | 接受数据输入，解释业务规则，并根据业务规则作出决策<br>能与分布式存储工具及分布式计算引擎无缝适配，以支持应用拓展 |
| 设备安全 | 设备认证机制，设备权限管理机制，降低设备被攻破的安全风险 |
| | 应用级访问权限控制 |
| | 传输层级别(TLS 标准)的数据传输安全通道，保证数据机密性和完整性 |

物联网云平台能为用户直接提供物联网数据分析基础架构，平台隶属第三方，不需要使用者费心构建和维护，帮助用户降低总拥有成本。平台定价可以按时间计费。利用平台支持的自动负载平衡和横向扩展功能，用户能轻松地连接到云端，并管理分布在全球的所有设备，并即时获取信息。

一个通用的物联网云平台可以为各个垂直行业提供针对性的解决方案。从提供服务的层次看，云计算平台提供的服务自下而上可分为基础设施即服务(IaaS)、平台即服务(PaaS)和软件即服务(SaaS)。在业界有很多免费或商业化的云平台和框架可用于托管物联网服务，这些平台各具特色功能和优势。亚马逊是第一个真正将云计算转化为商品化方式的公司。AWS(Amazon Web Services)是亚马逊公司旗下的专业云计算服务平台，于2006年正式推出，以Web服务的形式向客户提供云解决方案。AWS面向用户提供包括弹性计算、存储、数据库、应用程序在内的一整套云计算服务，帮助企业降低IT投入成本和维护成本。除亚马逊AWS外，国内外比较有代表性的云平台还包括华为OceanConnect、阿里云IoT以及谷歌Google Cloud。基于这些通用的云计算平台，已经有很多成功的应用案例，包括面向社区/工厂/家庭的设备管理、面向工厂的泊位管理等应用。

**1. 基于云计算平台的社区系统管理——智慧社区**

在传统生活社区，安防、消防、楼宇等子系统往往各自独立，设备种类繁多，依赖人工操作，维护管理成本高，自动化程度低，系统之间很难实现业务的协同和联动。通用的云计算平台能够对接社区的消防、安防、楼宇等系统，将子系统整合在一起，通过规则设计和配置，实现跨系统的智能联动。云计算平台将社区内基于不同网络和协议的设备相连接，实现多种异构设备的统一管理，推动小区服务从基于人工监控与割裂操作的“被动应对式服务”升级到自动化程度高、基于信息分析和预判预警的“主动防范式服务”。

**2. 基于云计算平台的车位管理——智慧泊车**

传统的车位管理主要依靠人工调度，不能做到实时捕获车位和车辆状态，也不会进行车位的资源分析和动态调度，待停车辆排队等待与车位闲置无法利用的现象常常并存，带来停车场车位资源利用率低下的问题。特别是在工厂泊位管理中，更会导致零部件到货准时率低下，从而间接导致生产效率的降低。云计算平台可以解决车位资源使用率低下的问题，园区内所有车位状态要能实时监控和可视化，并通过云平台实现车位的智能化调度，最大限度地优化车位周转率。

**3. 基于云计算平台的工业设备管理——智慧工厂**

在工业生产中，依赖常规检修很难发现大型设备的轻度异常和缺陷。这样往往会使微小问题逐步凸显为不可忽视的问题后，设备突发故障，导致生产线被迫停产。这种故障常常毫无预兆，以至于缺乏预案准备，工厂损失惨重。基于通用的云计算平台可以实现工业设备的智慧管理解决方案。设备状态被实时在线监控，设备的健康状态被定量评估。根据设备状态的评估结果对设备健康程度进行判断，并预知设备的亚健康状态。及时和准确的掌握设备状态，一方面有助于更科学地制定设备检修计划，降低突发停机事故发生的概率，减少和避免非计划停机带来的损失；另一方面，还有助于预估设备来年维修费用、二手机残值、关键部件性能损耗，以及为企业来年的设备资金投入费用的评估提供依据。

**4. 基于云计算平台的家居设备管理——智慧家居**

基于通用的云计算平台，家庭终端设备可以连接到Internet，设备可以单独工作，也可以与其他设备(终端设备、集线器、路由器和网关等)以及云端应用程序进行交互和协同工作。云计算平台将异构的家居设备整合，并能根据设备队列的增加以及业务需求的变化实现可扩展性，给用户带来集成的智慧家居体验。在家居环境下，所谓终端设备可能是门锁、安全摄像头、漏水探测器、机顶盒等设备。基于各种设备所提供的环境状态等信息和云计算平台提供的机器学习等功能，家庭的网络健康、安全威胁等家居场景中较为重要的问题可以被主动、自动地记录、诊断和判断，平台可以向用户发送警报，用户也可以采取适当的行动(比如利用手机 APP 来监视和解决问题)。

将云计算技术应用于物联网所面临的挑战是多方面的，来自同步、标准化以及平衡的挑战最需要关注。第一重挑战是同步(Synchronization)。各式各样的云服务是构建在各种云平台上的。如果一个物联网应用所采用的云服务来自不同的云平台，就必须考虑不同的云服务供应商之间的同步问题，这将给对实时性要求较高的应用带来挑战。第二重挑战是标准化(Standardization)。想要最大程度地普及云计算服务，提供云服务的云平台供应商之间应建立互操作机制，这需要云计算的标准化。第三重挑战是平衡(Balancing)。通用的云计算平台可以为各个垂直行业提供针对性的解决方案，但是在通用的云服务环境和垂直领域物联网应用的需求之间，总是需要折中或平衡，这是又一重挑战。

云计算平台的实施主体是性能强大的服务器集群。作为云平台基础设施的硬件，服务器是集中放置的。高性能的服务器集群作为云平台硬件资源，支持平台为用户提供计算、存储、数据库、应用程序等一系列服务。用户以简单、经济、有效的方式访问云计算平台，获取服务。然而需要认识到，如果把所有数据都推送到云平台去处理，会带来一系列问题。

第一，尽管云计算平台通常都具备自动负载平衡和横向扩展的功能，但随着数据、设备和交互需求的持续爆炸式增长，云平台面临日益增长的计算和存储压力。第二，将数据从云端导入和导出实际上比想象的要更为复杂，随着接入设备越来越多，在传输数据、获取信息时，带宽资源愈发紧张。第三，那些相对远离公有云平台和数据中心的设备和数据势必面临无法忽视的延迟问题，继而影响相关性能。第四，物联网设备常要求具备服务的可靠性，以保证在远端云平台服务故障的情况下也能执行任务。完全依赖云平台提供的计算服务会令设备的可用性缺乏弹性和鲁棒性。

为应对纯粹依赖云计算带来的一系列问题，不需要将所有数据都交由远程的云计算平台集中处理，而是尽可能令数据处理(包括存储和计算)更接近数据源。除了远程云计算平台外，本地的计算和存储能力也不容忽视，应尽可能加以利用，以缩短数据和计算资源之间的距离和时间，提升数据传输的速度以及设备和应用程序的性能。这就是雾计算以及边缘计算概念被提出的背景。

## 6.4.2　雾计算

雾计算及其在物联网中的应用

雾计算是由思科公司于 2014 年提出的计算概念，是云计算的延伸概念，同属分布式计算的范畴，如图 6-23 所示。不同于云计算的实施主体是性能强大的服务器集群，雾计算将计算扩展到网络的边缘，其实施主体是性能较弱(相对于服务器而言)的各种功能设备，这些设备可能被嵌入到电器、工厂设备、汽车、街灯及人们生活中的各种物品中。雾计算鼓励能力很弱的节点参与计算，更加强调参与计算的节点数量，支持节点之间的对等互联，是介于云计算和本地计算之间的半虚拟化服务计算架构。

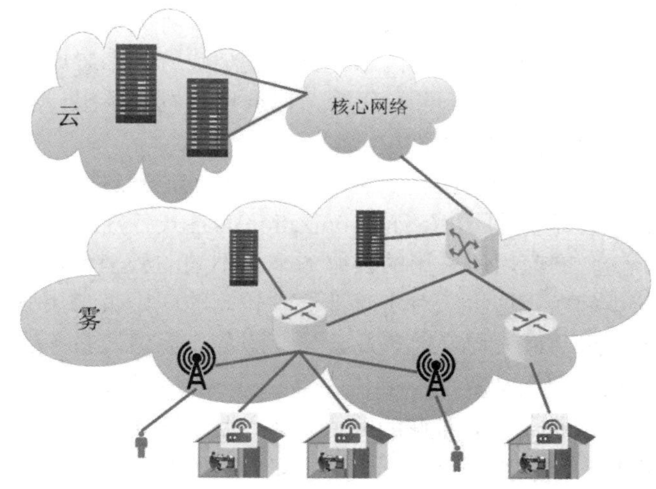


图 6-23　雾计算——更接近地面的云计算

之所以用雾计算这个词，源于“雾是更接近地面的云”这个概念。和云计算相比，雾计算在位置上更接近直接产生数据的设备，而并不像“云”那么高高在上，远离设备。雾计算作为和物联网密切相关的关键技术被业界提出并研究，也在全球范围得到了认可和使用。

雾计算的处理能力一般放在物联网设备所构成的局域网内，由局域网的物联网网关承担“雾节点”的角色，进行数据收集、处理和存储。多种来源的信息在网关处汇总并进行处理，处理后的数据被发送到需要该数据的设备。雾计算的特点在于：有处理能力的设备可以接收从多个终端设备来的信息，处理后的信息发回需要信息的地方，数据无需从网络边缘发送到远端云平台后再返回边缘。雾计算充当了智能终端设备与大规模的云计算和云存储服务之间的桥梁。和云计算相比，雾计算延迟更短。和边缘计算相比，雾计算更具备可扩展性。

雾计算使分布式计算从云计算中心被扩展和下放到网络边缘。云计算固然具有更强大的计算、存储和通信能力，但雾计算更接近数据源和最终用户，因此雾计算比云计算更有潜力提供拥有更佳的延迟性能的服务。图 6-24 比较形象的说明了云计算和雾计算在参与计算的设备主体、设备规模上的区别。

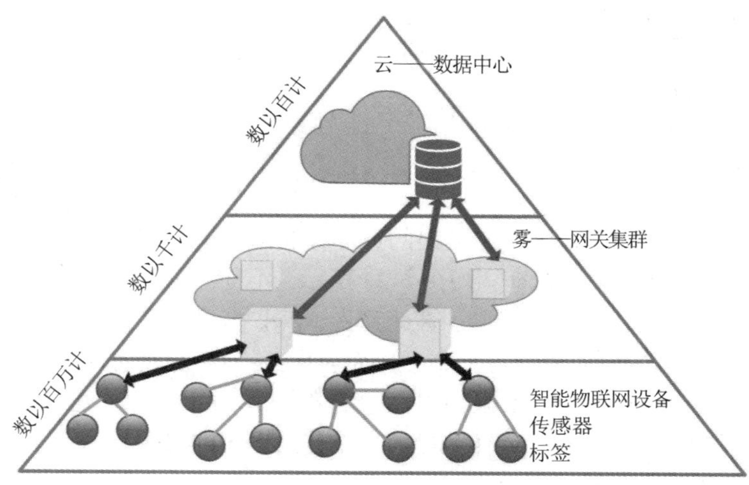


图 6-24　云计算和雾计算的设备主体及规模的区别

雾计算是云计算服务的有力补充，它在更接近数据的位置提供了一部分本来由集中式云计算提供的服务，以分担云计算的压力。对于一个具体的物联网系统设计师来说，可以考虑在必要的时候应用雾计算技术，以进一步提高物联网应用程序的整体性能，如表 6-14 所示。

**表 6-14　雾计算技术提升物联网系统性能**

| | |
|---|---|
| 更好的延迟性能 | 雾计算资源(基础设施)位于智能对象和云数据中心之间，更靠近终端用户，能提供更好的延迟性能，有望为实时交互性的服务带来更佳的性能 |
| 更灵活的横向扩展 | 雾计算允许物联网系统更具横向扩展性，例如随着最终用户数量的增加，部署的“微型”雾中心的数量可以灵活增加，以应对不断增加的负载。相比之下，云计算中心的部署成本很高，因为部署新的数据中心成本高昂 |
| 更分散的部署密度 | 雾计算资源的部署比云计算更具地理上的分散性，有助于提供更具弹性(鲁棒性)和移动性的分布式计算服务 |
| 支持雾云计算协同 | 雾资源可以执行数据聚合，将部分经处理的数据(而非原始数据)发送到云计算平台进一步处理，分担了云计算中心的压力，起到负载均衡的作用 |
| 更低的部署成本 | 雾计算的基础设施由存储、处理和通信能力有限的“微型”中心构成，其成本大大低于云计算的数据中心，因此可以部署许多这样的“微型”中心，使其更接近最终用户 |

可以看到雾计算有几个明显特征：低延时、位置感知、广泛的地理分布、适应移动性的应用和支持更多的边缘节点。这些特征使得移动业务的部署更加方便，满足更广泛的节点接入并提供更优的延时特性。

与云计算相比，雾计算架构更接近网络边缘，更加凸显分布式计算的特点。雾计算将数据本身、数据处理和应用程序集中在网络边缘的设备中，而不像云计算那样将它们几乎全部保存在云中。数据的存储及处理依赖距离数据源更近的网络边缘设备，而非云计算中心的服务器。某种意义上，云计算被视为新一代的集中式计算，而雾计算是新一代的分布式计算，后者更契合新一代互联网的“去中心化”特征。

在物联网的诸多参与方中，移动网络运营商有着先天优势可以成为通用雾计算服务提供商，可以凭借其庞大的通信服务网络，以蜂窝基站作为 “雾节点”向企业提供 IaaS、PaaS 或 SaaS 模式的雾计算服务。此外，移动电话或家庭网关等智能设备也可以成为雾计算的实施主体。

### 6.4.3　边缘计算

边缘计算及其在物联网中的应用

和云计算相比，边缘计算和雾计算的数据处理都更接近数据源头，这种相似性使得二者常被同时提及并被混淆，但确切地讲，二者存在差异。

最明显的关键区别在于智能计算能力的位置。雾计算的处理能力主要处于局域网中，其计算能力是分布于局域网中的多个计算节点(网关)上。边缘计算的处理能力更靠近数据源，实施边缘计算的主体就位于终端设备或传感器处。为实施边缘计算，常见的做法是将传感器和可编程自动控制器(Programmable Automatic Control, PAC)集成在一起，这样就能在传感器处就地实施数据处理。一般来说，边缘计算设备通常是配备有闪存的小型硬件，其处理器具备低功耗和安全性的特点。

边缘计算和雾计算的解决方案在数据的收集、处理、通信的方法有所不同。雾计算具有层次性和平坦的架构，具备可重复性和可扩展性，雾节点之间具有广泛的对等互联和协同能力。边缘计算则依赖于不构成网络的单独节点，支持各边缘设备独立动作，可以独立判断哪些数据保存在本地，哪些数据发到云端，数据处理和分析决策也是在孤立的边缘设备中运行，只依赖网络完成少量的数据传输。物联网数据处理的位置如图 6-25 所示。

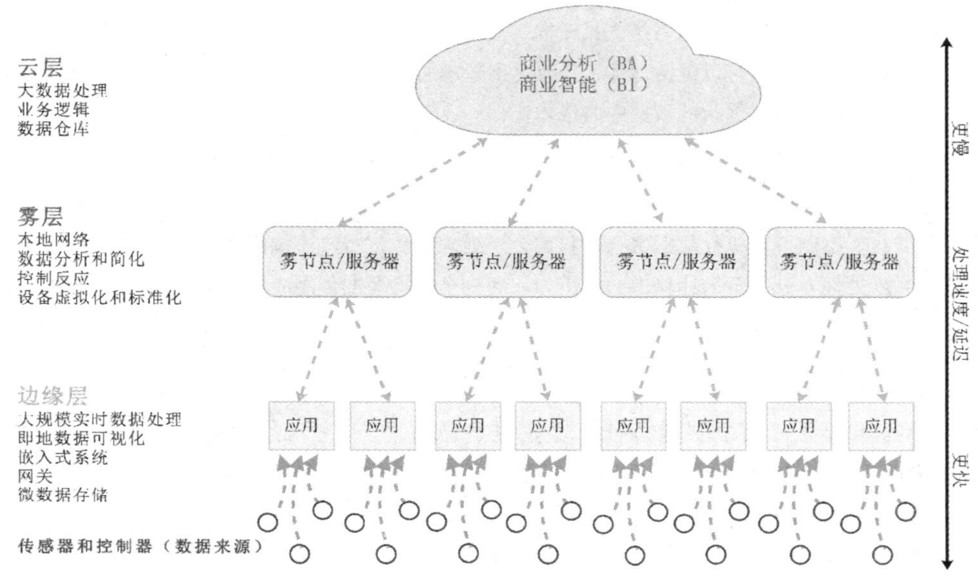


图 6-25　物联网数据处理的位置——云层、雾层、边缘层

我们以智能吸尘器的启动作业机制为例来理解雾计算和边缘计算的区别。设定吸尘器的任务——发现垃圾后立刻收拾，在家里遍布的传感器检测到垃圾的瞬间将启动吸尘器作业。在边缘计算的解决方案里，每个传感器根据是否有垃圾，来发送启动吸尘器的信号。而集中化的雾节点(或者 IoT 网关)则需要从家中各处部署的多个传感器那里先收集信息，再在雾节点处做判断，如果检测到垃圾的话就启动吸尘器。

交通运输是边缘计算发挥应用潜力的典型领域。在对安全可靠性要求极高的无人驾驶领域，汽车被安装了各式各样的传感器，需要通过大量传感器收集数据，而后基于数据分析对环境做出快速判断并执行正确的驾驶操作，对延迟有相对苛刻的要求。对数据的分析如果完全依赖远端的云计算服务器，传感器和中央服务器之间来回传送数据带来的延迟(哪怕仅为秒级)对无人驾驶来说，也是不能接受的。事实上，并不需要将传感器收集的大量数据都传回远端的云计算中心，而是可以直接在汽车上实施实时性更高的边缘计算，减少驾驶过程的响应时间，确保行驶安全。在飞机驾驶领域，也可以利用边缘计算。例如有民用飞机制造商在飞机上安装了大量传感器用于迅速感知和判断飞机引擎的实时性能(譬如发动机过热)。边缘计算直接就在这些传感器上进行，传感器所产生的大量数据(一个装有 5000 个传感器的引擎每秒能产生高达 10 GB 数据)并不需要被传送回地面的云服务器，也不需要被传送到飞机的集中处理组件处，而是直接被位于传感器处的边缘计算服务实时处理。

边缘计算和雾计算孰优孰劣，需要依据实际应用场景去考虑。但可以明确的一点是，随着物联网的不断发展，技术要素不断迭代，应用场景大大丰富，只完成简单数据采集功能的传感器已经越来越不能满足需求，取而代之的是能够采集、存储少量数据和处理简单计算任务的传感器。

在对物联网系统(特别是工业物联网)的计算需求支持上，云计算、雾计算和边缘计算构成了不能互相替代，而是互为协同和补充的数据处理层次，以满足复杂度多样化的计算需求。位于终端设备和传感器处的边缘计算和分布更为分散的网关处的雾计算负责承担数据量较小的简单计算任务，更充分地利用了网络边缘处设备的可用处理能力，进一步减少网络流量，使分布式数据存储和计算的概念更加彰显。雾计算节点(网关)之间有对等的交互，雾计算节点(网关)和物联网终端设备之间也有交互。边缘计算则直接处于终端处的嵌入式计算平台上，直接与传感器和执行器(控制器)交互。在计算的最高层次——位于中央服务器集群上的云计算则负责承担更为复杂的高阶计算任务，比如需要更大存储空间和更多处理时间的深度数据分析或机器学习，这些任务一般都需要对来自多个数据源的大量数据进行综合分析。

# 思　考　题

**一、选择题**

1. 华为公司主导开发的轻量级物联网操作系统名称为(　　)。

A. LiteOS　　B. Contiki　　C. TinyOS　　D. RIOT

2. 有关分布式计算，以下说法中错误的是(　　)。

A. 云计算平台提供的云服务即对大数据的云端存储服务和计算服务，能够帮助物联网存储和处理大数据，所有的数据都应当交给远程云计算平台集中处理

B. 雾计算及边缘计算技术能利用本地的计算和存储，能尽可能缩短数据和计算资源之间的距离，改善系统的延迟性能

C. 提供雾计算服务的雾节点，可以是蜂窝基站、移动电话或家庭网关

D. 边缘计算支持边缘设备独立动作，数据处理和分析决策在孤立的边缘设备中运行，只依赖网络完成少量的数据传输

3. Arduino 的要素包括(　　)。

A. 基于一系列单片机电路板的开源物理计算平台

B. 用于 Arduino 和 Genuino 开发板的软件开发环境

C. 拥有活跃开发者和用户的社区

4. 以下开源物联网操作系统中，编程模型为多线程模式的是(　　)。

A. TinyOS　　B. Contiki　　C. RIOT　　D. LiteOS　　E. Android Things

5. 以下开源物联网操作系统中，内核采用模块化架构的有(　　)。

A. TinyOS　　B. Contiki　　C. RIOT　　D. LiteOS　　E. Android Things

6. 有关物联网操作系统的标准架构，以下说法中正确的是(　　)。

A. 相对于其他架构的内核，单片架构的内核有更好的吞吐量，但功能相对复杂，灵活性差

B. 微内核架构的灵活性很好，允许向核心应用程序添加插件以实现附加功能，以高

效方便地提供扩展性

C. 模块化架构支持在运行状态下动态地更换或添加内核组件

D. 分层架构容易理解和管理，多种相似功能的组件被分别放置在独立分层中，配置处理方便

7. 有关操作系统的调度策略，以下说法中正确的包括(　　)。

A. 抢占式调度器总是选择运行优先级最高的任务，但不可以打断已经在运行的任务，要等其运行完毕

B. 非抢占式调度器不支持抢占，进程一旦运行不能被中断，必须等待优先级更低的任务在处理器中运行完毕

C. 抢占式调度器总是选择运行优先级最高的任务，即便有其它任务正在运行，也可能会被中断

D. 操作系统的调度策略与系统满足实时需求的能力密切关联

**二、判断题**

1. Arduino 能在 Mac、Windows 和 Linux 上运行。(　　)

2. Arduino 软件是开源可扩展的，但硬件不是。(　　)

3. Google Fit 是一个基于角色的物联网中间件。(　　)

4. 雾计算比云计算更接近数据源和最终用户，比云计算更有潜力提供更佳的延迟性能。(　　)

5. 和雾计算相比，边缘计算更具备可扩展性。(　　)

**三、填空题**

1. _____是介于物联网操作系统和物联网应用程序之间的软件系统。

2. 从用户的角度，可以将云平台分为_____、_____和_____。

3. 云计算定义为一种利用互联网实现的计算模式，它支持对可配置的计算资源所形成的共享资源池进行随时随地的、便捷的、按需的访问和使用，可配置的计算资源包括_____、_____、_____、_____、_____等。

4. 开发软件时所用的编程模型分为两种：_____和_____。

5. 内存管理是指内存资源的分配和释放方法，包括_____和_____。

6. 大数据是一种规模大到在获取、存储、管理、分析方面大大超出了传统数据库软硬件工具能力范围的数据集合，具有_____、_____、_____和_____四大特征。

7. 为了更智能和高效的利用大数据，需要有针对大数据的_____、_____和_____机制。在这样的背景下，云计算、雾计算以及边缘计算为代表的分布式计算技术出现了。

**四、简答题**

1. 作为开源物联网硬件平台，Arduino 的优势是什么？

2. 画图说明物联网操作系统的分类。

3. 简述中间件技术对于构建物联网的重要性。

4. 托管物联网服务的云平台需要有哪些功能配置？

5. 从同步、标准化以及平衡三个角度，阐述云计算技术应用于物联网所面临的挑战。

6. 简要说明云计算、雾计算以及边缘计算的区别。

# 第 7 章

# 物联网服务

理解递进的物联网服务

物联网提供的服务和用户的实际需求密切关联，继而也和物联网的发展演进密切关联。我们从用户获取服务的角度可以将物联网服务分为身份相关服务、信息聚合服务、协作感知服务，以阐述物联网如何为人类的生产生活赋能。这三类服务体现出层层递进的特点，对物联网基础设施也逐步提出了更高的要求。随着技术的演进和需求的多元化，物联网服务在持续地复杂化、层次化、体系化，以满足来自“万物互联”愿景下各种应用的需求。理解这三类物联网服务，有利于物联网应用的开发者从用户需求角度把握系统顶层概念设计的全景，以及局部组件的协同逻辑。

## 7.1　身份相关服务

身份相关的服务主要实现对实物对象的标识和识别。提供身份相关服务的核心组件包括配备了身份标识符(例如 RFID 标签)的“物”，以及能根据标识符对“物”进行识别的读取设备(例如读取 RFID 标签中编码信息的阅读器)。在读取到附着于“物”的编码信息后，读取设备将向名称解析服务器发出请求，以访问有关该“物”的更加详细的信息。

身份相关服务可以分为主动和被动两类，可以为来自个人或企业的许多不同类型的应用提供服务。主动身份相关服务指那些广播信息的服务，这类服务一般有较稳定的供电电源，至少有电池供电。被动身份相关服务是指那些自身没有电源供给、需要外部设备或机制来提供能量传递“物”的身份的服务。例如主动型 RFID 标签是由电池供电，一旦识别出外部源，它就会发送含有标签信息的信号；被动型 RFID 标签没有电池供电，需要外部电磁场才能启动信号传输。主动身份相关服务将“物”的身份信息主动传输或发送到外界的目标设备。被动身份相关服务，其所提供的“物”的身份信息需要在得到来自外部设备的能量后才被动地被读取。

对于实现“万物互联”的物联网来说，首要的基本需求是建立起真实物理世界与虚拟数字世界的映射和对应，将真实世界的实物对象带到虚拟世界来。身份相关的服务可以满足这一需求。物联网应用程序可以利用物联网身份相关服务，得到特定应用场景下每个设备或每件事物的最核心的身份信息，从而识别一个或多个设备。身份相关服务是最基本最重要的一类物联网服务，其他类型的物联网服务若要发挥作用，通常都需要身份相关服务的协同配合。

以在身份相关服务中最流行的 RFID 技术为例，大多数旨在提供身份相关服务的物联网应用都利用了 RFID 技术。这类物联网应用多集中在生产和运输领域，以及供应链管理领域。

## 7.2 信息聚合服务

信息聚合服务主要实现对需要处理的原始感知测量数据的收集和汇总，以及将汇总数据报告给物联网应用程序的功能。

信息聚合服务的流程是这样的：网关(Gateway)利用某种网络通信技术从各式各样的传感器获取并汇总数据，之后将数据共享给应用程序。比如网关获取的数据可以是利用 RFID 技术收集的某设备身份，也可以是利用 ZigBee 技术从传感器设备收集到的某种感知数据。网关设备将获取的数据经汇总处理后传递给应用程序，这个应用程序可以是 JSON 或 XML 等 Web 服务。信息聚合服务能被不同的应用程序调用，它向开发者屏蔽了收集数据的异构通信技术，使得前端的物联网应用程序的开发更加灵活高效。

一般来说信息聚合服务是建立在身份服务之上的。在身份服务的基础上，结合 RFID 网络或无线传感器网络以及访问网关等组件，信息聚合服务将原始信息收集后转发给应用程序进行处理。信息聚合服务负责向应用程序提供从系统的终端(智能设备、传感器、RFID 标签等)收集的所有信息。RFID 网络或无线传感器网络可以是一个或多个。图 7-1 给出了基于传感器网络的信息聚合服务示意，多个无线传感器网络协同工作，提供各自覆盖的周边环境信息。多个网络之间通过访问网关彼此相连。

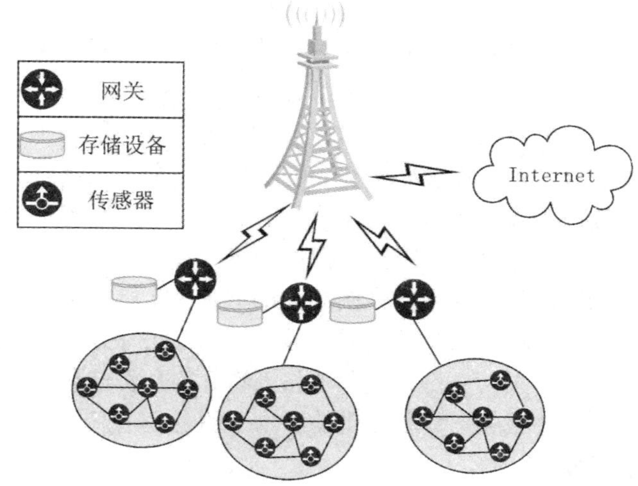


图 7-1　基于传感器网络的信息聚合服务示意

基于 RFID 网络的信息聚合服务的示意如图 7-2 所示。访问网关有权访问数据库服务器，它将通过 RFID 阅读器收集设备身份信息聚合存放在数据库的服务器上，这就意味着每个 RFID 设备都能被连接整合在同一个平台。

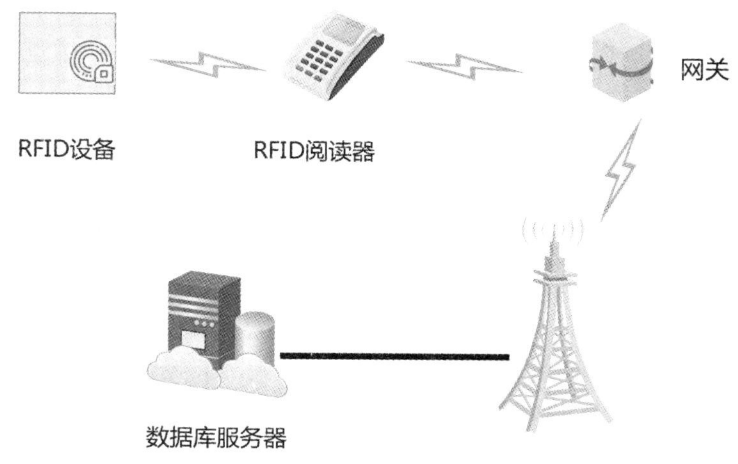


图 7-2　基于 RFID 网络的信息聚合服务示意

监控类物联网应用通常也需要利用信息聚合服务。在农业温室生产环境的监控系统中，需要测量并记录临界温度、湿度和土壤信号，然后通过短距离无线通信技术传输到网关，再由网关经过无线或有线网络传输到应用平台进行处理。在可穿戴装备类应用中，可穿戴设备可以利用适当的短距离通信技术(如 ZigBee)将患者生理数据上传给应用平台，然后利用这些数据生成电子病历。

## 7.3　协作感知服务

随着物联网的不断发展，物联网连接设备数量持续扩张，收集数据的类型和数量不断增长，简单的身份识别和信息聚合服务已不能满足应用的需求。如何充分利用从传感器网络中获取到的数据做出进一步决策和执行，开发更智能的物联网应用，成为学界和工业界的共识。基于此，在信息聚合服务上发展出了更复杂的物联网服务——协作感知服务。协作感知服务是使用聚合数据做出决策的服务，它在信息聚合服务的基础上运行，不仅需要获取数据，还要对收集的数据进行分析后做出决策，并基于这些决策来执行操作。创建协作感知服务的关键是网络的安全性、速度和终端处理能力，配套的物联网基础设施应提供更高的可靠性和实时性，以及具有更强大的处理能力。关于终端设备配置，可以直接配置能兼顾数据收集和决策执行的终端，也可以将简单的传感器和嵌入式设备结合。传感器完成信息收集，嵌入式设备执行高效的数据处理、决策和执行。

在智能家居、智能建筑、智能交通、工业自动化、智慧医疗和智能电网等领域，常常需要协作感知类物联网服务。

(1) 智能家居系统需要协作感知服务。在智能家居的发展初期，其应用的特征重点体现在对远程监控和操作家用电器系统(如空调、供暖系统、能耗表等)的支持上。随着更多的设备和数据被整合，一个可以考虑的创新应用方向就是如何更好地利用数据，实现内部和外部环境的互动，以获得更智慧高效的家居环境能量监控和管理。内部环境包括所有与互联网连接的家用电器和设备，外部环境主要指不受智能家居控制的对象。例如智能家居可以根据天气预报自动关闭窗户，合起楼上窗户的百叶窗。

(2) 智能建筑需要协作感知服务。这类应用将楼宇自动化系统(BAS)与互联网连接了起来。BAS 使用传感器和执行器控制与管理不同的建筑设备，如暖通空调、照明和遮阳、安保、娱乐等。BAS 有助于改善建筑的能耗和维护。例如当某个建筑设备出现了故障需要检查和维修，设备在闪烁指示的同时，能将需要检查和解决的问题作为维护请求直接发送给负责维护的部门，整个流程不需要人工干预。

(3) 智能交通系统(Intelligent Transportation System，ITS)可以利用协作感知服务。一个典型的 ITS 系统包括四个主要部件：车辆子系统(含 GPS、RFID 读卡器、车载单元 OBU 和通信部分)、车站子系统(路边设备)、监控中心和安全子系统。随着自动驾驶技术的发展，车辆之间联网也变得越来越重要，目的是使驾驶更加可靠、愉快和高效。ITS 将计算与通信功能整合以实现实时监测和控制交通运输网络，大幅提高了运输基础设施的可靠性、效率、可用性和安全性。目前，很多互联网公司和车企已竞相进入自动驾驶这一领域。谷歌是自动驾驶技术研究的先行者和领导者。2013 年，奥迪成为全球第一家获得美国加利福尼亚州和内华达州测试执照的汽车制造商。2013 年 12 月，沃尔沃宣布其自动驾驶汽车将在瑞典哥德堡繁忙的道路上行驶约 30 英里。2016 年初，美国运输部和国家公路交通安全管理局(NHTSA)宣布，将制定监管路线，要求全美所有新车在未来几年间内都需配备车对车(V2V)通信系统。

(4) 工业自动化(Industrial Automation)也是一种可以利用协作感知服务的典型应用。物联网应用于工业自动化有两大发展方向：其一是通过网络监视和控制生产机器的运行、功能和生产速度；其二是工厂机器可以基于四个要素——运输、加工、感知和通信——快速、准确地生产产品。例如，如果某个特定的生产机器遇到突发问题，物联网系统会立即向维护部门发送维护请求，以处理修复。此外还可以通过分析生产数据、生产时间和生产中遇到的问题来提高生产率。工业自动化令机器设备计算机化乃至智能化，从而实现以最少的人力投入完成制造任务的目的。

(5) 智慧医疗可以利用协作感知服务。在临床护理中应用物联网技术，可以在患者或其药物中嵌入传感器和执行器，实现对各类状态的检测和跟踪。通过传感器对患者的生理状态进行监测，采集分析患者的信息，然后将分析后的患者数据远程发送到处理中心，做出适当的判断和决策。

(6) 智能电网需要物联网协作感知服务。第一，协作感知服务有助于电力供应商更科学地控制和管理电力资源、提升供电效率，比如可以按人口增长的比例配置电力供给。第二，协作感知服务可以结合能耗数据改善房屋和建筑物的能耗情况。安装在建筑物内的电表能连接到能源供应商的网络，这些智能电表能够收集、分析、控制、监控和管理能耗。协作感知服务充分利用来自电网的数据，可以为改善房屋和建筑物的能耗情况做出最优的判断和决策。第三，协作感知服务有助于排查电网潜在故障、提升服务质量。

随着物联网的快速发展，各个领域不断涌现出各式各样的物联网应用。我们已经看到，供应链管理多属于身份相关服务的范畴，可穿戴和智慧环境多属于信息聚合服务的范畴，智能家居、智能建筑、智能交通系统和工业自动化更接近协作感知服务的范畴。从物联网服务的角度将这些应用进行分类和归纳非常有意义。应用程序开发者可以从这种分类和归纳去理解要开发的应用程序所需要的物联网服务类型，从而可以在特定类型的物联网服务的基础上来构建相关的物联网应用程序。物联网应用的开发者应该将精力更多地放在构建应用程序本身，而不是再花费大量精力去设计支持物联网应用程序所需要的服务和架构。换言之，标准化、模块化、层次化的物联网服务可以优化和加速应用程序的开发实现。

## 思 考 题

1. 举例说明物联网身份相关服务对应的物联网应用。
2. 举例说明物联网信息聚合服务对应的物联网应用。
3. 举例说明物联网协作感知服务对应的物联网应用。

# 第 8 章

# 物联网的典型应用

物联网的终极愿景是实现具有各式各样的能力和形式的“万物互联”，这促进了信息和通信技术在生产生活的各个领域中成为核心的创新引擎和推动力量，相关关键技术的持续迭代和发展也促进了物联网在人类生产生活中的广泛服务和应用。

要令物联网为各相关方提供实际价值，打造创新商业机会，需要从多个角度寻找物联网应用场景。这些角度大致划分为三类：其一，面向传统垂直细分领域，基于通用基础信息通信技术平台架起垂直市场的桥梁，以构建和提供针对性应用和服务；其二，寻找或创造新的市场需求，以物联网技术为物理对象之间的交互赋能，构建和提供满足需求的应用和服务；其三，利用先进的大数据技术对物联网数据流进行数据分析，进一步优化业务流程。

## 8.1　智能可穿戴

智能可穿戴类应用

可穿戴解决方案所提供的用途各不相同，设备可以在身体的各种部位穿戴或佩戴，如头部、眼睛、手腕、腰部、手、手指和腿，也可嵌入服饰元素中。表 8-1 总结了时下流行的各类可穿戴物联网解决方案，包括了每个解决方案的简要功能描述。

表 8-1　流行的可穿戴物联网解决方案

| 穿戴部位 | 功 能 描 述 |
| --- | --- |
| 衣服 | (1) 婴儿监护仪：使用压力、伸展、噪音和温度传感器监测婴儿的呼吸、身体位置、活动水平、皮肤温度和声音，并通过智能手机为家长提供需要注意的任何情况的通知。<br>(2) 睡眠跟踪装置：将薄膜传感器条放在床垫上，并结合智能手机，帮助创建一个夜间休息模式。随着时间的推移，有助于改善用户睡眠。<br>(3) 医疗助手：内置运动传感器和压力传感器的服装，可跟踪孩子一整天的挫折感和活动水平，并根据这些信息生成自定义通知警报，帮助缓解自闭症谱系障碍或注意力缺陷/多动障碍患者的焦虑和压力。<br>(4) 健康监测：内置柔性织物传感器的智能服装，可以监测心率、呼吸频率、体温等生理信息。<br>(5) 军事监测：内置柔性织物(flexible fabrics)传感器的智能服装，可以检测着装者中弹后的子弹冲击力，并向控制中心提交报告。 |

**续表一**

| 穿戴部位 | 功 能 描 述 |
|---|---|
| 腰背部/胸部 | (1) 医疗助手：用于胎儿情况跟踪的设备，当胎儿在子宫里踢他(她)的母亲时，更新社交网络。<br>(2) 日常活动和健身助手：紧贴背部上方的日常活动和健身监控装置，内置传感器及蓝牙，可与手机 APP 同步。预先输入身高体重参数及预先校准标准姿势，并能实时跟踪姿势情况。当用户偏离衡量基准时，以柔和振动提醒用户改善姿势。<br>(3) 运动健康助手：一种胸带，可以跟踪心率、速度、距离、压力水平、卡路里和活动水平，建议和允许在某些心率区域内进行锻炼，以达到减肥或心血管改善等目标。 |
| 手腕 | (1) 日常活动和健身助手：该腕带集成多种传感器，可以跟踪卡路里、睡眠时间及质量、脉搏、血流声音、血氧饱和度、血流频谱、脉搏、加速度、活动类型情况(走路/跑步/骑车等)、皮肤温度等，配合开放式可穿戴传感器平台，为运动健康和生活健康提供建议。<br>(2) 个人戒烟助手：一款用于戒烟的腕带，能基于用户提供的信息记录烟瘾图表，还可通过尼古丁含量感应装置实时监控佩戴者体内尼古丁含量，并将此信息提交至手机 APP 进行分析，基于烟瘾图标和尼古丁含量信息确定烟瘾周期，以对佩戴者实施针对性尼古丁替代疗法，对佩戴者提供戒烟指导，改变犯烟瘾后的行为。<br>(3) 安全认证：一款腕带，基于心电图技术(ECG)、蓝牙连接和一套传感器，可以唯一、安全地识别用户心律，并持续登录到用户附近的设备。<br>(4) 专业运动训练助手：一款帮助跟踪运动员训练情况的手表，可以收集和融合诸如地图、距离、速度、心率和光线等上下文信息，生成运动员的训练档案。 |
| 手臂 | 休闲娱乐用途：一款臂带，内置多种传感器，能检测肌肉和手臂内的电活动，从而捕捉识别出手臂摆动和手指移动等手势动作。基于此，用户在游戏中的虚拟角色也会以同样方式表现出动作。 |
| 眼 | (1) 个人运动助手：一款护目镜，主要用于滑雪运动，可以监控跳跃、速度、导航、行程记录和同伴轨迹。<br>(2) 谷歌开放眼镜平台：内置照相机、投影仪和传感器的眼镜，配合谷歌眼镜平台使用，支持诸如导航日历通知、导航、语音激活、语音翻译、通信等功能。谷歌平台为开发者提供传感器和处理功能来构建不同的上下文软件功能。 |
| 头 | (1) 个人运动助手：一款运动专用头盔，主要用于美式足球，可以通过对碰撞的检测和分析确定何时将运动员带离球场并寻求医疗建议。<br>(2) 紧急事故监视器：一款能检测碰撞的自行车头盔。如果用户的头撞到人行道或任何硬物，头盔会自动向智能手机发送信号，以生成求助电话。 |
| 手 | (1) 个人运动助手：一款嵌入手套的运动传感器，用于高尔夫运动，可以监测、分析和改进高尔夫的挥杆情况。<br>(2) 医疗助手：一款戒指，可以监控并跟踪用户心率。<br>(3) 日常活动助手：一款戒指，内置传感器、NFC 连接及数据交换软件。可支持开启智能门锁、车锁，可用作电子支付、地铁卡。 |
| 腿/脚 | (1) 日常活动和健身监视：一款袜子，内置加速度计和纺织传感器来测量步数、高度和卡路里，能协助跑步者避免潜在的危险——比如脚后跟撞击或前脚过度跑步，这些危险可能导致背部疼痛或其他严重伤害。<br>(2) 日常活动和健身监视：一款内置传感器及蓝牙的鞋子，能识别血压、疲劳(脚部肿胀)、姿势、步数、卡路里等信息，基于感知情况自适应调整鞋子形状，并通过手机 APP 提供个性化活动指导。<br>(3) 视障助手：佩戴于肩膀及小腿处的可穿戴设备，主要基于摄像头获取信息感知以检测从地面到头部附近的障碍，并以噪音和振动的方式为佩戴者提供信息反馈，提供导航建议，并能为视障人士提供物体识别和面部识别。 |

续表二

| 穿戴部位 | 功 能 描 述 |
|---|---|
| 体内 | 医疗助手：在身体上佩戴一块贴片，与 1 毫米传感药片和后端云服务协作，收集和处理用户用药反应的实时信息(如心率、温度、活动和全天休息模式)。 |
| 综合 | (1) 日常活动和健身监视：能佩戴在身体多个部位的可穿戴设备，可以跟踪步数、爬楼梯、卡路里、睡眠时间、行驶距离、睡眠质量。<br>(2) 休闲娱乐用途：超小型可穿戴装置，内置 GPS 和五个传感器，能收集和融合数据，确定和通知用户相机拍照的最佳时机。<br>(3) 医疗健康助手：可穿戴于身体多个部位的装置，能收集人体多种生理数据，配合远程监控系统为医生提供决策支持。 |

物联网解决方案根据需要佩戴的身体部位可进行分类，如图 8-1 所示。

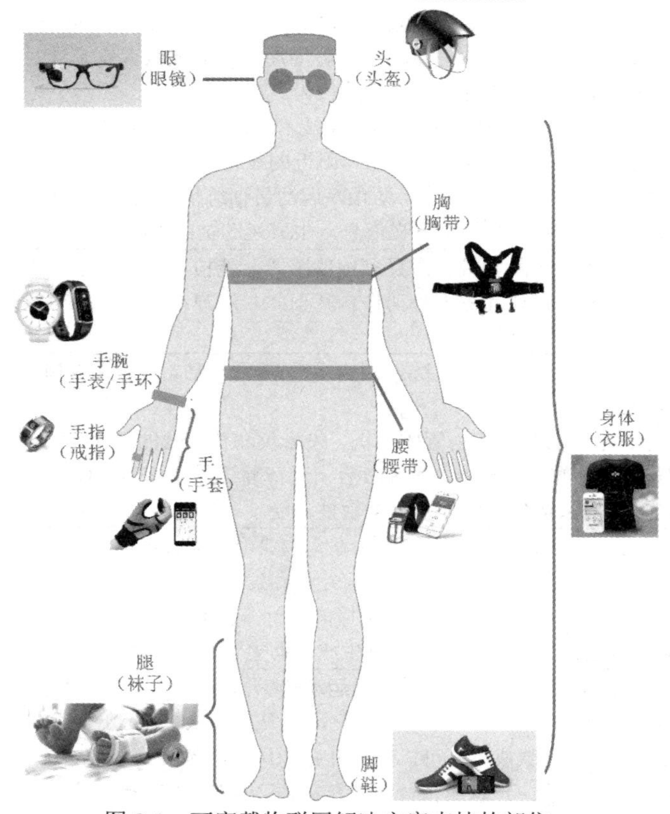


图 8-1　可穿戴物联网解决方案支持的部位

智能家居类应用

## 8.2 智 能 家 居

作为物联网的典型应用，智能家居类应用在提升人类生活品质的同时，也能带来可观的经济效益——节约能耗、缩减支出，以及可观的经济效益——减少碳排、保护环境。近年来，智能家居系统大受欢迎，市场潜力巨大，越来越多的智能家居解决方案正在进入市场。

我们可以基于一个典型智能家居系统的架构来理解各类功能的家居设备和云端计算、远程用户是如何协同工作的，如图 8-2 所示。家居环境中的一类设备连接到局域网，经由局域网网关间接连入互联网(云端)。另一类设备不但连接到局域网，也可以直接连接到互联网。智能家居服务器及其数据库连接到局域网。服务器通过局域网管理器控制各种设备、记录设备活动、提供报告、回答查询并直接执行简单任务。面对更复杂的任务，服务器经由局域网管理器将数据上传至云端进行分析和决策，再经由 API 进行远程任务执行。此外，终端用户可以经由互联网与家居系统通信，获取信息并远程执行任务。

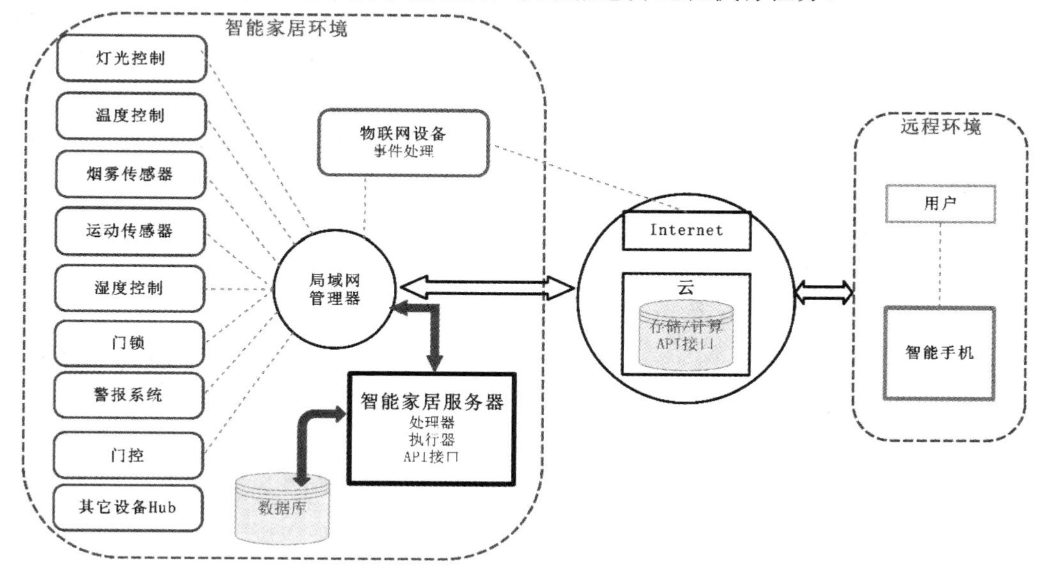


图 8-2　智能家居系统架构

目前的智能家居解决方案主要关注三类：智能化家居设备管理、智能化家居能源管理和智能化家居活动管理。

第一类是以人机交互和信息流分析为基础的智能化设备管理，主要体现为对家用电器和家居环境譬如照明系统、空调、供暖系统、智能水电气表、草坪园艺、安防、水和气的管道等的远程监控和操作(例如照明系统开/关、加热、冷却、灌溉、门锁开/关、水阀门开/关、气阀门开/关等)。例如智能家居可以根据天气预报自动关闭窗户、开启/关闭照明、开启/关闭空调、调整百叶窗。进一步可以通过跟踪用户手机和理解用户习惯，以更综合的信息分析提升操作的智能性。通过对信息流的综合分析，推测用户到家时间，控制开门、开灯、打开厨具电源，为浴缸准备热水等，用户亦可以随时重新配置或取消相应的自动化操作设定。

第二类是基于内部、外部环境定期互动和信息流分析的智能化能源管理。在这里，“内部”和“外部”是相对于家居环境而言。内部环境主要包括所有连接到互联网的家用电器和设备，外部环境包括不受智能家居控制的实体，如智能电网。智能家居系统与智能电表相连，通过和智能电表的交互，智能家居系统可以实时监测电价信息的变化，并基于电网用电信息实现家用设备的智慧用电。比如自主安排家用电器的运转避开昂贵的用电高峰期(比如夜间电价较低时，洗衣机自动进行洗衣)，以动态智能的调节方式降低用电成本，实现高度自动化的家居能源管理。又如将家用电动汽车连接到智能电网，借助充电桩双向充电技术，在用电低谷期从电网购买电能，在用电高峰期将电能反向输出(卖)给电网(Vehicle to Grid)，或在用电高峰期将电动汽车预存的电能用于家庭用电(Vehicleto Home)，避免直接从电网高价买电。

第三类是以人机交互和信息流分析为基础的智能化活动管理，聚焦于帮助特定人群——老年人和残障人等行动不便者，为他们提供日常活动监护和保健监测。在现代化临床护理场景中，患者常常需要在有限的人力帮助下以不易察觉的、近乎透明的自然方式获得医疗保健服务。针对这样的场景，可以利用物联网技术实现对患者生理状态以及环境状态监测，结合医疗服务提供商(如医院和专业医疗机构)后台的综合信息分析和适当处理与干预，提供精细化智慧医疗健康服务。这一类可以看作是家居医疗保健类物联网应用，在现在已经初露端倪，也是人口老龄化社会终将普遍需要的应用。

在这些解决方案中，被分析的信息流包括通过传感器感知到的环境状况、资源消耗状况、健康情况、用户需求等。人机交互和内外部环境交互的场景则需要多个不同的子系统集成在一起，这意味着子系统之间的接口要标准化，以确保子系统之间有良好的互操作性。整个家居系统则以分布式的、互为协作的方式对信息流进行分析推断后进行操作运行，确保对所控制的各类资源做出的决定和执行的操作符合用户需求。

## 8.3 智能建筑

智能建筑类应用

从浅层次看，和智能家居类似，现代建筑中会配备大量传感器和智能设备，如照明、遮阳、电脑、电视、多媒体、扬声器装置、中央空调、集中供暖、空气净化、安防、视频对讲、插座、监控摄像头和水电气仪表等，如图 8-3 所示。

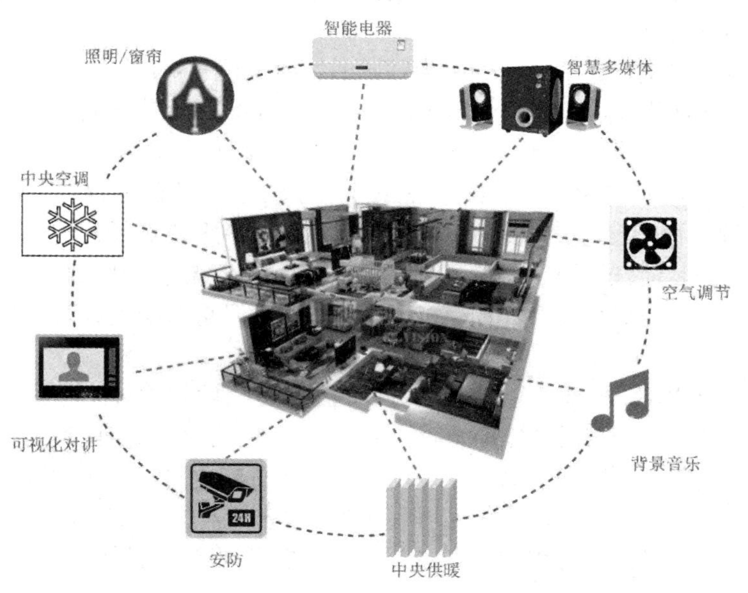


图 8-3　现代建筑和家庭大量配备传感器和智能装置

和家庭环境相比，建筑的规模大得多，能耗排放更高，管理维护更复杂。传统上都是利用楼宇自动化系统(BAS)实现对建筑设施的管理和维护，改善建筑的能耗和保养情况，但是其暖通空调、照明、遮阳、消防、安防、娱乐等子系统都是独立工作的，并不与互联网连接。各个子系统直接读取来自相关传感器的输入，并直接控制输出继而控制阀门、阻尼器、风扇、锁、照明等设施。

将物联网技术应用于智能建筑领域，可以在传统 BAS 的基础上使传感器和执行器设备通过适当的通信技术与互联网连接，如此就能在建筑物外部利用远端程序访问建筑内的设施信息。比如当某个设施出现需要检查和解决的问题时，无需人工干预，该设施便可在预先设定的策略支持下，通过网络向维护保养部门自动提交维护请求。允许经由互联网访问设施信息，可实现对 BAS 的集成化、网络化管理，不但使建筑物的管理和维护不再受地点和时间的限制，更加环保和高效，还能利用所获取的信息创建更为智能的设施维护、规划、优化服务以及基于数据挖掘的新应用，带来节能减排的社会价值，也带来有巨大想象空间的潜在商业价值。

根据使用目的的不同，智能建筑领域涉及的物联网应用可以分为安全监控、管理维护和服务自动化三类。安全监控类应用包括视频监控、入侵检测、访问管理等。管理和维护类应用包括故障检测、资产管理、能耗改善、结构健康监测等。服务自动化涉及暖通空调、照明、灌溉、娱乐等。

在城市中到处都是固定的建筑物，有小有大、有新有旧，如历史建筑、商业建筑、住宅建筑、水坝或桥梁等。建筑是城市生活的重要组成部分。桥梁被人和车辆使用，人们在各类建筑物中生活和工作。这些大型结构的健康状况至关重要，任何损坏都可能导致危及生命的情况和严重的经济损失。为了监测建筑物的“健康水平”，可以将被动式无线传感器嵌入混凝土结构中，并使用工业科学和医学频段(ISM)中的无线电频率定期发送具有适当振幅和相位特性的无线电信号。从传感器处收集的数据可以用于检测任何异常，或者说可用这些异常迹象来预警或预防损坏。

比如，对历史建筑的适当维护需要对每栋建筑物的实际情况进行持续监控，并需要定期安排操作人员进行成本昂贵的结构测试，以确定受外部因素影响最大的建筑部位。我们可以在建筑物的合适区域安装各式各样的传感器，并将传感器与控制系统相连接。传感器包括振动和变形传感器(监测建筑物应力)、大气介质传感器(监测周边区域的污染水平)以及温湿度传感器等。安装于建筑物内的各类传感器负责收集数据获得有关环境状况的描述，据此建立起有关建筑物结构完整性测量的分布式数据库。有了分布式数据库，需要人为操作的定期结构测试得到相当程度的减少，针对性的建筑物维护和恢复工作则能够更主动的展开，而不需要等到严重问题暴露时才能得到干预。将感知到的建筑物振动数据和当地地震数据相结合，还能支持有关轻微地震对城市建筑的影响方面的研究。这类应用一般可以由政府或公共部门主导，数据库可被设置为公开访问，以供市民了解保护城市历史建筑所采取的措施。

## 8.4　智 慧 环 境

智慧环境类应用

党的二十大报告提出，“中国式现代化是人与自然和谐共生的现代化”，这要求我们在致力于获得经济发展的同时，也要注重保护自然和生态环境。作为科技人员应当善加利用新技术，设计更优性能、更高效率、更低成本的解决方案，推动智慧环保发展，助力现代化生态环境治理。

物联网技术不仅使家居、医疗、工作、工厂在运营或资源利用的方式上更为高效，也可以为环境保护提供解决方案。根据我国生态环境部于 2018 年 1 月颁布的《国家环境保护标准 HJ929-2017》给出的定义，所谓环保物联网即利用信息技术建设并用于环境质量、污染源、生态保护、环境风险等环境数据获取与应用的物联网。

《中华人民共和国国家环境保护标准 HJ929-2017》基于环保物联网的概念模型，从面向环保行业的物联网应用系统的角度，给出环保物联网的体系结构图，如图 8-4 所示，比较明确地描述了环保物联网各个业务功能域中的主要实体及其相互关系，各个实体的描述如表 8-2 所示。

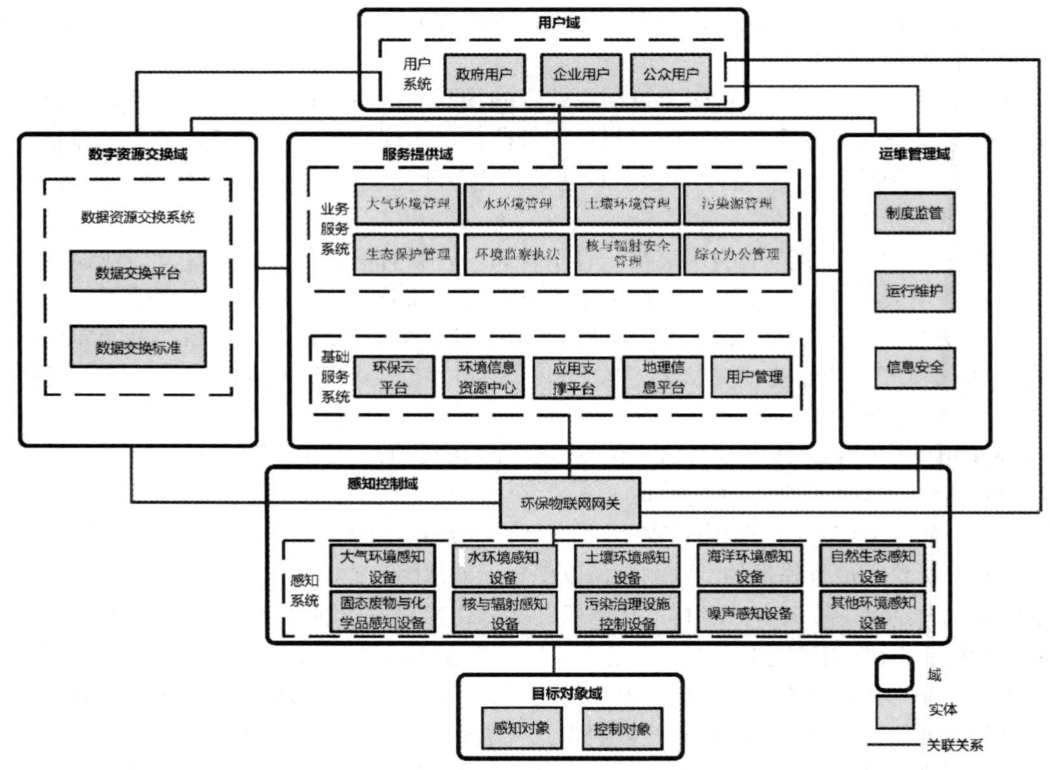


图 8-4　环保物联网体系结构

**表 8-2　环保物联网体系架构中的实体描述**

| 序号 | 域 | 实体 | 实 体 描 述 |
| --- | --- | --- | --- |
| 1 | 环保用户域 | 用户 | 政府用户：环保部门和机构<br>企业用户：环保有关的污染产生、治理、排放企业及环保产业相关企业<br>公众用户：环保有关的社会组织、科研机构及个人 |
| 2 | | 用户系统 | 支撑用户接入环保物联网并使用相关服务的接口系统<br>主要包括政府用户系统、企业用户系统和公众用户系统 |

**续表一**

| 序号 | 域 | 实体 | 实 体 描 述 |
|---|---|---|---|
| 3 | 环境目标对象域 | 感知对象 | 与环保物联网应用相关、用户感兴趣，并可通过感知设备获取相关信息的物理实体<br>包括大气、水、土壤、海洋、核与辐射、固体废物与化学品、噪声、自然生态等环境要素、污染源及污染治理设施 |
| 4 | | 控制对象 | 与环保物联网应用相关、用户感兴趣，并可通过控制设备进行相关操作控制的物理实体<br>包括环境质量监测、污染源监控、污染物防治与处理、核与辐射监管、自然生态监测等设备 |
| 5 | 环境感知控制域 | 环保物联网网关 | 支撑感知系统与其他系统相连，并实现环境感知控制域本地管理的实体<br>可提供协议转换、地址映射、数据处理、信息融合、安全认证、设备管理等功能<br>可以是独立工作的设备，也可以和其他感知控制设备集成为一个功能设备 |
| 6 | | 感知系统 | 通过不同的感知和执行功能单元实现对关联对象的信息采集和操作，实现一定的本地信息处理和融合<br>各类设备可以独立工作，也可以互相协作，共同实现对环境要素和污染物对象的感知和操作控制<br>按感知控制对象的类别，主要包括但不限于：大气环境感知设备、水环境感知设备、土壤环境感知设备、海洋环境感知设备、自然生态感知设备、固废与化学品感知设备、核与辐射感知设备、环境卫星感知设备以及污染治理措施控制设备、污染源监控设备等 |
| 7 | 环保服务提供域 | 业务服务系统 | 是面向环保领域某类用户需求，提供环保物联网业务服务的系统。根据业务类型提供的服务包括但不限于：大气环境管理、水环境管理、土壤环境管理、污染源管理、生态保护管理、环境监察执法、核与辐射安全管理、综合办公管理 |
| 8 | | 基础服务系统 | 是为业务服务系统提供环保物联网基础支撑服务的系统。根据服务类型划分，包括但不限于：<br>环保云平台：为业务服务系统提供统一的信息基础设施服务，包括计算资源、存储资源、网络资源、安全资源等基础服务；<br>环境信息资源中心：为业务服务系统提供数据支撑服务，包括环境信息资源目录、数据整合集成、共享开放和分析挖掘等服务；<br>应用支撑平台：为业务服务系统提供应用支撑服务，如 SOA、Web service、工作流组件等服务；<br>地理信息平台：为业务服务系统提供地理信息和遥感服务，包括基础地图数据库、空间应用开发环境、专题图制作、基础影像地图、遥感数据等服务；<br>用户管理：为业务服务系统提供统一的用户管理服务，包括用户身份管理、认证管理、证书管理、权限管理、单点登录等服务 |

**续表二**

| 序号 | 域 | 实体 | 实体描述 |
|---|---|---|---|
| 9 | 环保运维管理域 | 制度监管 | 是保障环保物联网系统符合国家和环保行业相关规章制度与标准规范的系统，提供相关规章制度与标准规范的查询、实施、监督、执行等 |
| 10 | | 运行维护 | 是管理和保障环保物联网中的设备与系统可靠稳定运行的系统，包括但不限于系统接入管理、用户认证管理、系统运行管理和系统维护管理等 |
| 11 | | 信息安全 | 是管理和保障环保物联网中的设备与系统信息安全的系统，包括但不限于物理安全管理、网络安全管理、数据安全管理、系统安全管理、安全测评与风险评估等 |
| 12 | 环保数据资源交换域 | 数据资源交换系统 | 是为了满足环保物联网用户服务需求，获取其他外部系统必要的数据资源，或者为其他外部系统提供必要数据资源的前提下，实现系统间数据资源的交换与共享的系统。根据系统功能划分，包括但不限于：<br>数据交换平台：为环保物联网的不同系统或用户之间提供统一的数据传输交换服务的技术平台。<br>数据交换标准：为保障环保物联网不同系统之间数据交换的完整性、可靠性和有效性而建立的通用数据文件格式、接口协议等标准规范 |

将物联网技术引入大气污染、水安全、极端天气监测、濒危物种保护等广泛的环境保护的应用领域，能显著提升数据采样和状态感知的频繁性，显著扩大数据采样和状态监控的地理范围。实地实时的复杂多元感知和远程监控决策系统有机结合，以更少的人力提供了更细粒度(精度)更智能的环境监控解决方案，衍生出诸多低成本高效率的环保物联网应用。空气质量监控、自然及人为灾害防控相关的应用较为常见，而非法砍伐监控、蜂群健康监控、偷猎行为监控等则是比较创新的应用。

### 1. 空气质量监控

城市感知能够提高一个可持续发展的城市的生活质量和生产力。在城市的拥挤区域、公园、户外健身场所设立多个监测点，部署空气质量和污染传感器对环境质量(天气气候状况及污染状况)进行连续自动的监测和感知，确保环境健康和安全。可以感知监测的指标包括温度、湿度、碳氢化合物和氮氧化合物(光化学烟雾、二氧化碳、一氧化碳、氨和苯的基本成分)等参数。这些环境监测数据被回传至空气质量监控平台，并向社会公开，市民可以查询，健康类应用程序可以连接、获取和利用。

### 2. 噪声污染监控

噪声污染对人们的健康福祉和生活质量的影响很大，这对政府有关部门管控噪声提出了挑战。通过噪声传感器网络与视频传感器网络的有机配合，可以实现对噪声污染情况进行可靠的测量，并对噪声污染严重场景做出响应。声音传感器网络用来实现对噪声的可靠测量。另一方面，视频传感器网络集成了图像处理、计算机视觉和网络，可对场景进行噪声动态分析。两个传感器网络共存和有机配合，当噪声污染严重(超过设定阈值)时，更细粒度的实时视频监控被激活。如此一来，政府有关部门可以实时动态地掌握噪声污染情况，采取合理合适的降噪措施。

### 3. 灾害监控预警

物联网技术能为地震、山体滑坡、森林火灾等不同类型灾害提供监控和预警的解决方案。在可能发生地震的区域选择建筑墙体安装地震预警传感器，并通过蜂窝网络实时传递地震波数据，可迅速定位地震位置并判估震级。由于电波传播速度快于地震波，物联网地震预警系统能争取多达数十秒的预警时间提前预警，显著降低人员伤亡和次生灾害。又如，在森林区域布设网络摄像头以及感知温度、风向的传感器，通过蜂窝网络回传环境信息并在后台做融合分析和综合判断，可实现对森林火灾的实时监控和预警。

### 4. 非法砍伐监控

无度的森林砍伐是造成地球温室效应的重要因素之一。在森林的树木上布设微小传感器，可以实时监控伐木相关的电锯噪声或大型卡车的声音，从而及时发现非法砍伐行为，并向附近的执法保护机构发出警报。在亚马逊雨林的部分地区，已经在使用这些物联网传感器保护森林，防止非法砍伐。

### 5. 蜂群健康监控

蜜蜂种群的健康是环境健康程度的晴雨表——众多植物的生长和繁衍依赖蜜蜂授粉。为蜜蜂个体贴上微型射频标签，可以跟踪蜜蜂种群行为，监控蜂群健康状况，帮助养蜂者及时解决问题，避免蜜蜂数量的大幅下降。比较有代表性的解决方案是美国 Aaron Makaruk 研发的 Buzzbox 解决方案。Buzzbox 解决方案搭载的传感器可以测量温湿度，并能与智能手机连接，通过 WiFi 或其他通信网络技术将数据传送至专属应用程序。使用者可以随时在应用程序中确认蜜蜂与蜂巢的情况。BuzzBox 解决方案也具有基本防盗功能，当蜂巢被入侵或遭小偷光顾时，使用者的手机会马上响起警报。

### 6. 偷猎行为监控

类似于非法砍伐监控，在盗猎行为频发地区布设传感器，可以感知盗猎者在区域移动的声音。类似于蜂群监控，在珍稀动物(如犀牛)的身上安装能感知它的位置和健康指标的传感器，可以感知动物是否处于盗猎引发的危险境地。偷猎监控系统为反盗猎组织提供综合信息判断盗猎行为是否发生，并及时介入和处理。

## 8.5　智慧交通运输

智慧交通运输类应用

党的二十大报告提出，要“加快构建新发展格局，着力推动高质量发展”，需要“建设现代化产业体系”。为此，应当“加快发展物联网，建设高效顺畅的流通体系，降低物流成本”，这就需要将物联网技术广泛应用在交通运输领域。

物联网技术能进一步增强和优化运输系统和交通工具的能力，提供创新的自动化公路、铁路、航空运输服务，也重塑了货物和商品的跟踪和交付方式。物联网技术应用于交通运输领域，可以为车队监控、物流监控、交通收费、铁路列车引导控制、公路车辆引导、供应链跟踪、车辆共享、停车服务、交通网监控与分析等提供智能化解决方案。在交通运输领域的各类应用场景下，物联网应用帮助终端用户降低运输成本、提升运输效率，为系统集成商、独立软件提供商、服务提供商及综合解决方案提供商创造了大量的商业机会。

#### 1. 车队监控

车队远程信息解决方案可以实现对车辆的智能监测和控制，实现经济、安全、高效的车队管理。车载仪表和 GPS 模块将车辆状态(行驶距离、速度、位置)、司机行为上报车队管理后台，后台凭借上报数据实现车辆路线规划和调度，出具驾驶合规性、安全性以及性能的报告，优化燃料消耗和车辆维护成本。这样的方案可以根据车队应用场景的不同进行具体设计。譬如可以在公交车车门处安装立体相机传感器检测车门状态，基于传感器上报信息识别乘车高峰和低谷，基于实时乘车状况对公共交通车辆的配置和路由进行动态规划，优化配置车辆资源。

#### 2. 物流监控

智慧物流解决方案可以实现货物和商品在供应链全链条——制造、运输、配送上的实时监控，确保货物在适宜的运输条件下被按时送抵目的地。车载传感器将有关运输环境和货物的各类信息(状态、位置等)上报物流管理后台，后台凭借数据实现物流实时跟踪、货物防盗侦测、货物调度和交付、车辆容量和行驶路线的管理等功能。这种物流解决方案的功能可以根据对象货物的特点进行针对性的精细化特色设计。比如对温度敏感的货物、危险性材料或高价值物品而言，需要实现在运输和交付全程状态的实时精细监控，不仅要上报地理位置信息，还要上报车载环境传感器收集的温度、湿度、光线、振动等状态信息。方案设计的关键点和难点在于：物联网监控后台要支持对来自不同传感器的大量异构数据进行分析，并设计出易用的业务规则管理引擎，满足对敏感货物可靠监控的需要。

#### 3. 交通收费

交通智能收费系统主要用于高速公路场景，可实现基于预设规则(车型、载重、时间等)实现精细化自动计价，实时执行财务交易、生成账单、监控车流量等功能。交通智能收费系统避免了现金处理的烦琐和安全风险，降低了人工运营成本，也显著缓解了交通拥堵。车载应答器、GPS 传感器和路边信标自动跟踪车辆移动以提供车辆类别和位置数据。相关数据被收集、聚合并安全可靠地传送至金融交易收费系统，费用多少根据车辆类别及载重准确计算。整个收费系统的重点和难点在于如何确保数据的准确性和完整性、数据收集和传输的高度可靠性、跨收费事务全程的数据持久性以及对机密信息的隐私保护。

#### 4. 列车监控避碰

列车控制避碰系统适用于铁路交通网，能实现对列车的实时跟踪和引导、自动制动、列车调度和路线动态规划、列车状态和性能实时监控、运营成本管理等功能。系统能有效防止列车超速、碰撞、脱轨、不当移动、工作区入侵等非法行为，并有效监控列车性能状态，显著提升列车运营的安全性、准时到达率，亦有助于节约维护成本、优化列车盈利能力。该系统实现的技术难点在于，要确保系统级的持续高可用性——系统年度总停机时间应控制在分钟级。要注意：支撑这类应用的无线网络通信基础设施的可用性必须满足电信级“五个 9”标准，如表 8-3 所示。

表 8-3　可用度 vs 年停机时间

| 可用度 | 9 的个数 | 年停机时间(分钟) | 适用产品 |
|---|---|---|---|
| 0.999 | 三个 9 | 500 | 电脑或服务器 |
| 0.9999 | 四个 9 | 50 | 企业级设备 |
| 0.999 99 | 五个 9 | 5 | 一般电信级设备 |
| 0.999 999 | 六个 9 | 0.5 | 更高要求电信级设备 |

### 5. 交通拥堵与影响监测

城市交通是交通噪声污染的主要贡献者，也是城市空气质量污染和温室气体排放的主要贡献者之一。交通拥堵直接给城市的经济和社会活动带来了巨大的成本：2005 年，澳大利亚大都市的交通拥堵给国家造成了 95 亿美元的损失，预计 2020 年这个数字将达到 204 亿美元。此外，供应链的效率和生产力以及所谓及时(just-in-time)运营的需求都受到交通拥的堵严重影响，货运车辆延误和货品延迟交付时有发生。

多种传感器可用于测量污染水平、交通延误和车辆排队情况，安装位置也颇为灵活，可以在固定位置安装，也可以安装在移动车辆上。通过车对车(Vehicle-to-Vehicle，V2V)和车对基础设施(Vehicle-to-Infrastructure，V2I)的通信可以形成特别的车辆网络，实现对行程时间、始发地到目的地路线选择、队列长度、空气污染物和噪声排放等的数据在线监测，并对可能的事故或意外进行预测。这些经由传感器收集的信息和城市交通控制系统收集的信息融合后，就可以向交通系统中的用户或旅客提供与之相关的有效信息。

## 8.6　工业物联网(IIoT)

工业物联网

在工业领域，工业物联网(Industrial Internet of Things，IIoT)是数字制造的基本支柱，它将机器、控制系统等工业资产与信息系统和业务流程相互连接，重点关注产品生命周期的制造阶段，通过分析收集的大量数据，以提供能够更快速响应动态需求、几乎无需人工干预的工业操作解决方案。IIoT 作为物联网在工业自动化领域的应用，帮助工业设备进一步智能计算机化(能感知、能通信)，在工业生产制造的各个环节自主自动地获取生产机器的运行、功能、生产率等数据和信息，并基于对信息的分析实施必要的控制动作，快速、准确地生产产品，达到以更少的人工参与完成制造任务的目的。

例如，如果某个特定的生产机器遇到突发问题，物联网系统会立即向维护部门发送维护请求，以处理修复。又如，物联网系统通过更加快速、精准地分析生产数据、生产时间和生产出现问题的原因来提高生产率，实现更高效、更智能的自动化工业生产。对于工业物联网应用来说，对数据速率的要求一般不高，而低延迟、低功耗、低成本、可靠性、安全性、私密性则是更为关键的特性。

总的说来，以工业物联网技术打造智能工厂，可对生产监控、库存监控、环境监控三大环节实现进一步智慧赋能，如图 8-5 所示。

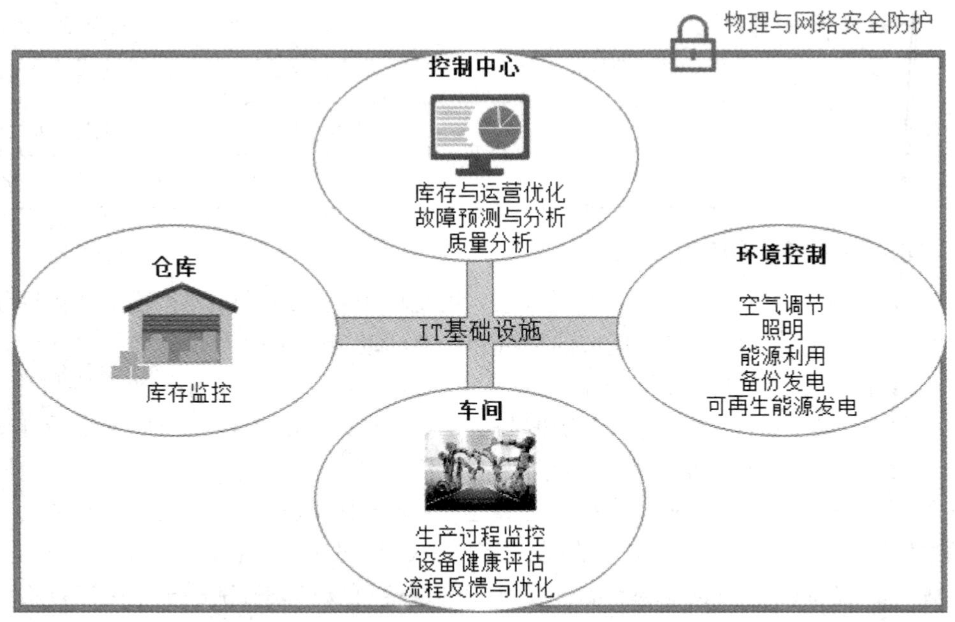


图 8-5　IIoT 打造的智能工厂

首先，现代化制造车间是工业物联网应用的中心，常常配有自动化制造设备、自动化测试设备以及其他和生产制造流程相关的设备。这些全自动并高度集成的设备都使用相同的网络接口、数据模型和协议。工业物联网应用可以对实际生产过程进行监视和控制，基于设备回传的传感器数据评估设备健康状况，以及将设备运作状况与制造质量状况相关联。

其次，在仓库以物联网技术实现对库存的实时跟踪，库存控制系统和生产控制系统最大限度地利用 IT 技术来协同工作，以对相关数据进行联合分析，比如将实际的工厂生产率数据纳入采购和库存管理的算法优化中，实现更复杂、更智慧的自动化生产制造。

除了对生产和库存的监控管理，工业物联网技术还用于实时监测环境状况，提供有关空调、照明、能耗使用、现场发电、备用发电等关键数据。这些重要数据可以被应用于对工作负载进行深度分析和优先级排序，以优化工厂资源使用、节约生产运作成本。

智能工厂的控制中心通过以太网将生产、库存、环境的监视和控制功能集中在统一的控制平台，并实现必要的可视化。

### 8.6.1　IIoT 的特征

在已经发展了几十年的工业自动化领域，物联网技术的引入为工业自动化的进一步升级带来三大特征：泛在感知、复杂分析以及 IT 技术的使用，如表 8-4 所示。

表 8-4　传统工业自动化 vs 工业物联网

| 工业物联网三大特征 | 特 征 描 述 | 与传统工业自动化的比较 |
|---|---|---|
| 泛在感知 | 一切在工业环境中可以测量和控制的对象都可以成为工业物联网的纳入目标。传感器和执行器无处不在，可用于设施操作、机器健康、环境监测、质量监控等一系列功能 | 传感器和执行器主要用于最关键设备的控制操作 |
| 复杂分析 | 运用更复杂先进的数据分析技术，从大量部署的传感器回传的数据中提取有价值的信息和知识，提升正常运行时间、优化设备资产利用率、节约管理成本，以实现更高级、更智能、更高效的工业操作 | 并无复杂的分析过程 |
| IT 技术广泛使用 | 标准化 IT 技术的广泛使用，能最大限度地使用成熟的现有软硬件 IT 解决方案，有利于消除设备孤岛，有利于更紧密地集成生产关键环节，帮助运营成本的节约 | 采用传统的自动化技术 |

## 8.6.2　IIoT 架构

工业物联网的体系架构自下而上分为边缘层、平台层以及业务应用层，如图 8-6 所示。在边缘层，各种传感器、执行器和控制器主要提供监视、控制等功能。在平台层，边缘网关作为连接边缘层设备与外网的桥梁，主要提供数据收集及数据转换功能。在业务应用层，主要提供分析、管理、数据存档和用户交互等功能。

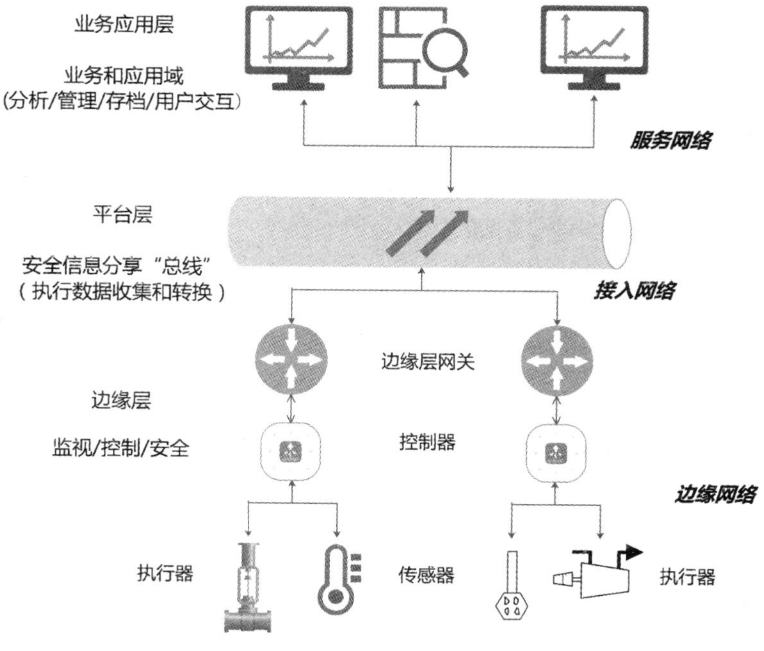


图 8-6　工业物联网三层架构

### 8.6.3 IIoT 适用的通信技术

我们可以采用无线通信技术和有线通信技术来支持工业物联网的连接。

现场总线(Field bus)技术是能适用于复杂工业环境的工业数据总线，主要解决工业现场的智能化仪器仪表与自动化控制设备之间的数据通信问题。现场总线有适用于不同领域的多种类型，每种总线有自己的生态系统和适用领域。目前大多数工业领域的应用程序都需要利用现场总线技术。最新的现场总线技术大多采用以太网和 IP 协议，并支持通用工业协议(CIP)，能够以公共的标准格式共享数据，从而更容易提供技术上的互操作性。譬如在以太网上运行满足 CIP 协议的通信，工业环境中的各类元件(I/O 模块、视觉传感器、伺服驱动器、变频驱动器等)都能被连接，并通过 TCP/UDP 以及 HTTP 访问各种需要的功能。工业物联网将现场工业设备与以太网和互联网连接，提供低时延的通信服务在工厂运作，以支持越来越依赖全球供应链的生产企业实现智能制造。

LPWAN 技术也常常被用于工业物联网。使用非授权 ISM 频段的 SigFox 和 LoRa 技术主要用于支持设备的上行通信(LoRaWAN 若要支持双向同时通信，则需要时间同步信标和调度，这会带来通信的开销)。SigFox 基于超窄带技术，通信信道带宽仅为 100 Hz，单设备每天最多只能发送 140 条消息，因此不太适用于对实时性和频繁采样有较高需求的工业类应用。LoRaWAN 技术提供 125 kHz 或 250 kHz 频宽的信道，支持 400 b/s 至 10 kb/s 的数据速率，平均每秒提供数千次通信。因为使用非授权 ISM 频段，SigFox 和 LoRa 在通信可靠性和服务可用性方面缺乏相应的保证。此外，使用授权 ISM 频段的 LPWAN 技术——NB-IoT 以及以超高速率、毫秒级低时延、海量连接、低功耗为关键特征的 5G 技术，也是可以用于工业物联网的无线通信技术，应用前景颇具潜力。

低功耗蓝牙技术(BLE)也是工业物联网通信技术的选择之一。起初因为 BLE 只能支持星型网络和有限数量的设备，其在工业物联网的应用受到一定的质疑。自 2017 年 7 月低功耗蓝牙网状网(BLE mesh)的网络标准正式发布以来，人们尝试将 BLE 技术应用于家庭自动化以及工业自动化场景。BLE mesh 组网以多点对多点的实时通信为目标，目标是适用于需要数十、数百、数千计的设备之间需要可靠地、安全地相互通信，以实现监控功能的自动化系统，这正是工业物联网常见的应用场景。

## 8.7 智能电网

智能电网

传统电力系统由大量松散联系的同步交流电网构成，主要提供三大功能：发电、输电和配电，如图 8-7 所示。首先，发电厂将不同形式的能源(火力、水力、核能等)转换为电能；接下来经低压到高压的升压变电后，高压输电线将电能从发电厂传输到远程负荷中心；最后，经过高压到低压的降压变电后，电能被分配到了工厂、住宅的终端用户。每个电网采用集中式监控，以确保发电厂在电力系统的限制下依照用户的需要来发电。单向信息流(服务提供方至用户方)问题、能源浪费问题、能源需求持续增长问题、可靠性和安全性问题是传统电力系统正在面临的问题和挑战。

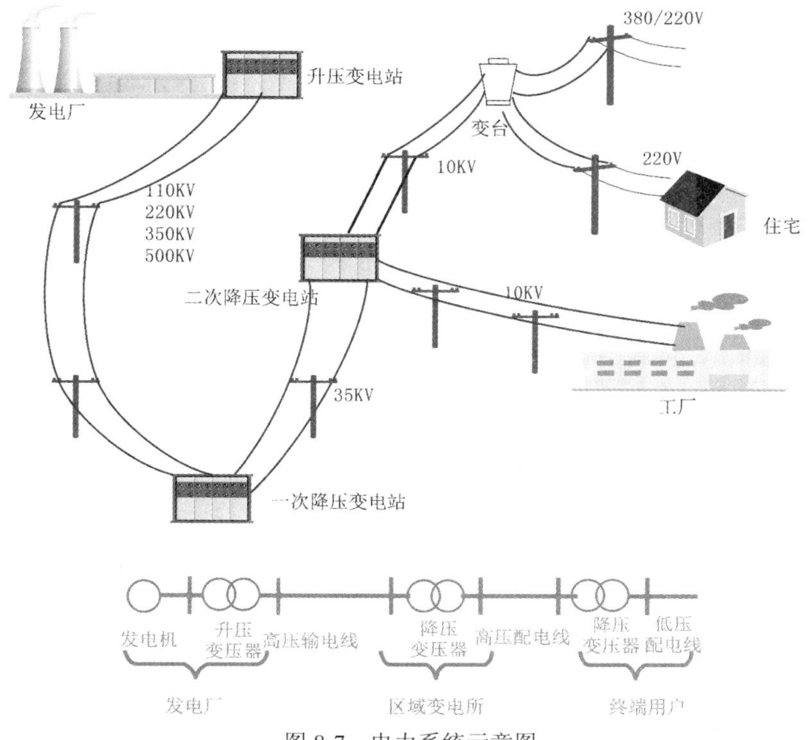


图 8-7　电力系统示意图

智能电网(Smart Grid，SG)是将传感测量、信息通信、计算机监控等技术与物理电网高度集成而形成的电力系统。智能电网是传统电力系统的升级方向，它将发电、输电、配电以及用电系统有机连接，能实现能量流和信息流在服务提供方和用户之间的双向流动，对电能的产生、传输、分配、消耗环节实施全方位的监控、保护和调度优化，根据实际的能源需求状况为实时定价、故障自愈、用电调度和电能使用做出决策，确保高效、稳定、安全、经济、可持续的电力供应。为了对电网进行智能监测、分析和控制，需要将大量的各类设备(传感器、执行器、智能电表等)部署在发电厂、输电线路、配电中心、配电杆塔以及用电场所，并借助物联网技术实现这些设备的连接、跟踪和分布式自动化控制与运行。

## 8.7.1　物联网帮助智能电网实现信息的流动

我们可以基于图 8-8 理解物联网技术如何帮助 SG 实现信息的流动。电力系统由发电、输电、配电、用电四个子系统构成，构架在电力系统之上的物联网拓扑架构包括广域网(WAN)、邻域网(NAN)和家域网(HAN)三部分。电能在四个子系统构成的电力系统中流动，信息则在应用于 SG 的物联网中流动。

家域网部署在住宅、商用建筑和工业厂房中，用来管理用电者的电力需求。在家域网中，由家域网网关将每户家庭中的智能设备、洗衣机、电视机、空调、冰箱、微波炉、电动车等智能用电设备以及太阳能电池板这样的可再生能源与智能电表相连，并由家域网网关定期收集各类智能设备的用电量数据。家域网中采用的通信技术可以是电力线通信、

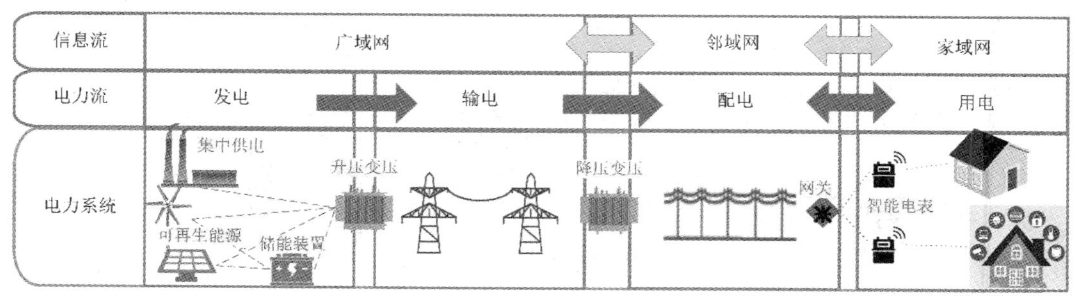


图 8-8　电能和信息在智能电网中的流动

ZigBee、Bluetooth、WiFi 等有线或无线通信技术。家域网执行的关键功能包括设备管理和设备控制。管理功能识别并管理设备，控制功能则负责建立连接以支持智能用电设备之间的通信，并执行智能电网所需要的可靠操作。信息在家域网中的流动是双向的。在家域网到邻域网的上行方向，智能电表通过家域网网关采集到智能用电设备的用电负荷和实时用电量等信息，并将这些用电信息回传至邻域网。在邻域网到家域网的下行方向，家域网网关接收来自邻域网的动态电价信息，并根据这些电价信息触发智能用电设备的动作。

邻域网由来自多个家域网的智能电表构成，它支持配电系统的变电站和现场电气设备之间的通信，通过邻域网网关从多个智能电表处得到有关多个家域网内的用电设备的负荷以及电费计量信息，并将这些信息回传到电网公司。邻域网网关是多个邻域网和广域网之间的桥梁，负责收集来自多个邻域网的信息。在构建实际的邻域网网络时，可以考虑两级网关架构来实现邻域网网关。智能电表到二级邻域网网关之间的连接所使用的通信技术要能支持 1 千米量级的覆盖半径，二级邻域网网关可通过有线通信技术(电力线通信、DSL)或无线通信技术(蜂窝通信、移动宽带无线接入或数字微波)向上面的一级邻域网网关传输用电计量信息。在拓扑结构上，一个一级邻域网网关以多种通信技术混合访问的方式与多个二级邻域网网关连接，一个二级邻域网网关连接多个智能电表，一个智能电表连接多个智能用电设备。

广域网支持输电系统、集中发电系统、分布式可再生能源发电系统以及电网控制中心之间的通信。在拓扑结构上，广域网包括核心网络(core network)和回传网络(backhaul network)两个部分。核心网负责依托光纤或蜂窝通信技术为与电网控制中心的连接提供低延迟、高速率的通信。回传网络则负责依托有线通信(光纤、DSL)、无线通信(蜂窝、移动宽带无线接入)或“光纤+无线”的混合通信形式为邻域网提供宽带接入以及监控设备。

和传统电网只支持单向信息流相比，智能电网要实现信息的双向流动，构建具备智能判断与自适应调节能力的多种能源统一入网和分布式管理的智能化网络系统。信息在智能电网中的双向流动，意味着电网的各个组成部分的相关动态数据能被实时监测、采集、分析，并辅助电网决策，采用最经济、安全的输配电方式将电能输送给终端用户，实现对电能的优化配置和利用、对电网优化维护和保养，实现电网的高可靠、自动化、智能化、高效率运营。例如在传统电网中，停电无法被电力公司快速知晓，常常直到客户投诉了才知道电力服务已经中断；在智能电网中，一旦停电，停电区的智能电表就会停止向电力公司发送所收集的传感器数据，服务中断可以被电力公司快速觉察。

### 8.7.2　智能电网上的物联网体系架构

在智能电网上构建的物联网体系架构可以划分为三层或四层。依托智能电网物联网的三层体系结构如图 8-9 所示，各层功能和定位如表 8-5 所示。

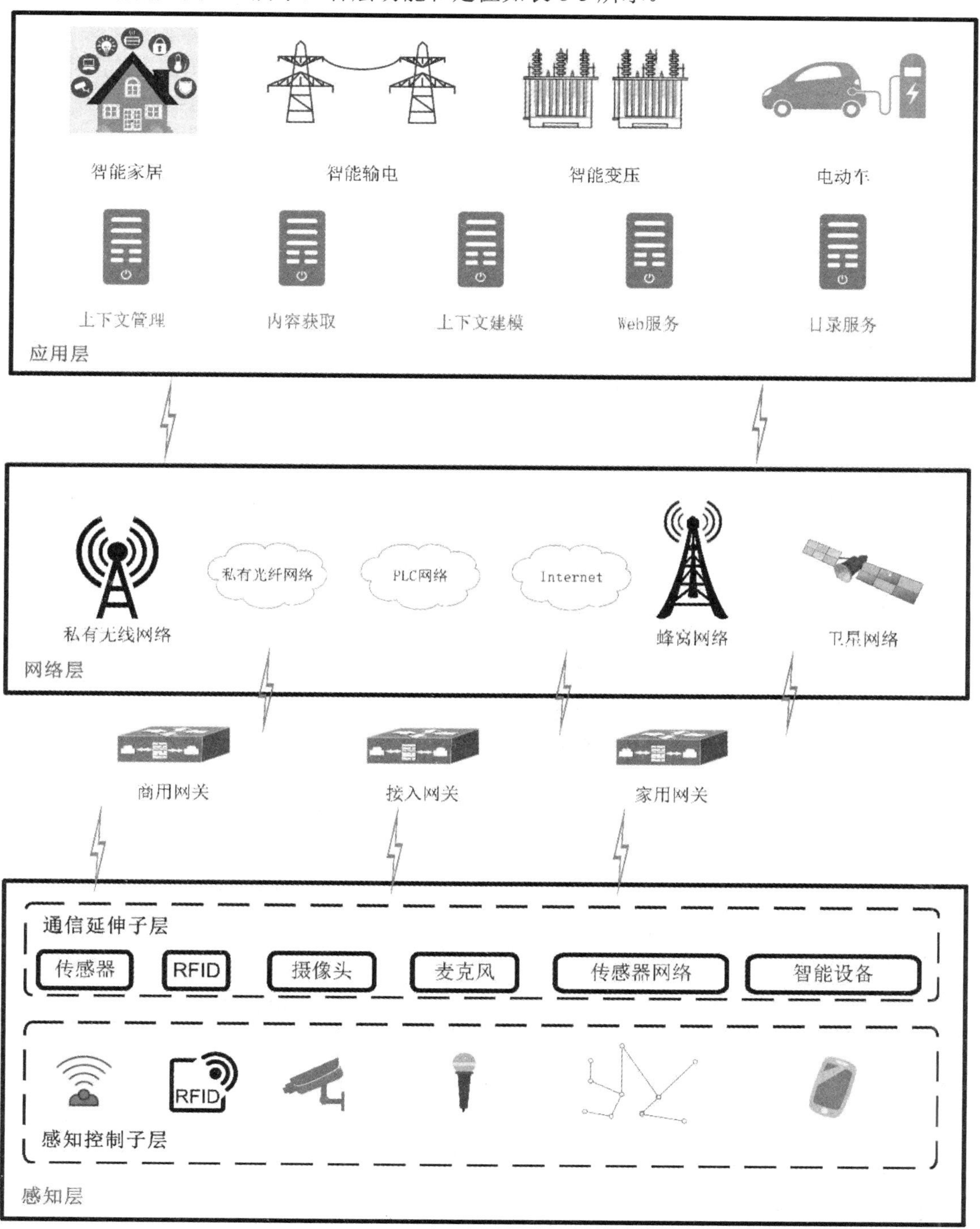


图 8-9　用于智能电网的物联网三层体系架构

**表 8-5　智能电网物联网分层功能(三层架构)**

| 物联网分层 | 功能描述 |
|---|---|
| 应用层 | 主要采用智能计算、模式识别等技术，实现电网相关数据信息的综合分析和处理，进而实现智能化的决策、控制和服务，从而提升电网各个应用环节的智能化水平 |
| 网络层 | 以电力光纤网为主，辅以电力线载波通信网、无线宽带网，转发从感知层设备采集的数据，负责物联网与智能电网专用通信网络之间的接入，主要用来实现信息的传递、路由和控制。<br>在智能电网应用中，考虑到对数据安全性、传输可靠性及实时性的严格要求，物联网的信息传递、汇聚和控制主要借助于电力通信网实现，在条件不具备或某些特殊条件下也可依托于无线公网 |
| 感知层 | 通过各种新型 MEMS 传感器、基于嵌入式系统的智能传感器、RFID 等智能采集设备，实现对智能电网的发电、输电、配电、用电环节相关信息的采集 |

在感知层，具有多元化信息采集能力的底层终端部署于监测区域内，利用各类仪表、传感器、RFID 射频芯片对监测对象和监测区域的关键信息和状态进行采集、感知、识别，并在本地汇集，进行高效的数据融合，融合后的信息传输至网络接入设备(即各种类型的网关设备)。网络接入设备负责底层终端设备采集数据的转发，负责物联网与智能电网专用通信网络之间的接入，保证物联网与电网专用通信网络的互联互通。在物联网中，网络设备之间的数据链路可以采用多种方式并存的链路连接，并依据智能电网的实际网络部署需求，调整不同功能网络设备的数量，灵活控制目标区域/对象的监测密度和监测精度，以及网络覆盖范围和网络规模。

四层体系架构则更多地考虑了智能电网特有的信息和通信系统的特点，由终端层、本地网络层、远程通信网络层和主站系统层构成，如图 8-10 所示。其中终端层和本地网络层对应于三层架构中的感知层，远程通信网络层对应于三层架构中的网络层，主站系统层对应于三层架构中的应用层。终端层由部署在电网的发电、输电、配电和用电环节的各种物联网设备组成，这些设备包括智能电表、智能终端、各种信息采集设备等。现场网络层可以是有线或无线的，需要根据物联网设备的类型来选择使用适当的通信技术构建，比如多个传感器设备可以利用 ZigBee 技术实现将采集数据回传到远程通信网络层。远程通信网络层主要指提供互联网接入的各

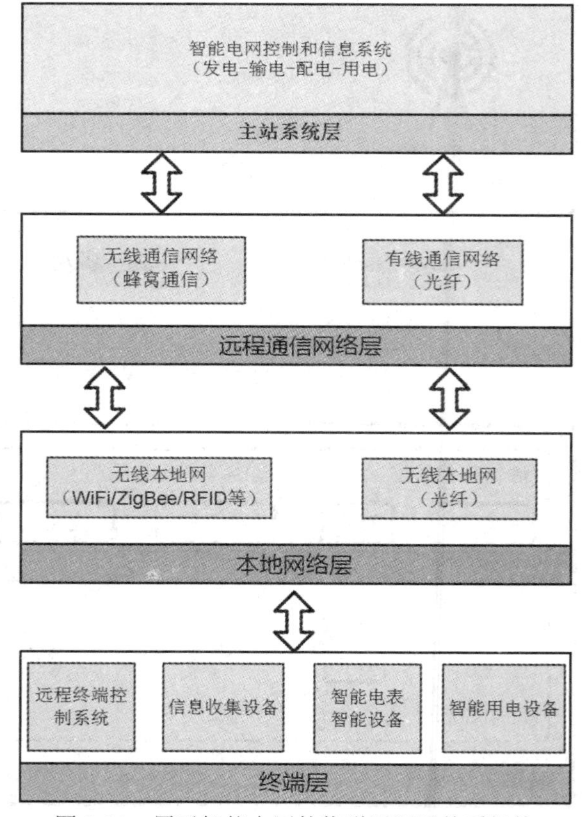

图 8-10　用于智能电网的物联网四层体系架构

种有线或无线通信网络，如蜂窝无线通信网络以及光纤有线网络。主站系统层负责智能电网的管理与控制系统，是智能电网垂直应用程序的接口。

### 8.7.3　物联网在智能电网中的应用

物联网在智能电网中的应用

物联网可以在发电、输电、配电、用电各个环节为智能电网全方位赋能。物联网在智能电网领域的应用，有些已经实现并较为成熟(图中打“√”处)，有些在目前阶段还停留在概念层面，但代表了 IoT 在智能电网中潜在的应用方向，如图 8-11 所示。

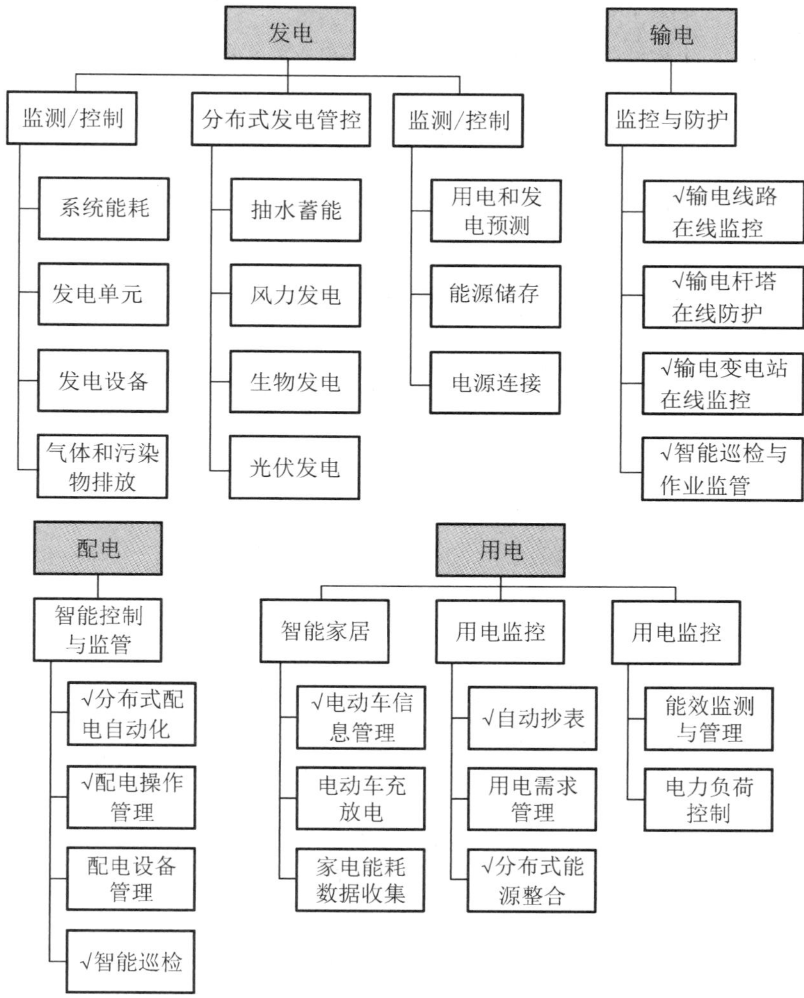


图 8-11　IoI 应用于智能电网的发输配用电环节

物联网技术可以在智能电网的发、输、配、用多个环节发挥作用，为一系列传统电网无法解决的问题带来解决方案，如表 8-6 所示。

**表 8-6　物联网技术帮助智能电网解决什么问题**

| 环节 | 解决问题 | 解 决 方 法 | 目　　的 |
| --- | --- | --- | --- |
| 发电 | 新能源入网的电力扰动均衡和智能电力调度 | 对风电、光电等具有间歇性、波动性特征的新能源发电状况进行在线监测与控制，实时预测(例如，在利用物联网技术对天气情况进行预测的基础上)分布式电源功率变化，将分布式发电功率控制在限定范围 | 消除分布式电源给电网带来的扰动<br>满足智能调度系统的调峰需要 |
| 输电 | 输电线路实时监测 | 在输电线路、输电杆塔、输电塔基上安装各类传感器，及时感知并在线监测输电线路的运行状况，包括外界实时气象条件、线路覆冰、异地的微风震动、导线温度与弧垂、输电线路风偏、杆塔倾斜等 | 快速识别故障部件，将其从系统中隔离，以最少的人为干预帮助系统及时自愈，将对供电服务的负面影响降到最低 |
| 输电配电 | 输配电调度中的故障预测和遏制，以及调度优化 | 通过布设于电网的传感器实时感知电网内部运行状态参数，比如电压、电流、功率，辅助配电网网络重构决策，优化电网潮流分布，实时将信息反馈给调度中心，辅助配电网网络调度决策 | 预测和遏制输配电故障的发生，优化配电网调度 |
|  | 设备巡检与作业监管 | 技术人员手持数据采集智能终端，该终端内置RFID阅读器、移动通信模块以及GPS模块。手持终端与置入RFID标签的电力设备近距离通信以获得巡检信息，巡检信息、终端定位信息通过移动通信网络(如GPRS或短信方式)传送给电力设备监控中心 | 保证电力设备安全、提高电力设备可靠率、确保电力设备最小故障率<br>巡检工作的调度与监管 |
| 用电 | 智能抄表<br>电能管理 | 用电信息采集：电表通过无线传感模块，与用户集抄管理终端联系，终端再将这些信息发送给电力公司，从而不需要抄表员，实现对用户用电缴费情况的实时管理<br>用电信息分析：根据搜集的用户电表信息掌握用电需求随时间动态变化的情况<br>用户信息利用：借助智能电表的计算能力，进行可靠的电能管理，包括分时管理、用户用电情况分类管理、最大负荷控制等；为从用电高峰时段转到非用电高峰时段的高耗能设备提供优惠折扣，实现错峰避峰用电 | 缴费自动化<br>动态监控用电需求，实现按需发电、优化用电、避免无效发电 |
|  | 智能家居的电源管理和优化控制 | 智能家居中各种用电设备都集成了智能用电芯片或安装了智能用电插座，可根据电器各自的运行特性并结合从智能电表获取的用电信息进行综合分析决策，来优化电器的运行与控制，节能省电。例如，基于动态定价对用电设备进行控制，在低电价期间开启耗电量大的电器，避免在高峰期使用家用电器 | 从用户侧改善能耗状况 |

### 1. 智能家居用电管理

传统的抄表工作是通过定期现场手工采集完成的，不能保障准确性和实时性。基于无线传感器网络、电力线通信、光纤复合低压电力线等感知和通信技术，远程抄表(Automatic Metering Reading，AMR)和智能计量(Advanced Metering Infrastructure，AMI)应用应运而生。

AMR 系统是定时收集用户用电信息并通过网络上传到电力公司的单向信息系统，在抄表技术上实现了远程自动化功能，但是 AMR 系统不能支持用户和电网的互动。

AMI 系统是智能电网最重要的组成部分之一，能高可靠地、准确地收集、处理实时用电数据，提供实时监测、统计和用电分析功能。AMI 系统允许双向的信息流通，一方面监测收集实时用电计量信息并将信息回传至电网公司，方便电网公司掌握用电需求和用电量；另一方面将实时电能价格信息从电网公司传输到用户，方便用户根据能源价格信息动态调整用电行为、节约用电成本。在 AMI 系统中，用电用户不只是被动地执行用电信息上报，还可以根据各阶段电费价位的变化，按需实现用电时间申请。AMI 系统支持远程开关电表、断电定位、实时信息反馈、实时定价等功能。有了 AMI 系统，可以在智能家居解决方案中进一步促进内外部环境的定期互动和综合分析，实现智能家居用电管理，如图 8-12 所示。

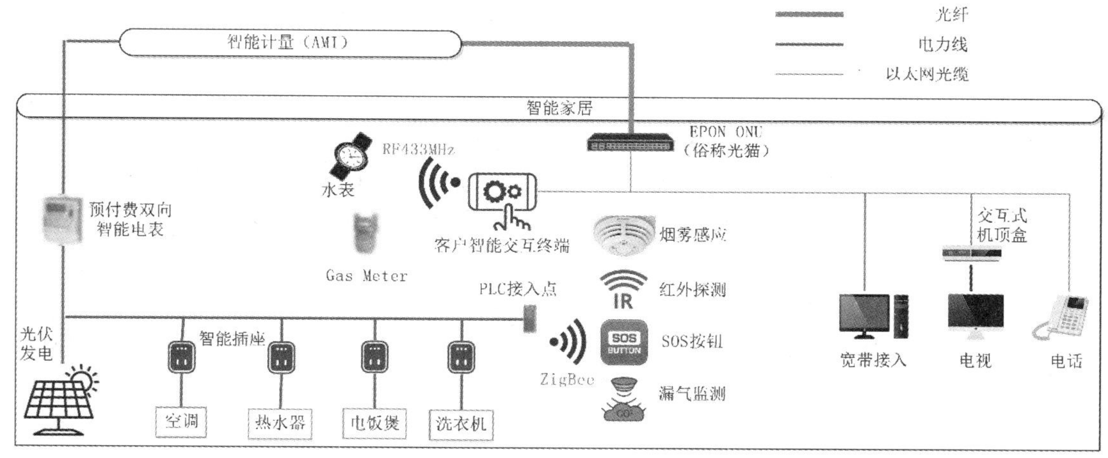


图 8-12　AMI 系统协同实现智能家居用电管理

### 2. 电动车信息管理

和传统以汽油为燃料的汽车相比，电动汽车能够减少二氧化碳排放，提供了更环保的交通出行方式。电动汽车的充电系统包括供电系统、充电设备(充电桩)和监控系统三部分。

供电系统负责输出和管理电力。充电设备为电动汽车充放电，包括交流充电和直流充电两种方式。交流充电桩与交流电网连接，为电动汽车车载充电机提供交流电源，受限于车载充电机的功率，充电速度通常较慢，充满一般在 8 小时左右。直流充电桩与交流电网连接，输出则为可调直流电，能为电动汽车的动力电池直接充电。直流充电桩能提供足够的功率，输出电压和电流可调范围宽，功率以 40 kw 和 60 kw 居多，充电速度较快，充满一般需要 1 至 2 个小时。交流充电桩多在家庭和社区使用，直流充电桩则在公共区域使用较多，如高速公路旁的公共充电站。这两类充电桩都具备计费功能。监控系统负责对充电环境及其安全性进行实时监控。

物联网技术的应用主要体现在监控系统部分。监控系统利用智能感知设备(无线传感器、RFID 标签、GPS 等)对充电环境的各种信息充分感知，并将相关信息通过电力光纤网、电力线载波通信、无线宽带等通信设施提供给信息管理系统。通过综合的信息分析利用，实现在线监控、集中控制、最优资源分配以及设备的全生命周期管理，更好地将电动车的充电需求和充电桩服务提供相匹配。譬如，电动汽车可基于车载 GPS 的定位信息，以及信息管理系统提供的充电电源信息，迅速找到最近、最合适的充电桩，还能获取必要的交通和停车位信息。

#### 3. 电力需求管理

电力需求管理也称为需求侧能源管理，是指根据电网公司的电价变动来动态调整能源使用。电力需求管理将电网使用高峰时段的需求负荷向电网使用低谷时段转移和平衡，一方面为电网运营降低运行成本、节约能源消耗，另一方面也为消费者节省电费。

电力需求管理的解决方案离不开物联网技术的帮助，可以在家庭或更高层次上执行。在单用户家庭用电的层次上，各种家用电器的能耗需求被收集并传输至家庭布设的控制单元。控制单元会根据用户的需求设定来安排家用电器的能源使用，以尽量降低总体电费，也可以在更高的层次上考虑生成更有效和更优化的调度计划，给用户和电网公司带来双赢。

#### 4. 智能巡检作业管理

传统的发输配电巡检主要以定时人工的方式进行。电力生产的管理较为复杂，管理电力巡检的现场作业难度很大，误操作、误进入等安全隐患始终存在。气候、环境以及人为因素的不确定性，使巡检工作的频次和质量都不能得到很好的保障。智能巡检是物联网技术在发电、输电、配电巡检工作的应用。智能巡检利用无线传感器和 RFID 标签对电力设备以及巡检人员进行必要的状态监控和作业管理，包括电力设备的定位和状态报告、设备状态维护、设备环境监测、巡逻人员身份识别和定位、工作流程监督和规范操作指导等功能。智能巡检特别适合针对输配电环节中无人值守环境设备的定期巡查。借助物联网技术，智能巡检大大提升了发输配电巡检环节的质量和效率。

基于物联网的电力现场作业监管系统利用射频识别(RFID)、全球定位系统(GPS)、地理信息系统以及无线通信网，对设备的运行环境及其运行状态进行监控，并根据识别标签辅助设备定位实现了人员到岗监督，从而监督工作人员参照标准化和规范化的工作流程进行辅助状态检修和标准化作业，如图 8-13 所示。

#### 5. 输电线路监测

一直以来，电网庞大的输电线路巡检工作主要以人工定期巡视和手工作业的方式进行。在智能电网建设中，借助物联网技术实现输电线路状态在线监测系统，可以提高对输电线路运行状况的实时感知能力，包括气象条件、覆冰、导地线微风振动、导线温度与弧垂、输电线路风偏等情况的监测，如图 8-14 所示。输电线路状态在线监测系统的传感器通常可以部署在两个位置：一是用于输电线路状态感知的传感器直接安装在输电杆塔之间的 220 kV、500 kV 高压输电线路上；二是用于环境参数感知的传感器可安装在输电杆塔上。

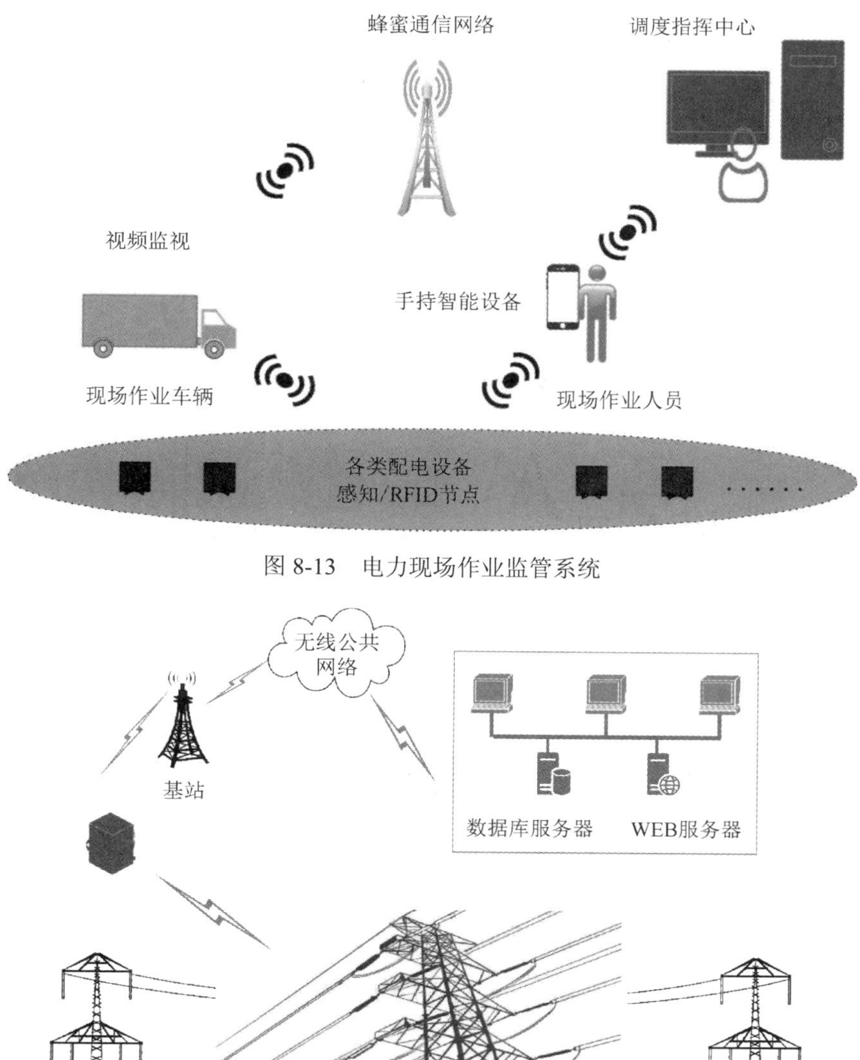


图 8-13　电力现场作业监管系统

图 8-14　输电线路状态在线监测系统

## 8.8　智 慧 城 市

党的二十大报告提出，要“以城市群、都市圈为依托构建大中小城市协调发展格局”“实施城市更新行动，加强城市的基础设施建设”。

到 2050 年，全球预计有 70%的人口(超过 60 亿人)将生活在城市和周边地区。随着城市化进程不断突破新的障碍，城市人口密度不断提高。了解服务业需求状况、提升城市管理效率愈加重要，城市需要变得“聪明”。理想的智慧城市意味着无所不在的服务，居民能更容易、更方便地找到感兴趣的信息，从而提升生活品质。在智慧城市的环境中，无线传感器网络如同城市的“数字皮肤”被集成到城市的基础设施中，负责生成能在不同的平台和应用程序之间共享的信息。基于智能技术的各种应用系统可以充分利用这些生成的信息，系统之间可以相互连接和协同，在各个领域(卫生、公用事业、交通、政府、家庭和建筑)为居民提供所需的服务。构建于理想智慧城市之上的物联网要能够透明、无缝地集成大量不同和异构的终端系统，同时提供对选定的数据子集的开放访问，以支持大量垂直领域服务的开发。

智慧城市的关键技术需求主要包括三个方面——智慧城市开发和部署的通信需求、数据存储管理需求以及数据计算分析的需求。基于这样的需求，我们可以从通信组网、云计算、数据流三个角度来透彻理解构建于智慧城市之上的城市物联网体系架构，如图 8-15 所示。

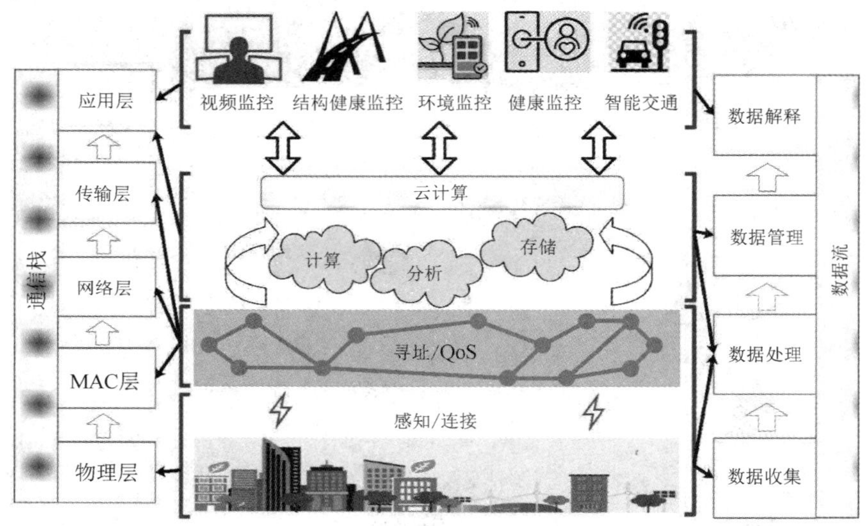


图 8-15　智慧城市物联网体系架构

## 8.8.1　智慧城市物联网组网

构建智慧城市物联网，通信基础设施是关键的部分，它所依赖的通信技术和网络连接模型一定是多样化的。总的说来，网络连接模型可以划分为两大类：独立于互联网的自主智能网络(autonomous smart object network)和与互联网融为一体的泛在智能网络(ubiquitous smart object network)，架构如图 8-16 所示。在这两大类别之间，又根据不同的应用可变化出多种可用的组网模型。

自主智能网络和互联网分离，一般情况下授权用户可直接访问自主智能网络。这种分离并不是指自主智能网络与互联网的连接完全被禁止。基于具体的应用需求，在必要的时候可以通过网关与互联网相联系。

泛在智能网络本身就是互联网的一部分。授权用户需要通过 Internet 网关设备访问泛在智能网络提供的信息，访问途径可以是直接从设备获取或经由中间服务器获取。如果泛在智能网络中的智能对象数量很多，那就需要考虑网络的可扩展性和资源节约的问题，

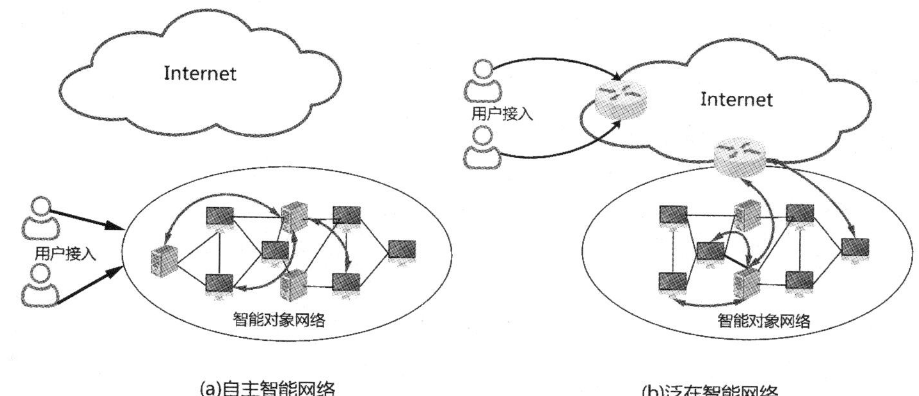


图 8-16　智慧城市物联网连接模型

这时通过访问中间服务器获取信息的做法就是更常见、更高效的。因此在构建智能网络时，需要配置服务器来充当智能网络中的数据平台，该平台要从每个智能对象获取数据并存档。

在智慧城市物联网连接模型中，各种实际的物联网终端被抽象成了智能对象。在智慧城市物联网中，这样的智能对象可以是收集信息的传感器终端，也可以是移动的汽车等等，如图 8-17 所示。

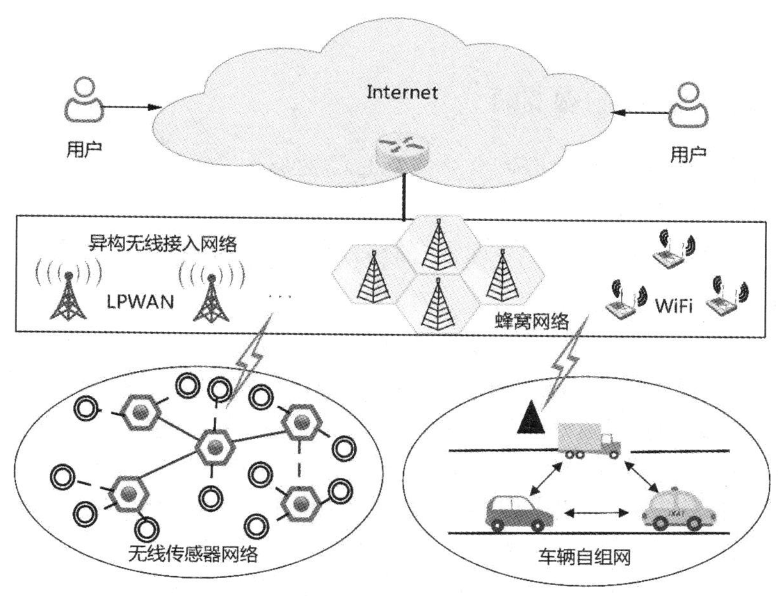


图 8-17　智慧城市泛在物联网架构

智慧城市泛在物联网的突出特点包括无线多跳和无线多接入两个方面。无线多跳网络可以是无线传感器网络，也可以是车辆自组网。不同类(异构)的无线电接入技术可以连接到互联网，可以覆盖相同地理区域，也可以补充地理区域，这些都是常见的做法。用到的无线技术可以是第 5 章提到的任何一种无线通信技术或它们的组合。在多无线接入和多运营商环境中，各种异构无线网络的协同和集成是必然面对的常态，不但为智慧城市物联网构建带来更丰富、多元化的无线通信基础设施，也给应用和服务的质量改善提供多种选择，便于按需选取最适合的技术组合。

### 8.8.2 智慧城市物联网的云计算

从云计算的角度来看，智慧城市物联网需要构建以云为中心的组合生态，通过感知服务、分析工具以及计算智能等的协作与协同，底层泛在的城市感知能力才能得以与上层的智能城市应用充分结合。

感知服务的提供者使用存储云提供数据，分析工具的开发者则提供数据分析工具软件，计算智能的提供者则提供适合的数据挖掘和机器学习工具。在各种工具的协作下，信息被转换为更具商业价值和实际意义的知识。感知服务、分析工具、计算智能本质上可以看做云计算提供的服务，以基础设施(IaaS)、平台(PaaS)或软件(SaaS)的形式提供给各种上层物联网应用的开发者，供开发者利用或调用。对于应用所服务的用户来说，智慧城市生成的数据、使用的工具和算法都“隐藏”在物联网垂直应用的后台，用户并不需要了解这些云服务的细节。

如图 8-15 所示，存储和计算资源可以扩展，从而能够支撑不断增长的物联网应用对云服务的需要。云计算使得智慧城市物联网的多种应用可以更便捷、高效地共享和按需使用感知服务、分析工具及计算智能等资源。从云服务的使用者角度看，这种计算好像是“无处不在”的。

### 8.8.3 智慧城市物联网的数据流

一个功能完备的智慧城市物联网会生成海量的数据，以数据为中心的物联网架构强调数据流操作所涉及的方方面面，包括收集、处理、存储和可视化。我们可以从数据采集、数据处理和管理、数据解释这几个方面来理解智慧城市物联网架构在数据流方面的内涵。

**1. 数据采集依赖传感机制**

城市的各种数据采集依赖感知机制，这需要大量部署传感终端(RFID、无线传感器网络等)，构建移动或固定的传感基础设施，并对数据进行连续或随机的采样和收集。第 4 章提及的各种传感机制主要依托传感器的自动收集，除此之外，还有一种比较新颖的感知机制——参与式感知(participatory sensing)，该机制主要依赖持有智能终端的人(而不是部署的传感器)来收集和共享周边环境数据。这种方法有效利用了人们所拥有的智能终端资源来及时感知环境，它是固定基础设施数据的有益补充。参与式感知鼓励人们自愿或被激励(而不是强制地)来执行感知任务，这样做的好处在于数据收集的成本低廉，数据收集的类型多样，缺陷在于所获取数据的质量较难保证。为了更好的提升和控制数据质量，需要定义或设立适当的指标来评估参与式感知所贡献的数据质量，以选择出最合适的数据感知参与者，也可以设计合理规则激励参与者，提升他们参与感知任务的意愿。此外，防范参与者的不规范行为，保护参与者的个人隐私信息安全，也是必须要考虑的问题。

**2. 数据管理和处理依赖云存储和计算智能**

数据管理和处理机制是支持城市物联网智能、高效地存储和使用数据的机制。由智慧城市物联网生成的海量数据需要被高效可靠的存储，数据的使用也面临所有权管理和期限管理问题。数据处理的目的是从海量的原始数据中提取有意义的信息，处理过程通常包括数据预处理和事件检测两部分。一般情况下，事件检测需要相对比较长的多变量时间序列数据作为分析对象。对于智慧城市物联网来说，需要对较大的时间和空间尺度上的数据做分析。为了理解信息并将其转化为知识，需要最先进的智能计算技术，如遗传算法、进化算法和神经网络等等。这些算法是智能城市物联网实现具有自动化和智能化特征的有效策略的关键。

对于各种服务于人的智慧城市应用来说，主要依托数据可视化技术实现数据解释。数据可视化的基本定义是：对抽象数据使用计算机支持的、交互的、可视化的表示形式以增强认知能力。数据可视化包括对文本数据、网络数据(图)、时空数据、多维数据的可视化，是数据解释涉及的重要技术。从以人为本的角度看，用可视化的方式来展现数据是非常重要的，这能方便用户以人类容易理解的形式去理解和解释数据。常见的大数据可视化工具包括 D3、ECharts、Openlayers、Gephi 等。在智慧城市物联网中，感知机制所生成的数据常常是多变量的时间序列数据，并跨越较大的时间尺度和空间尺度。比如在一个动态变化的三维景观中，感知数据是异构的、多元的，如何将这样的数据可视化是一个新挑战。从阴极射线管(CRT)到等离子体、液晶显示器(LCD)、发光二极管(LED)和有源矩阵有机发光二极管(AMOLED)显示器的发展，新的显示技术促进了创造性的可视化，使数据可以更高效地被表示和表达(如使用触摸界面)，方便人们理解数据，洞悉数据背后隐藏的真正有价值的知识。在智慧城市物联网应用中，常将感知数据与其他地理信息系统(GIS)平台提供的地理相关信息做集成，来改进数据的可视化方案，更方便直观地解释和洞察数据背后的意义。

## 思 考 题

1. 结合实际谈谈可穿戴技术在日常生活中的应用。
2. 如何理解智能家居与智能电网应用的联系以及有机结合？
3. 联系生产生活实际，试举出物联网在智慧环境中的独特应用。
4. 联系生产生活实际，试举出物联网在智慧交通中的独特应用。
5. 联系生产生活实际，试举出物联网在智慧建筑中的独特应用。
6. 浅析适用于工业物联网的通信技术。
7. 从发电、输电、配电、用电的环节，阐述物联网如何为智能电网赋能。
8. 谈一谈远程抄表(AMR)系统和智能计量(AMI)系统的联系与区别。

# 第 9 章 物联网综合应用实例

## 9.1 智慧居家医疗保健系统

利用物联网技术实现对患者生理状态和环境状态的监测，结合医疗服务提供商(如医院和专业医疗机构)后台的综合信息分析和适当处理与干预，能够为患者提供精细化智慧医疗健康服务。

随着世界独居人口数量的不断攀升以及人口老龄化问题的日益突出，人们对自主化、智慧化、精细化的现代化临床护理服务的需求越来越大。特别是那些不能得到专人日常陪护的老年人及慢性病患者，其在病愈出院后的常规生活中，常常需要接受居家医疗保健服务，这些服务是以自主自动的方式提供的，确切地说，仅需要患者通过本人简单操作或在有限的人力帮助下就可以获得。

U-Health 是由韩国的浦项科技大学主导开发的新一代智能家居医疗保健系统，如图 9-1 所示，该系统的定位是服务那些无法获得专人日常陪护的老年人以及慢性病患者。通过在用户的身体以及居家环境布设必要的各类传感器，该系统可对用户的健康状况和生活环境进行精细化实时监控，并通过互联网连接后端医疗平台(如医院和专业医疗机构)进行综合信息分析，提供一系列具有安全保障的实时医疗健康服务，帮助目标用户实现长时间居家独立生活，并能提供紧急情况下的必要干预。

该智慧居家医疗保健系统的逻辑框架自下而上如图 9-2 所示。

首先，可穿戴医疗传感器负责实时收集受监测居民的生理(血糖、血压、脉搏、心率、体温)数据，环境传感器负责收集有关环境(例如温度、人体存在、声音、气体/蒸汽等)的实时数据。执行器则允许对居家设施或被监测居民的身体执行远程操作，比如灯光控制、设备控制，以及针对性服药建议和药物(如胰岛素)输送。用于医疗保健的传感器和执行器的设计需求一般较为严苛，这些设备或装置需要易于安装、佩戴和配置，并应尽量减少给患者带来的不便。得益于低功耗电子技术和传感器技术的不断进步，这些医疗类身体传感器和执行器不断趋向于小尺寸和低功耗，佩戴者不会觉察到明显的不便。

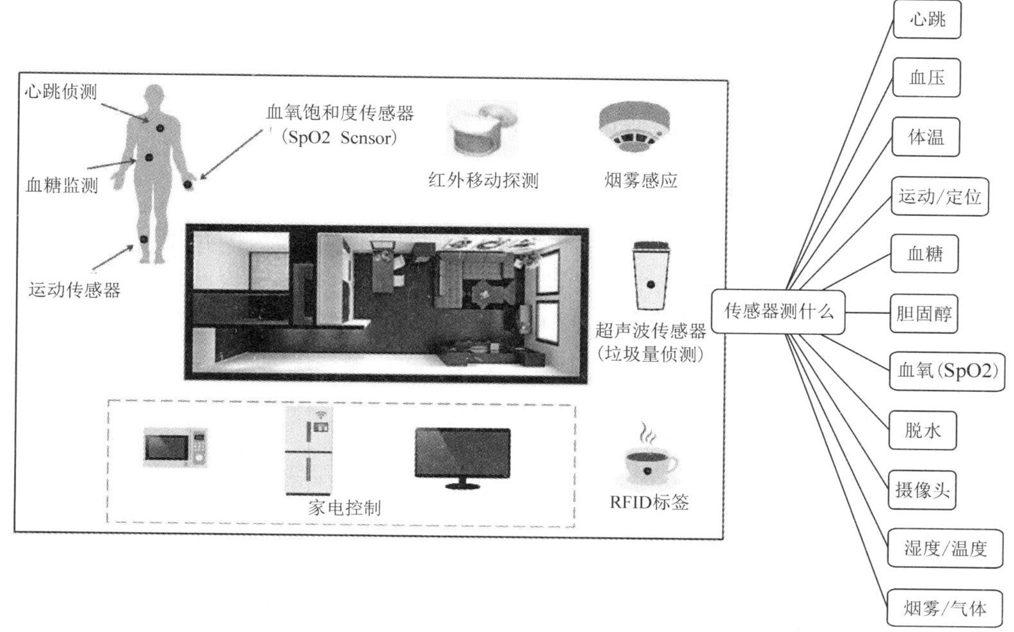


图 9-1　U-Health 智能家居医疗保健系统

图 9-2　智慧居家医疗保健系统的框架设计

第二，家庭通信网络由各类医疗身体传感器、执行器和环境传感器、执行器共同构成，各类传感器所收集的受监测者的实时生理数据和环境数据以无线通信技术(ZigBee、蓝牙、Wi-Fi 等)或有线通信技术(以太网、电力线通信)经由家庭通信网络被传至系统的自主决策系统。

第三，自主决策系统将得到的生理数据和环境数据保存在本地数据库中，并进行过滤和分析(包括独立直接分析和联合相关分析)，以实现对健康或安全问题的快速检测和判断。大多数情况下，自主决策系统在本地就能做出常规决策并提供日常保健和生活服务(如针对性的服药指引和帮助、灯光等设备的控制)。

第四，特殊或紧急情况下，自主决策系统需要通过因特网上报给医疗保健和安全的服务提供者进行人工干预。这类服务内容与日常生活安全及健康医疗有关，应根据使用者的身体状况配备必须的硬件进行组合与定制。一般来说，可以根据影响居民的特定疾病并利用市场上可用的医疗传感器和执行器，来部署特定的医疗服务，对应的后台服务机构是医院、专业保健机构、疾控中心等。同时还可以部署日常生活保障服务，对应的后台服务机构是警局和消防局等。

自主决策系统是整个智慧居家医疗保健系统的核心，如图 9-3 所示。这是一个连接到 Internet 的计算模块，它将所有接收到的数据转化为知识，基于生成的知识和一套预先定义的政策规则，建立被监测者的环境状况和医疗状况模型。自主决策系统以“智慧”的方式做出适当的决策并控制执行器执行相应的操作，以维护居民的医疗保健和日常服务以及保障居民的身体安全。这些操作可以是对智能家居装置的控制(开/关灯、开/关窗)，也可以是对医疗执行器的操作(药物服用执行或规则更改)。自主决策系统还能为第三方机构(政府、医院、警局、疾控中心)提供居民情况评估的依据。

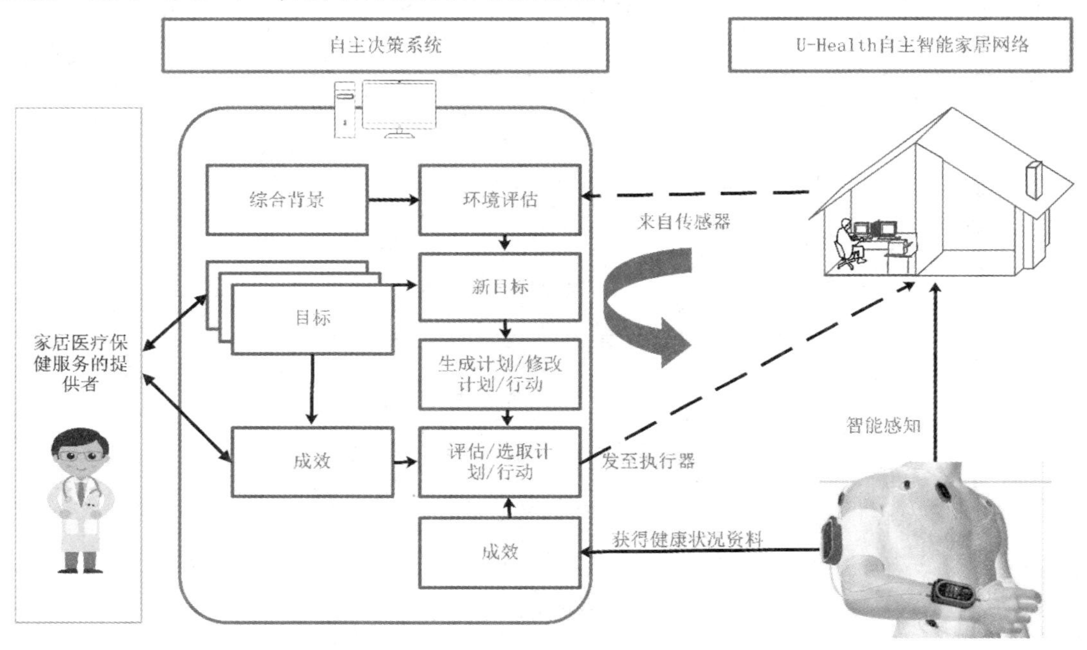

图 9-3　智能居家医疗保健系统的自主决策系统

在环境监控方面，可供在家居环境布设的传感器和执行器有很多。传感器主要对温度、湿度、一氧化碳、运动检测等状态进行感知。执行器主要指控制设备开关的装置，如支持打开/关闭遮阳窗、环境照明等。在健康监测方面，现阶段只有少数可以感知血压、脉搏、心跳和血糖的生理指标传感设备可供使用。

随着传感器技术的不断进步，生理医学类传感器的种类会不断增多，以满足未来的健康医疗系统对各种生理指标感知的需求。这些需求包括：①用于监测 PH 值、胆固醇、全血细胞计数、白细胞计数、尿液分析、肌钙蛋白 I(心脏病发作)、胆红素和代谢面板(钠、钾和钙)的传感器，主要用于医学实验室；②用于糖尿病、哮喘等慢性病的传感器；③用于传染病监控的传感器，如流感、其他病毒性疾病和细菌感染等；④其他特定疾病的传感器。生物医学类传感器要想在居家医疗保健领域得到广泛应用和大规模推广，需要传感器做到小型化、高可靠、高灵敏和低成本，这需要跨领域的研发积累，涉及材料学、制作工艺、制作工具等多方面技术，需要大学、科研机构、医院以及工业界的共同参与。

## 9.2　药品供应链智慧管理系统

一个完备的供应链监控系统需要实现对供应链上所涉及对象的识别、定位和监控。供应链全链条涉及的对象一般包括个人(员工)、货物、移动资源(车辆)和基础设施等。

新鲜食品、花卉、药品、化学品等都是对温度极为敏感的易腐物品，通常需要较低的温度来避免不当的化学反应导致的变质。物流问题一直是易腐行业面临的严峻挑战之一——物品运输过程中，信息透明度、信息传递的及时性和准确性的缺乏，令物品质量难以在运输全程得以维持和保证。在易腐物品从供应商抵达消费者的供应链上，确保供应链全链条上都能维持适宜的温湿度等环境条件并被实时监控以控制变质风险尤为重要。易腐品企业需要供应链链条上所有交接者以及所有物品可见可追溯。RFID 和无线传感器技术联合的物联网解决方案可以帮助应对这一挑战。

以一个药品供应链智慧管理系统为例，该系统能针对药品从生产方(供方)抵达客户方的全供应链的质量和安全进行实时监控跟踪，实现药品供应链的智慧管控。如图 9-4 所示，在冷链物流车内有多种类型和功能的异构传感设备，根据货物性质和运输方式的不同，这些设备可以是 RFID 标签、无线传感器节点，并有不同的传感功能、节能能力、处理/存储能力以及不同的接口。显然，需要一个能包容各类异构设备的网络平台，该平台能支持异构的无线接口和设备功能，以兼容各类传感器和不同的 RFID 标签。

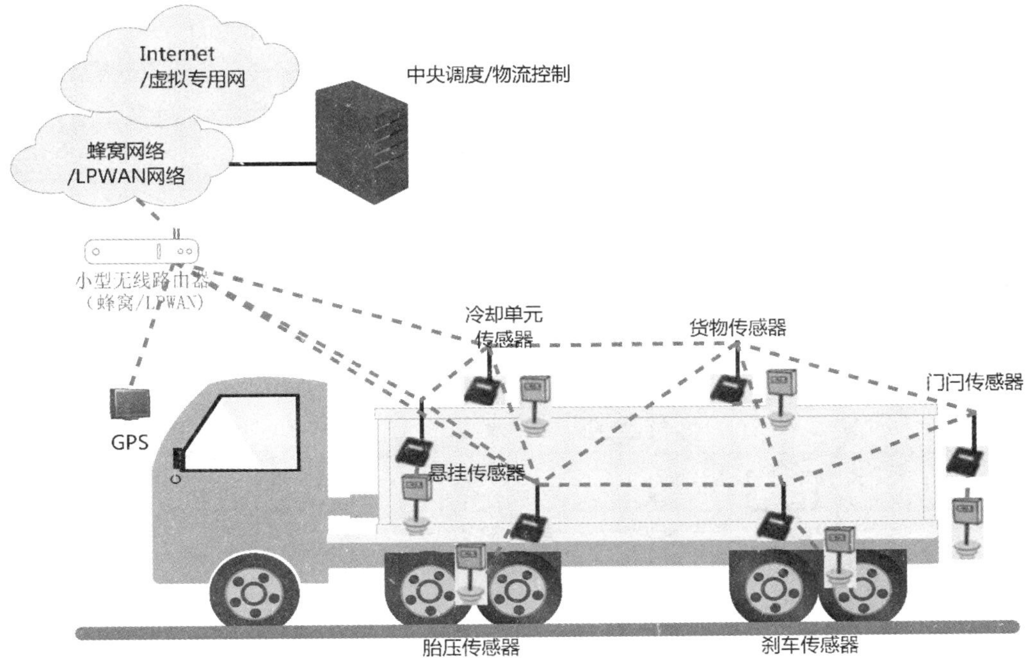


图 9-4　被物联网“武装”的冷链物流车

如图 9-5 所示是一个智能 RFID 标签的内部结构简图，可以看出一个 RFID 标签由电源管理、能量采集、数字处理器、传感器接口、内存、无线电收发器等组件构成。

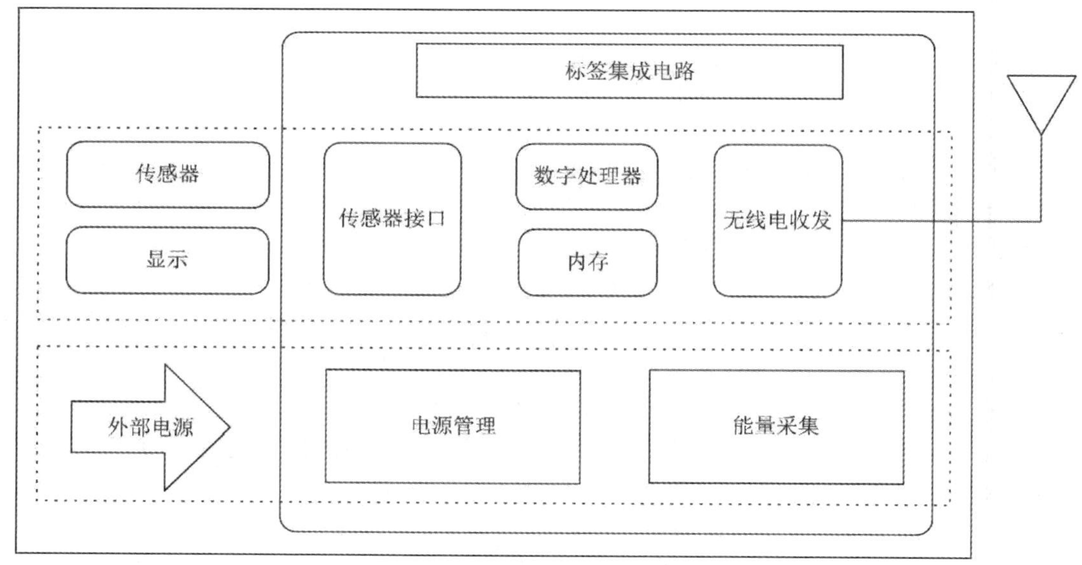


图 9-5　智能 RFID 标签结构

药品供应链智慧管理系统的 RFID 标签是附着在药片、胶囊、药膏和糖浆等药品上的。如图 9-6 所示，在主节点处集成了 RFID 阅读器以及成像传感器、GPS 模块、环境传感器(如需要)等复杂的传感装置，实现 RFID 标签数据读取以及成像、地理定位、环境感知(如湿度)等环境感知功能。主节点可以通过支持各类标准无线通信制式的接口(如 WiFi、GSM、GPRS、4G、NB-IoT 等)从 RFID 标签和传感器设备收集数据，并经由 IP 网关连接到互联网。主节点之间可以实现自组织对等组网。

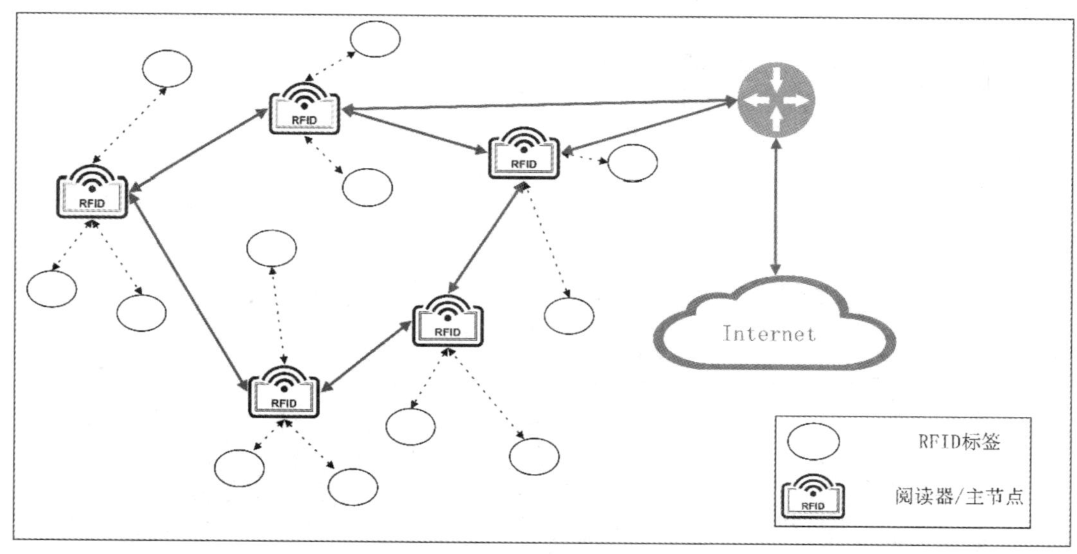


图 9-6　供应链监控：采用 RFID 标签和 RFID 阅读器实现物品跟踪

# 9.3　智慧校园物联网

信息技术在现代化课堂教学中正在发挥着重要作用，但在融入校园日常管理运营方面则相对发展滞后，即便有所应用也呈现出各自孤立、联动缺失、智能水平低的特点。在工作节奏日益加快的今天，若要进一步显著提升校园管理的效能和安全性，需要利用物联网技术将校园日常教学和运营涉及的各个应用场景——智慧课堂、环境管控、用电安全、消防安全等集结和整合，最大限度地实现信息共享、决策联动和智能管控，以节约设备能耗、延长设备使用寿命、提高设备管理效率、加固用电安全、节省人员管理成本、提升校园管理的自动化水平和智能水平，为学生打造“体验式教育”的未来教室和未来校园。

智慧校园物联网解决方案可以应用在中小学校园的教室、办公室、会议室、功能室等场景中，以物联管控平台实现对联网电器设备的智能管控。该方案在尽量不改变学校原有网络架构的基础上，通过在核心交换机旁部署私有云硬件控制器的方式，实现对全网物联网设备的统一管理、统一监控、统一运维、策略联动下发、情景策略配置管理、大屏展示等功能。

智慧校园物联网解决方案的完整架构示意如图 9-7 所示。接入传感层由各种智能控制器、传感器、仪表设备构成，其包括三类设备：第一类是感知类设备(传感器)，如智能门锁、温湿度传感器等；第二类是控制器(执行器)，包括控制灯光的智能开关、控制空调的空调控制模组、控制大屏幕的红外网关、控制窗帘的数据采集器、控制风扇的开关执行器等；第三类是测量类控制器(传感并执行器)，如带能耗采集的智能插座、智能空气开关等。智能感知/控制层主要完成信息的采集和控制命令的执行。

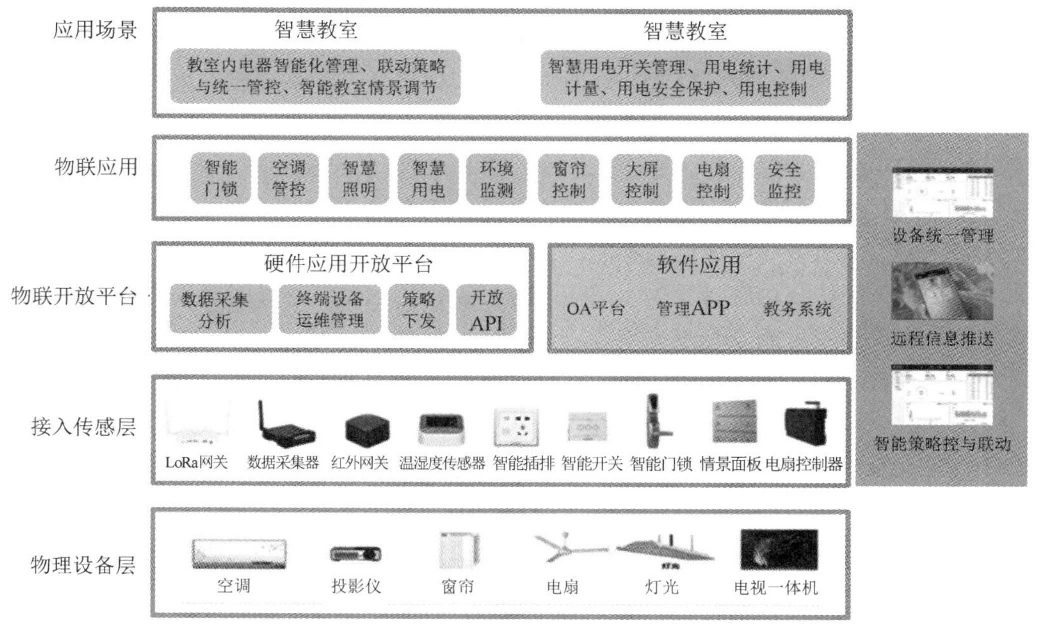


图 9-7　智慧校园物联网架构

该方案在接入交换机上扩展了智能物联网网关功能，由 LoRa 网关和数据采集器集成实现。该智能物联网网关实现的核心功能包括：传感层设备联网信号和 TCP/IP 网络的对接、控制指令的下发和设备状况报告上传、物联网设备(传感器、控制器等)及其物联终端设备(电视、投影仪、空调等)的管理、情景策略设置等。

该方案的设计包括物联网基础设施、设备管理可视化、“巡检+策略”组合管控三个部分。

(1) 物联网基础设施设计。这部分设计主要包括智慧校园场所的灯光、风扇、空调、窗帘、电教设备、智能门锁等电器设备的管理实现方式设计。

(2) 设备管理可视化设计。物联网设备管理界面可视化可方便管理员通过手机、平板或者电脑对教学/电器设备、传感器、智能网关设备进行远程控制和统一管理，令设备管控直观简洁。管理可以是单一个性化控制，也可以是批量式一键控制，还可以通过定时、智能情景等方式实现智慧型自动控制。

(3) “巡检+策略”组合管控设计。巡检内容包括电器运行状态巡检、用电安全巡检、设备异常巡检等。巡检结果被自动整理成巡检日志并生成数据报表。可以根据时间节点设置智能巡检任务。基于策略的管控即“定时+联动”的多策略数据管控。定时策略支持在指定时间对设备执行“开／关”，联动策略自动匹配“事件→条件→动作”，事件触发时判断条件，再根据条件判断结果去执行动作。

## 9.4　企业级智能门锁管理系统

教育信息化推动着传统校园向智慧校园迈进，不仅体现在教学方式上，也体现在校园基础设施管理上。校园的各类建筑如宿舍、教室、办公室、会议室、图书馆等的机械门锁逐渐被智能电子锁取代。校园门锁管理面临着管理效率低下、系统孤岛化以及存在安全隐患等问题。校园是建筑物多、人员众多、人员流动性大的场所，钥匙分配和门锁管理意味着烦琐的登记手续和管理工作，使得管理效率低下。校园的设施管理子系统通常各自为营，信息资源不能共享，门锁管理系统亦是孤岛，不能有效利用校园子系统生态的相关信息。譬如入学、离校、宿舍变化等信息不能快速实现门锁权限的联动，信息未被充分利用，带来许多重复工作。传统钥匙易丢失、门被恶意反锁、钥匙登记难导致追溯性弱等问题也在不同程度上为人身及设施安全带来隐患。

企业级智能门锁管理系统将校园身份认证技术、物联网技术与传统电子门锁有机结合，使用校园一卡通、指纹、密码等方式替代钥匙，配合物联网技术实现智能化门锁控制和管理，能有效地弥补传统门锁的使用烦琐和无法记录信息等不足之处，利用门锁采集的数据实现安防监控及智能化管理，为校园场景的门锁管理提供解决方案，充分利用校园设施管理系统的联动信息，大幅提升管理效率，规避安全隐患。企业级智能门锁管理系统架构如图 9-8 所示。

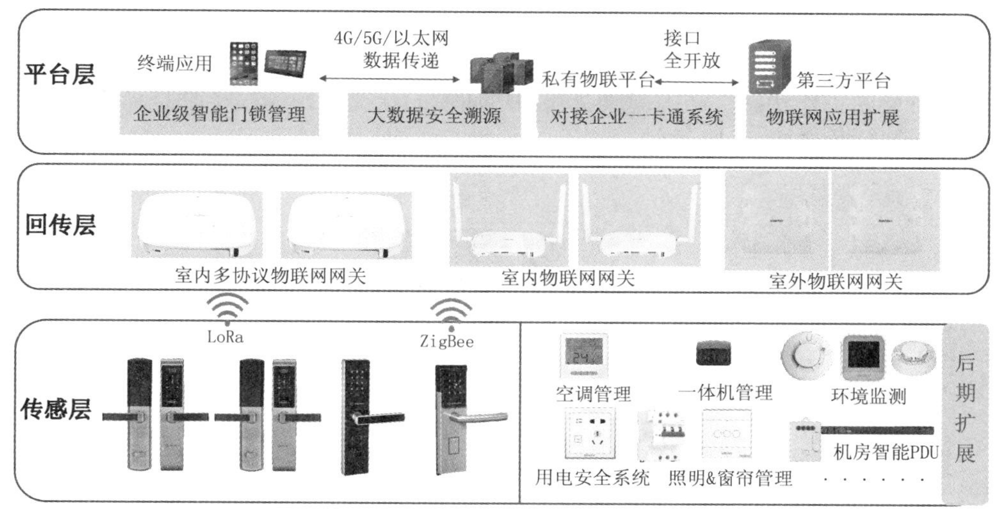


图 9-8　企业级智能门锁管理系统架构

图 9-8 彩图

该企业级智能门锁管理系统的特点可以归纳如下：

(1) 大连接数支持。该系统数据传输采用 LoRa 或 ZigBee 技术，能支持上万个终端(智能门锁)的数据实时稳定上传。

(2) 多传感器支持。该系统建立的传感器库能支持超 1000 种传感器。

(3) 多协议支持。该系统网关设备布放节约，支持多种协议(如 LoRa、ZigBee、433 MHz)。

(4) 多应用支持。该系统可接入来自第三方的各种行业设备终端，可承载和拓展不同场景的校园物联网应用，包括软件定义教室、全校用电安全系统、室外井盖监测系统、机房管理系统等。

(5) 平台可视化。该系统门锁的全功能、全状态均实现平台可视化。

(6) 业务融合支持。该系统能与校园一卡通系统对接，通过信息共享实现学生状态变更(更换宿舍、入学、离校等)与门锁权限联动。

(7) 数据溯源支持。该系统提供异常开锁实时告警、人员进出数据全记录、异常状况追溯等功能，为安全事件溯源提供详尽的数据支撑。

## 9.5　桥梁健康监测系统

桥梁是国家社会经济活动的重要交通基础设施。在水、风、地壳震动、车辆、人群等多种动力负荷的作用下，桥梁结构会发生振动。在外部和内部因素的共同作用下，桥梁产生的巨大振动可能会对桥梁结构的健康产生不利影响，甚至导致桥梁的垮塌。一旦桥梁垮塌，人们的生命财产将蒙受严重损失。为有效减少桥梁事故的发生，需要对桥梁在洪水、大风、地震、重载、振动等不同条件下的结构健康状况和工作状态进行及时有效的监测和评估，准确掌握损伤位置和损伤程度，为桥梁管理者了解桥梁的安全运行情况和做好桥梁结构灾害预防提供决策依据和决策辅助。

基于物联网的“感、传、知、用”特点，可以开发桥梁健康监测系统(如图 9-9)，以预防桥梁事故和结构灾害。该系统包括实地部署的传感网络和远程在线监测平台两部分，能够实现对桥梁的工作状态、结构健康及其周边环境的状况进行远程实时监测和分析，以预防桥梁事故和结构灾害。

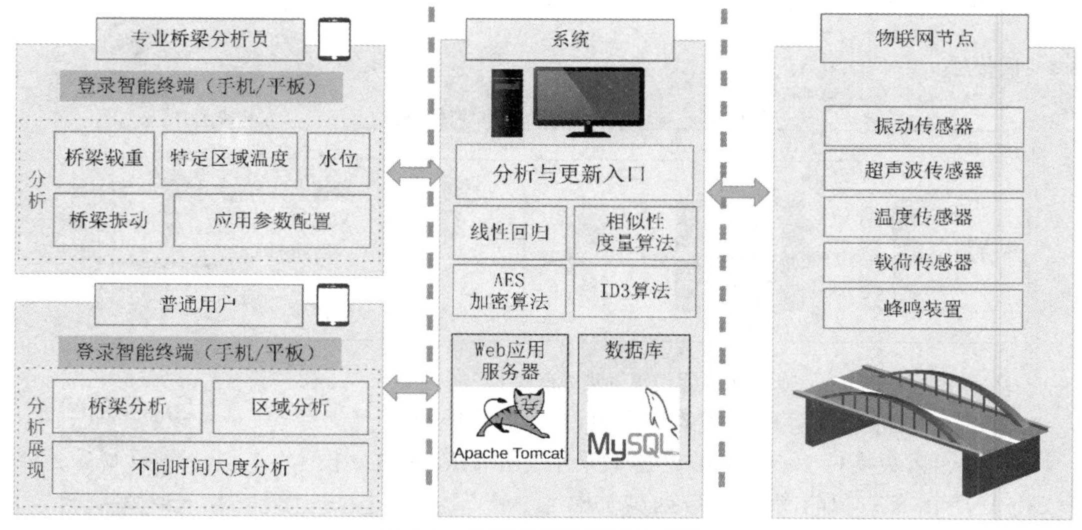


图 9-9　桥梁健康监测系统架构

在桥梁实地部署的传感器网络中，传感器和通信模块的微控制器(Arduino 硬件开发板)构成了传感网节点，完成数据的采集和传输(如图 9-10)。该网络所使用的传感器包括振动传感器、超声波传感器、温度传感器、载荷传感器。这些传感器负责获取桥梁的工作状态信息。载荷传感器和振动传感器分别负责测量桥梁的负荷和振动情况。超声波传感器负责测量桥下水位。所有传感器实时采集数据，数据被转换为电信号后传输到微控制器(Arduino 开发板)。Arduino 开发板上还集成了通信模块(WiFi/2G/3G/4G 等)，支持通过无线通信网络将数据发送到服务器(系统管理中心)。

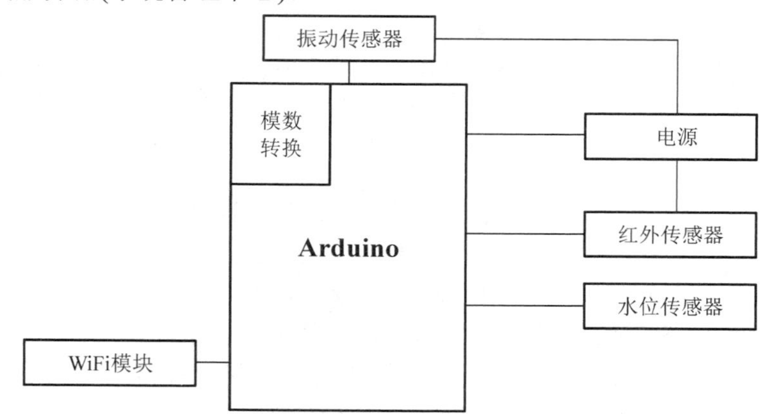


图 9-10　构成桥梁传感网的小型节点设备

传感器收集到的数据被发送到后台服务器并存储于数据库。后台服务器可对监测数据进行多种智能算法分析。服务器基于来自客户端的请求进行响应，通过 HTTP 协议将数据推送给不同权限的用户。各权限的管理员可通过网页或移动端 APP 访问监测数据、查看预警信息、下载相关统计报表及数据分析报告。比如，用户可以分为两类权限——专业桥梁分析管理员和普通用户。专业桥梁分析管理员通过登录智能终端(智能手机、平板、网页)获取、查看和分析被推送来的数据，以掌控桥梁运作的关键指标，管理员还可以将维护任务分派给员工。普通用户通过登录智能终端查看对避免事故发生尤为关键的数据展示。

若传感器数据满足预设的预警条件——如负载、水位、压力数据超过预设值，则系统将向用户推送警报，并通过微控制器令蜂鸣器(执行器)生成蜂鸣警报，甚至在判断有桥梁倒塌迹象的情况下启动自动屏障，避免事故发生。

在桥梁的施工期和运营期，都可以利用物联网技术构建桥梁监测系统对结构指标参数进行监控，并将其和设计数据进行比较，确保差异被控制在可接受的范围内，确保桥梁的内力状态、外形曲线等满足规范和设计要求。

根据《建筑与桥梁结构监测技术规范》(GB50982—2014)，并结合施工期、运营期的监测需求，通常选取环境指标、变形指标、结构指标作为桥梁监测的关键指标，如表 9-1 所示。

**表 9-1　桥梁监测关键指标**

| | |
|---|---|
| 环境指标 | 温度、湿度、风速风向、雨量 |
| 变形指标 | 梁体变形、索塔位移、桥墩倾斜、基础沉降 |
| 结构指标 | 应变监测、振动监测、吊杆监测、裂缝监测、索力监测 |

## 9.6　智慧废物收集管理系统

废物管理是现代城市环境管理的重要组成部分。如何以合理的服务成本将废物妥善收集、存放、处理是废物管理需要解决的重要问题。废物收集管理的全过程涉及多个相关方，包括政府部门、垃圾清运公司、垃圾清运司机、垃圾处理厂、废物回收机构、片区垃圾收集设施负责人、交通警察、普通市民，其中有的是废物管理的深度参与方，有的是关系或利益密切相关的见证方。

各相关方对废物收集与管理涉及的流程操作、协同处理、设施维护以及信息知情等方面都有相对具体和个性化的需求，如表 9-2 所示。

**表 9-2　废物收集管理相关方的需求描述**

| | |
|---|---|
| 相关政府部门 | 了解城市废物全局分布情况、生成报告、控制定价等<br>监控废物收集过程，以确认任务完成情况——废物清运的及时性、清洁度是否达标<br>部署和维护基础设施，包括垃圾箱中的容量传感器和用于数据传输的无线网络<br>优化废物清运资源分配，并快速地依法依规协调矛盾、解决争端 |
| 废物清运公司 | 垃圾清运业务流程的优化设计以及准自动化执行<br>垃圾清运车队路径的动态优化和实时跟踪<br>接受来自垃圾清运驾驶员的信息上报，及向垃圾清运驾驶员下发命令<br>垃圾清运业务流程全程溯源 |

续表

| | |
|---|---|
| 废物清运司机 | 需要方便易用的垃圾清运导航服务<br>向垃圾清运公司报告清运过程的突发问题并请求协助解决<br>获取按时保质完成清运工作的记录或凭证(参照快递业) |
| 垃圾处理厂 | 废物处置能力公布 |
| 废物回收机构 | 废物回收需求公布 |
| 片区垃圾收集设施负责人 | 与垃圾清运公司和垃圾车司机进行必要的信息交流和同步 |
| 交通警察 | 收到因违规停车导致垃圾清运失败的报告 |
| 普通市民 | 获取废物管理工作内容、成本、成效的知情权 |

利用物联网技术构建的智慧废物收集管理系统能满足来自废物收集与管理的相关方的多样化需求。我们可以从两个层面看待和分析这些需求，并依据需求分析来确定系统的目标。

一方面，废物收集清运任务的执行主体是废物清运公司。废物清运公司拥有垃圾车并雇佣司机，依据法规从市政府获得废物清运资质和废物清运合同，组织垃圾收集并清运至垃圾处理厂或废物回收机构。智慧废物收集管理系统的首要目标是要满足废物清运公司客户的需求，为客户提供软件即服务(SaaS)类应用软件，对废物清运全程进行监控，以准自动化的智能方式实现垃圾负载检测和废物清运路线优化等功能，以更低的运作成本减少环境污染。

另一方面，废物管理的各类相关方之间需要进行必要的信息沟通和互利协作。因此，智慧废物收集和管理系统要能够提供一个信息平台，支持各利益相关主体或者流程关联主体之间进行必要的协作操作、信息沟通和信息共享。

整个废物收集管理系统的核心组件是监控决策云平台，该云平台能为废物收集清运的执行者——废物清运公司提供必要的过程监控和辅助决策服务，其也是废物管理利益相关方实现信息共享和交流的平台。为此，监控决策平台需从相关方收集废物清运相关的必要信息，如表 9-3 所示。

**表 9-3　有关废物清运信息的收集**

| 相关方 | 需收集的信息 |
|---|---|
| 废物清运公司 | 在废物收集管理系统中注册<br>登记垃圾清运车辆信息<br>登记废物清运司机信息<br>登记收集废物的垃圾箱信息<br>定义符合法律和合同规定的废物收集时间窗口等必需的业务规则 |
| 垃圾清运车辆 | 上传有关容量、可用燃料和消耗燃料等数据<br>上传有关定位、交通状况的数据 |
| 智能垃圾箱 | 上传有关废物量、污染情况等数据 |
| 废物清运司机 | 上传清运过程的突发问题的视频片段或图片 |

比如遇到这样的场景，废物清运车司机按照初始路径规划抵达某废物收集点，意外发现由于障碍物遮挡，不能按原计划靠近垃圾箱并将垃圾清运上车，如图 9-11 所示。此时，清运车司机通过安装在智能手机或平板电脑上的应用程序将突发问题的视频或图片辅以必要的语音信息、GPS 坐标和其他数据等上报给废物收集管理监控决策中心。监控决策中

心将为该清运车司机重新计算和规划路线，清运车可以直接按照新规划路线去下一个废物清运点执行清运任务。监控决策中心还会针对突发问题报告进行处理。如果被反馈的问题描述准确，则问题报告会被发送给对口片区的垃圾收集设施负责人及交通警察，由他们协助解决突发问题。当收到反馈确认问题被解决后，决策中心会重新调配清运车完成之前中断的废物收集任务。

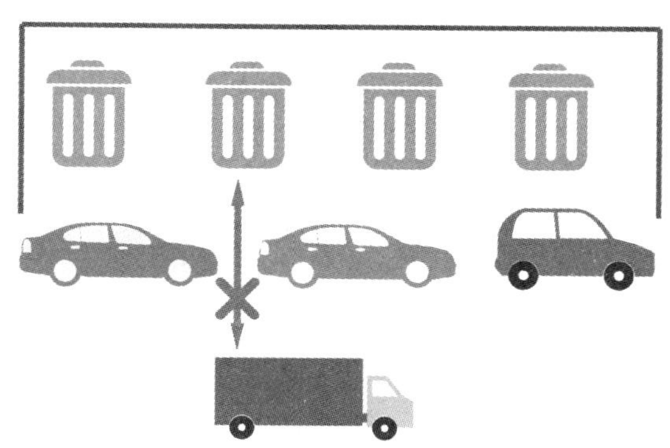

图 9-11　清运车辆无法接触到垃圾桶的场景

监控决策中心可凭借各方上报的废物清运信息动态地规划每辆垃圾清运车的最佳可行路线，还可以协同工作的方式调动可用资源为清运司机上报的突发问题提供解决措施，全程无需废物清运司机的关注和介入。这种自动化清运处理流程和动态路径规划，可以最大限度地提高废物收集效率。和传统的静态模型相比较，这种废物收集管理系统更符合智能城市的理念，可以最大限度地发挥物联网的潜力。

## 9.7　智能电气管理系统

电气线路安装或使用不规范是引发火灾的重要原因。传统的电气管理平台一般基于传统空气开关及继电器实现。囿于继电器和传统空气开关功能的局限性，传统电气管理平台的监测精准度、响应速度、安全可靠性都远远不能满足现代用电系统对用电管理趋于精细化、实时化、智慧化的迫切需求，并存在较大的安全隐患。

继电器是具有隔离功能的自动开关元件，广泛应用于遥控、遥测、通讯、自动控制、机电一体化及电力电子设备中。在继电器类用电控制系统中，继电器是通过直流电控制交流电，只有触点通断和长时过载保护能力，极限短路分断能力最大仅为 2 kA(低于空气开关 4.5 kA 的极限短路分断能力)，亦不具备漏电、短时过载、过压、欠压、短路、打火、过温和灭弧等保护功能，瞬时大电流的冲击就可以把继电器烧坏从而引发火灾。同时继电器也无法提供精准的线路电能数据。这一切令所获取的电气线路综合数据精准度大大降低，从而使继电器类用电控制系统的可靠性缺乏保障，隐患重重。

空气开关是一种只要电路中电流超过额定电流就会自动断开以切断电源的开关。传统空气开关最大的不足在于：①不能支持通电前和通电过程的实时检测，无助于防患于未然；②无法确定故障原因并定位故障位置，无助于故障排除；③不支持远程控制，故障排除后需要人工介入合闸通电，无助于用电管控的去人工化和自动化。

智能电气管理系统可以实现高度自动化智能化的安全用电和节能用电。智能空开、智能插座、红外遥控器、温湿度传感器等设备将零散分布的数据通过 LPWAN 技术(如 LoRa)回传至网关设备统一采集，进而回传到物联网平台中做数据汇总，为以安全和节能用电为目的的设备策略联动、大数据分析、运营分析提供基础物联网数据支持。例如，智慧空气开关可以利用 LoRa 技术将数据回传至后端物联网平台，将计量、预警、排查、漏电、线路自检、定时管制、远程控制等多种电气能源管理手段高度集成，实现精细化、实时化、智慧化、高可靠的电气线路安全管理。该系统还可扩展至其他传感器，与窗帘、照明、温湿度、门锁等传感器联动。智能电气管理系统架构如图 9-12 所示。

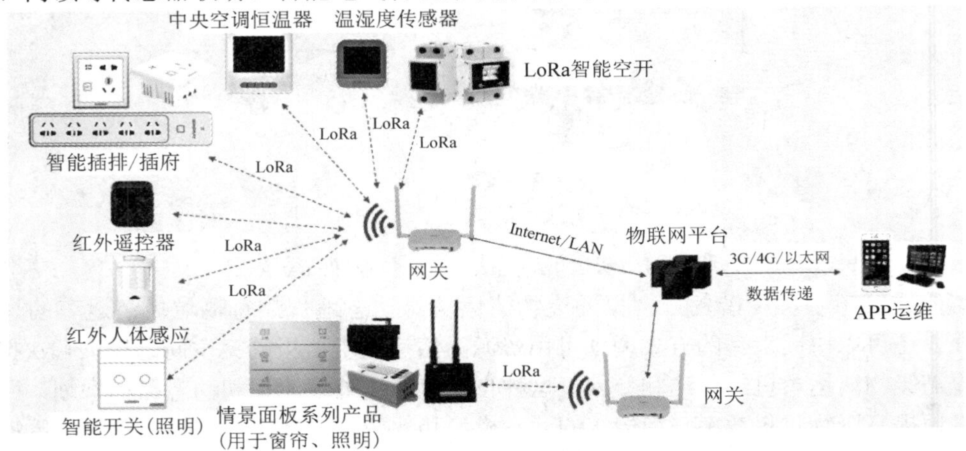


图 9-12　智能电气管理系统架构

在实际实现时，物联网存在无线、有线等多种网络，为减少网络建设成本、降低网络运维难度，该方案将智能用电系统架构中的物联网平台集成在高性能设备中，以实现无线以及有线设备管理、用户认证、行为管理、行为审计、流量控制、信息推送、数据汇总和分析、VPN、防火墙、集群管理等多项功能，实现多网合一。物联网平台既可以独立部署于单台设备(小规模用电场景)，亦可以集群部署(大规模分布式用电场景)。该物联网平台一体机的高集成度和多重性能大大地降低了网络运维难度，减少了网络建设成本。智能用电系统一体机如图 9-13 所示。

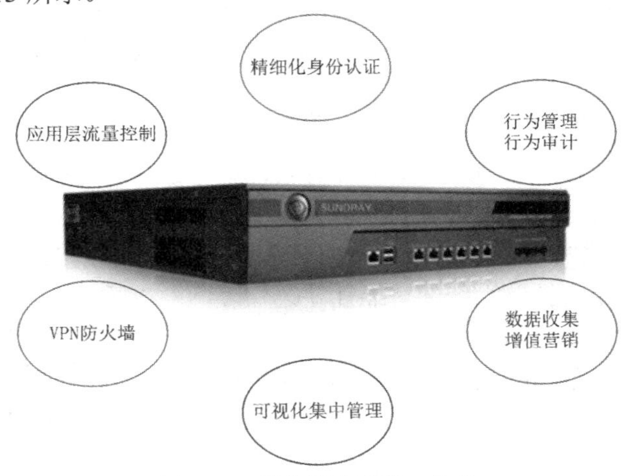


图 9-13　智能用电系统一体机

智能用电系统客户端 APP 通过互联网访问物联网平台，实现用电状态实时监控和系统运维等功能，包括用电情况实时监控、设备告警通知处理、空气开关控制、插座通断电、传感设备上下线连接检测、设备状态监控、设备策略配置等，如图 9-14 所示。

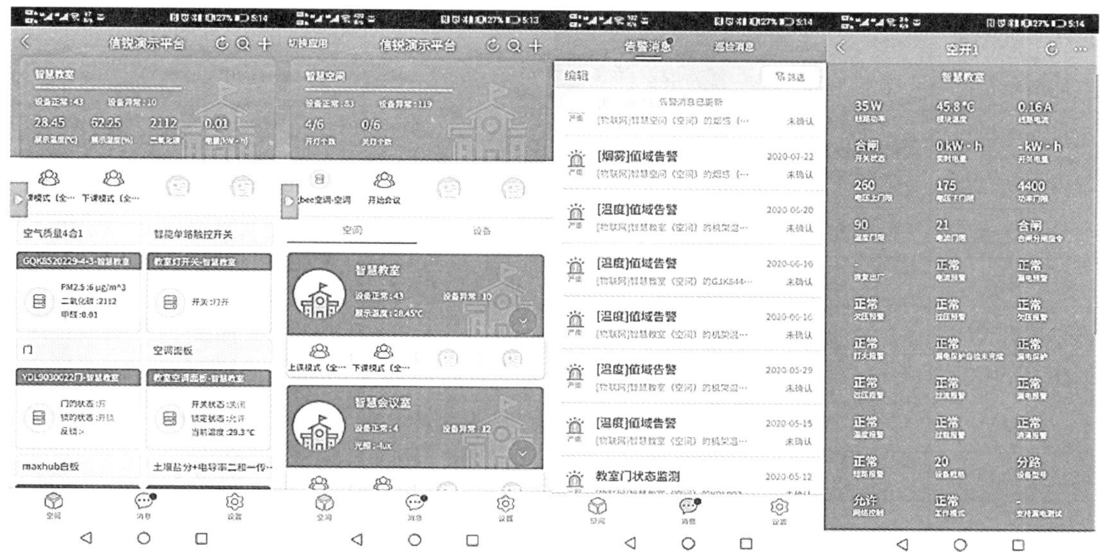


图 9-14　客户端 APP 功能界面展示

智能用电系统具有如下特色：

## 1. 智慧空气开关

智慧空气开关是在传统空气开关的基础上升级得到的智能传感器硬件设备，可对电气线路状况进行精细化快速测量与采集，实现诸多传统空气开关不具备的功能，如表 9-4 所示。智慧空气开关可视作集电机控制、节能监控以及安全监控功能于一体的智能配电设备。

表 9-4　智慧空气开关与传统空气开关的对比

| 项　目 | 要　求 | 传统空开 | 智慧空开 |
|---|---|---|---|
| 短路保护 | 5～10 倍额定电流，0.04 s 断路 | 有 | 有 |
| 漏电保护 | 30 mA 漏电流，0.1 s 断路 | 有 | 有，可靠性高 |
| 过载过流保护 | | 有，不精确 | 有，精确执行 |
| 欠压报警 | 电压低于 100 V 报警 | 无 | 有，精确执行 |
| 过压保护 | 高于 250 V 报警，高于 263 V 断电 | 无 | 有 |
| 打火断电保护 | 接头打火立即断电 | 无 | 有 |
| 开关过温保护 | 实时监测开关温度 | 无 | 有，超过 70℃报警，90℃断电 |
| 防雷控制 | | 无 | 有 |
| 本地手动推杆 | 控制通断 | 有 | 有 |

续表

| 项　目 | 要　求 | 传统空开 | 智慧空开 |
|---|---|---|---|
| 本地电动控制 | 控制通断 | 无 | 有 |
| 远程手机控制 | 控制通断 | 无 | 有 |
| 本地漏电自检 | 手动按键自检功能 | 有 | 有 |
| 手机漏电自检 | 手动操作自检功能 | 无 | 有 |
| 漏电自动自检 | 设置成自动检查 | 无 | 有，每月指定时间自动检测 |
| 自动送电 | 特定情况断电后自动送电 | 无 | 漏电自检 5 s 后自动送电 |
| 功率限定 | 达到要求的功率断电 | 无 | 有，精确控估值 |
| 安全信息记录 | 用电故障或检测记录 | 无 | 有，可查询 |
| 手机 APP 管理 | | 无 | 有 |
| 电量 | 用电量参考 | 无 | 有 |
| 电压电流检测 | | 无 | 有，可实时查询 |
| 对接视频监控 | | 无 | 有，支持第三方系统对接，支持联动抓拍 |
| 平台集中管理 | 通过互联网或专用网管理 | 无 | 有，支持智慧电能管理、安全监管、集中统计分析 |
| 传感器联动 | 多个传感器相互联动智能控制 | 无 | 有，可与多种传感器、执行器联动 |

### 2. 设备策略联动

设备策略联动指物联网平台基于各类传感器设备上报的基础数据，制定符合系统优化目标的多设备联动策略，并对设备予以策略配置和控制。例如将大功率告警断电和远程控制功能进行联动设置，当智能插座监测到超额功率后，平台发出指令控制插座断电，同时向客户端 APP 推送告警信息，管理员接到告警后及时处理告警事件，更换对应设备之后可通过 APP 远程控制智能插座开启电源。

### 3. 用电大数据分析

物联网平台汇集并统计分析来自智能插座和智慧空开提供的用电数据，包括设备实时功率、设备上下线状态、插座通断电等情况。平台将数据进行分时段统计分析后转换为可视化图表呈现在客户端 APP，以利于用户直观掌握所关注区域的用电能耗情况，包括用电量、用电同比(月/季度/年)变化、区域耗电量对比等数据。通过对历史能耗的数据分析，可判断用电正常或异常情况，并预估未来能耗，支持节能减排。图 9-15 和图 9-16 给出了两个用电大数据统计分析的可视化示例。

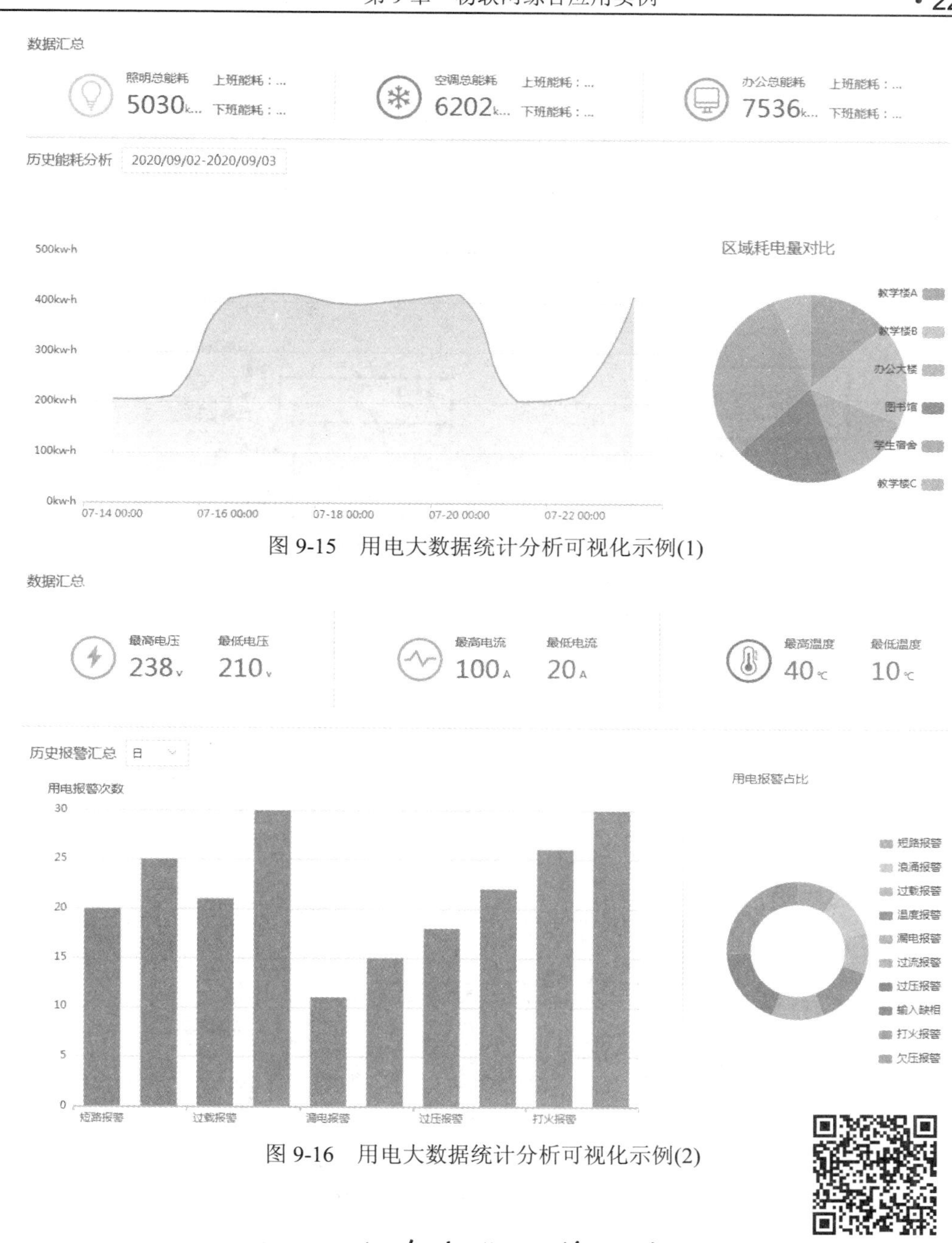


图 9-15　用电大数据统计分析可视化示例(1)

图 9-16　用电大数据统计分析可视化示例(2)

图 9-16 彩图

# 9.8　分布式能源管理系统

太阳能光伏电池、风力涡轮机等可再生能源能够减少发电过程的碳排放，有助于抑制地球不断上升的温度，逐步被纳入现代电网。各国政府和组织都出台了一系列政策支持和鼓励光伏发电和风力发电入网以解决部分电力需求。太阳能、风能这一类可再生能源的发电模式和气候与位置紧密相关，发电的间歇性为电力供应的稳定性、可测性和可靠性带来挑战。将物联网技术应用于分布式能源管理，可以利用传感器收集实时天气信息，为可再生能源供给的可用性预测提供帮助。

位于Odisha的印度国家科学技术研究所于2014年提出了一个分布式能源远程监控系统，如图9-17所示。这个系统的设计是面向对环境友好的可再生能源(风电、光伏发电、沼气发电、生物发电等)的，系统提供的远程动态配置管理能力有助于更优化、高效、自适应地管理并充分利用可再生能源，系统也可以用于火电、水电、核电等不可再生能源。

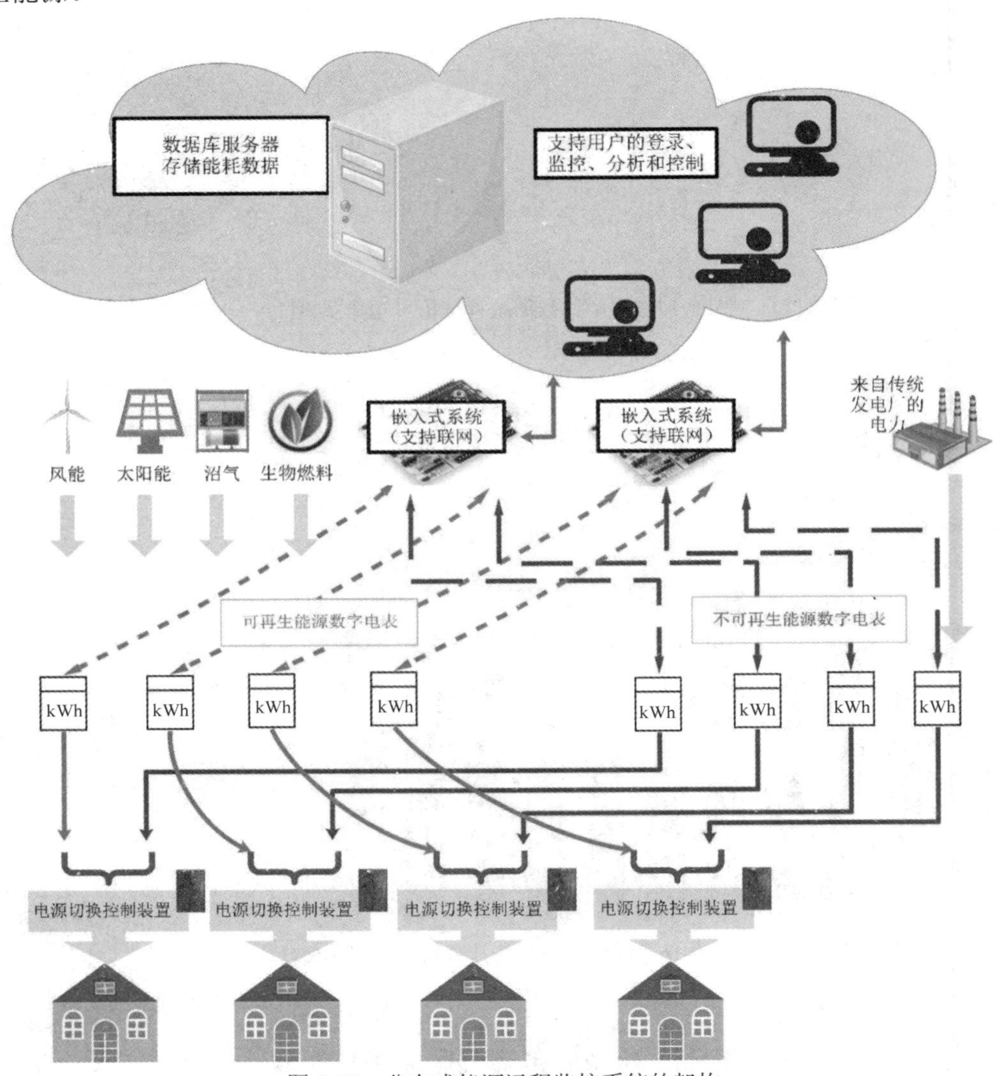


图9-17　分布式能源远程监控系统的架构

各类可再生能源与统一工业标准的智能电表相连，支持接入Internet的嵌入式设备通过RS485接口从电表中读取电流、电压、功率、频率等关键供电参数。嵌入式设备从电表采集到的数据经Internet被定期更新保存到服务器中。服务器为终端用户提供标准Web服务，包括电表信息的查询和显示、电网用户的位置查询和显示、电网用户的电源调度，以及远程切换电源控制器以实现对分布式能源的远程控制管理。用户输入用户名和密码，可以从任何一台联网的计算机或智能终端实现对服务器的访问，获取标准 Web 服务。

嵌入式设备通过 Internet 与服务器进行上下行互动，从而提供一系列监视、分析和控制功能。嵌入式设备需要等待来自服务器的指令，再依据指令对能源转换器进行控制。具体来说，通过身份验证的用户指示服务器切换能源，服务器随即向嵌入式设备下发指令，嵌入式设备得到来自服务器的指令后，则可对能源转换器进行控制，实施切换能源的操作。

该架构的硬件方案采用 ARM Cortex M3 处理器来设计嵌入式系统设备，支持 RS232 端口、LCD 和以太网端口。ARM 处理器通过将它的 UART(通用异步串行传输)端口和 MAX232 IC 端口相连接，实现与 RS232 端口的通信。RS232 端口的输出被转换成 RS485 输出后，商用智能电表的数据经由 RS485 端口输出。RS485 MODBUS 协议允许 1200 米距离的串行数据传输。实测数据显示，200 米距离内的多个电表可以承载在一块处理板上。电表与不同类型的可再生/不可再生能源连接，记录电压、电流、功率、频率等关键的供电参数。用户通过访问 Web 服务发出一系列命令来控制嵌入式设备，获取这些供电参数。该嵌入式设备加载 6LowPAN 轻量级协议栈以实现 TCP/IP 传输，在 6LowPAN 协议的支持下，通过以太网端口接入互联网。电源转换器由直流电压控制，并通过继电器控制器与嵌入式控制板相互连接。

软件方案上，用户可以通过图形用户界面(GUI)在联网计算机或智能终端上访问分布式能源管理服务。用户可以检查自定义时间段的家庭平均耗电量，基于特定的时间间隔(天、月、季度、年)跟踪家庭能源消费情况，并获取各种统计对比数据。利用这些历史能耗数据，用户可以更精细地掌握能源需求情况，并为未来的能源调度做出提前规划。用户可以根据预先计划的时间表远程实施能源切换。

紧急情况下，用户可以对电源进行重新配置，选择不同类型的电源供给。电源转换装置连接到家庭的供电电源，嵌入式设备通过控制电源转换装置来实现电源重配。这一功能特别适合社区自建电网，授权电网用户既是电网的消费者，也是电网的维护者。

## 9.9　输电杆塔防护系统

输电杆塔是电力传输环节的重要组成部分，自然灾害、人为盗窃和破坏是输电杆塔损毁的主要原因。传统上对杆塔进行保护主要依赖人工巡检，囿于人员水平和数量以及杆塔实际环境等因素，对输电杆塔和线路的巡检周期一般为 1～10 周，高频度的巡检并不现实。物联网技术打造的杆塔在线实时监测和防护方案，帮助杆塔应对来自自然灾害、野蛮建设、人为盗损等的威胁，对可能发生的不利事件及时预警，大幅降低输电杆塔被损坏的风险，增强输电杆塔的安全性和可靠性。输电杆塔防护系统如图 9-18 所示。

在输电杆塔实时防护系统中，各种传感器和汇聚节点共同构成了无线传感网络。所用到的传感器安装在杆塔塔基以及塔身的不同部位，包括地埋振动传感器、壁挂振动传感器、倾斜传感器、防拆螺栓和摄像头等。汇聚节点将从传感器接收到的信号做合并和处理，并在需要时向监控中心发出必要的警报和回传实时图像，方便监控中心采取适当的处理。输电杆塔防护传感器部署位置和功能如表 9-5 所示。

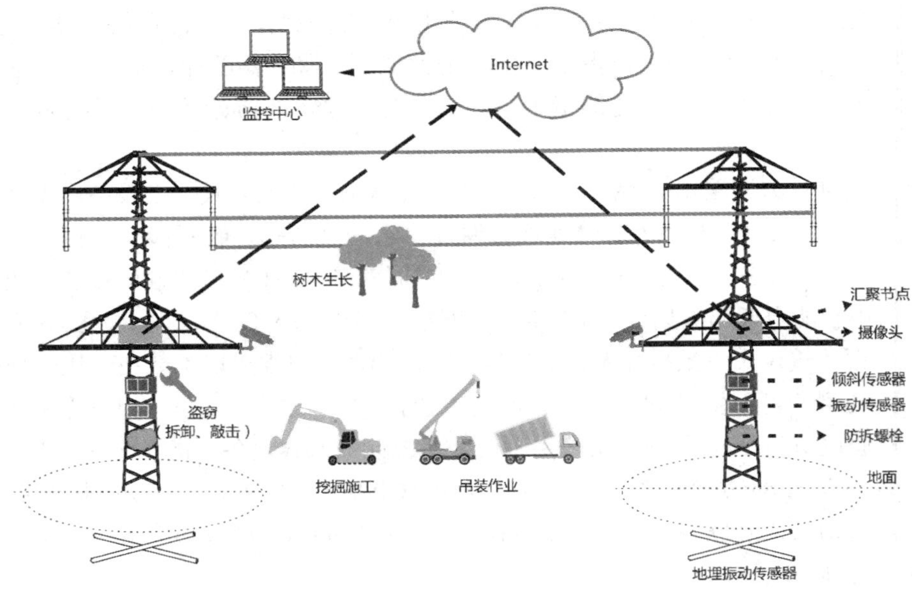


图 9-18　输电杆塔实时防护系统

**表 9-5　输电杆塔防护传感器部署位置和功能**

| 传感器名称 | 部署位置 | 功 能 描 述 |
|---|---|---|
| 地埋振动传感器 | 杆塔地下底座处 | 对杆塔的振动状态进行监测，防止由于杆塔塔基不牢固造成损毁，并将信号回传至汇聚节点进行合并和处理 |
| 壁挂振动传感器 | 杆塔塔身处（离地 3～5 米） | 对壁挂上缠绕的电线振动情况进行监测，并将信号回传至汇聚节点进行合并和处理 |
| 防拆螺栓 | 杆塔下部 | |
| 倾斜传感器 | 杆塔塔身与振动传感器接近的位置 | 对杆塔的倾斜状态进行监测，并将信号回传至汇聚节点进行合并和处理 |
| 摄像头 | 杆塔塔身高处（离地 6～8 米），朝向输电线路 | 对过于靠近输电线的工程机械或树木造成的威胁进行识别，并将图像实时回传至汇聚节点<br>响应来自汇聚节点的触发，将图像实时回传至汇聚节点 |
| 汇聚节点 | 杆塔中部 | 接收来自传感器的信号，进行数据合并处理<br>从来自振动传感器、防拆螺栓、倾斜传感器的数据中分析出盗窃破坏或违规施工行为，触发摄像头向汇聚节点发送实时图像<br>一旦确认杆塔安全受到某种威胁，会生成警报并将实时图像通过特定的公共或私有通信网络回传至监控中心 |

# 9.10　智慧机房动力环境监控系统

一直以来，盗窃、人为破坏、电源运行不稳定、空调故障、运维不规范、环境(温度/湿度等)异常是机房管理的痛点。对于采用分布式部署的现代机房来说，传统的实地人力监控或者高频率人工巡查会带来更高的运维成本，管控精细度和实时性能也无法得到保障。针对机房管理的一系列痛点，机房综合管控主要涉及运行环境、动力设备和安防状况这三个方面。

第一，服务器是机房最重要的设备，其运行环境对于温度、湿度状况有较为严格的要求。在服务器运行过程中，自身会产生大量热量，为了将服务器的运维环境维持在适宜的状况，需要配备调温设备(即空调)。显然，机房环境的温湿度状况以及调温设备运行的正常与否决定了机房设备是否能够稳定运行。因此，有关运行环境，关键要对机房整体环境的温度、湿度以及调温设备实际运行状况实现监控。

第二，机房的稳定正常运行离不开高可靠的动力(电力)供给。机房市电和配电等动力设备的正常运转，为持续稳定的动力供给提供保障。一旦机房动力设备出现问题，会立刻影响到计算机机房信息中心系统的运行，对数据传输、存储及系统运行的可靠性造成威胁。因此，有关动力设备，关键要对包括市电电源、UPS、PDU、发电机、蓄电池、三相电量仪等在内的市电配电设备运行状况实现监控。

第三，对于分布式部署的现代机房来说，安防状况同样需要高可靠实时的监控预警机制予以保障。机房安防状况涉及防火、防水、防盗，依托物联网技术相关的烟雾监测、门禁系统、漏水监测、红外入侵监测、视频监控联动五项措施，可以确保安防隐患的及时发现，可以实现平台报警以及联动控制的去人工化。

为此，可以引入物联网技术实现全天候去人工化的智慧机房动力环境监控系统，以实现更加精细、实时、可靠的综合管控解决方案。本解决方案的特点体现在三个方面：其一，系统管控标的状况的融合分析和联动决策；其二，依托终端传感及执行设备的特点施行多元通讯方式灵活组网；其三，管控标的全可视化。

基于对机房综合管控涉及的三方面的分析，智慧机房动环监控系统由环境监控、动力监控以及安防监控三大子系统构成。

### 1. 环境监控子系统

环境监控子系统主要实现对机房重要区域的温湿度以及机房调温设备运行状况的监控，如图 9-19 所示。一方面，通过在机房环境选取散点布设温湿度传感器，实时监测机房重要区域的温度、湿度、漏水等情况；另一方面，根据调温设备的情况不同，通过多种通信技术从接口获取不同类调温设备运行参数，实时监测设备运行状况。所感知到的数据被实时传送至后端物联网平台。具体地说，环境监控子系统支持的典型物联网功能包括环境数据实时监控、环境参数异常触发报警、调温设备和温湿传感器策略联动等，并可以实现跨平台(Web 端、移动端以及短信)可视化监控。

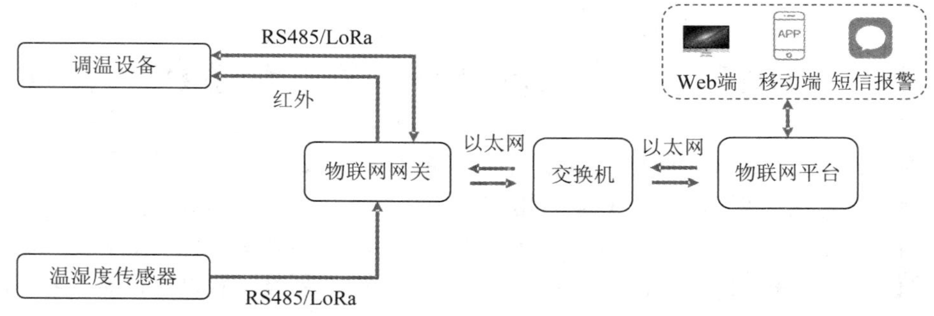


图 9-19　环境监控子系统

1) 区域温湿监测

本方案中在机房范围内选取典型散点(譬如服务器机架上的位置)布设温湿度传感器以监测重要区域的温湿度变化。按照国家相关政策规定：A 类和 B 类机房要求温度是 23 ± 1℃，湿度为 40%～55%；C 类机房要求温度为 18℃～28℃，湿度为 35%～75%。物联网平台接收到来自温湿度传感器回传的数据，若监测到温湿度数值超过设定范围，物联网平台依据策略联动向调温设备发送指令，自动调节环境温湿度，同时生成报表明细，并通过直观的图像进行展现。

2) 调温设备监控

部署于机房的调温设备主要包括精密空调、普通空调以及中央空调三种。调温设备的运行状态参数获取方式因应调温设备种类的不同有所不同，应分类设计和处理，采取不同的监控架构。

精密空调主要为中大型机房提供恒温恒湿的环境条件，其正常运转对确保机房服务器设备稳定运行至关重要。如图 9-20 所示，精密空调配有 RS232 和 RS485 通信接口，在上行方向(精密空调到物联网平台)，可以通过支持串口的数据转发器从 RS232 和 RS485 接口实时获取精密空调的回风温度、出风温度、湿度、空调运行状态、风机运行状态、压缩机运行状态等参数，并经由交换机回传至物联网平台。在下行方向(物联网平台到精密空调)，物联网平台通过交换机及串口数据转发器并经由 RS485 通信接口发送控制信令给精密空调，实现远程开关机控制操作。

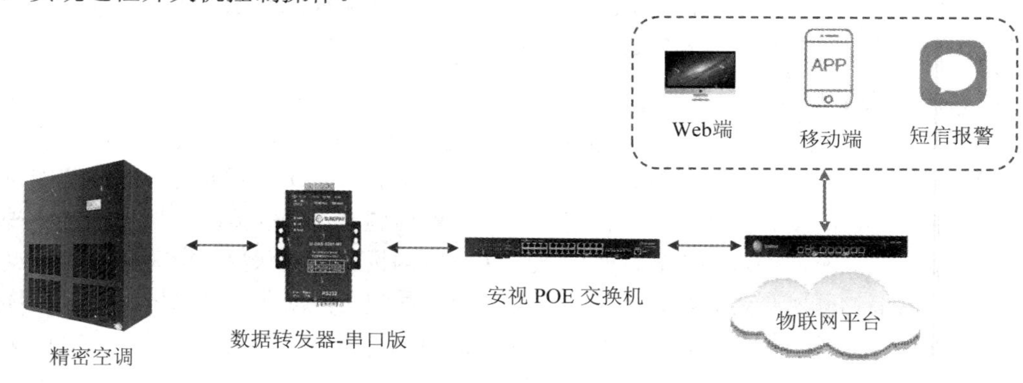


图 9-20　精密空调监控架构

普通空调包括壁挂或立式空调，主要为小型机房提供恒温恒湿环境。如图 9-21 所示，在实际部署中，普通空调并不具备 RS485 接口以供设备运行参数的获取，其与物联网平台之间的数据传递主要体现在下行方向(自物联网平台到普通空调)。物联网平台根据在服务器机架上选取散点独立布设的温湿度传感器所回传的数据判断是否需要向普通空调下发控制指令，该控制指令经由安视 POE 交换机、串口数据转发器以及红外网关发送给普通空调，以对其实施基于策略的控制。

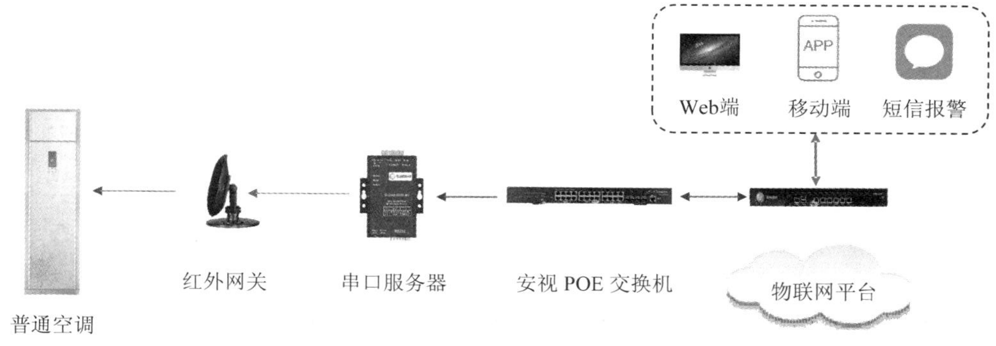


图 9-21　普通空调监控架构

一些机房则部署中央空调以调节恒温恒湿环境。如图 9-22 所示，在上行方向(温湿度传感器到物联网平台)，由 LoRa 网关收集来自在机房内所布署的多个温湿度传感器的数据，并经由安视 POE 交换机实时回传至物联网平台。物联网平台对得到的温湿度数据进行分析和判断，依据预设的联动策略，在下行方向上(物联网平台到智能空调面板)发出控制指令到相应的智能空调面板，须知：控制指令数据的传输是经由安视 POE 交换机和 LoRa 网关后到达空调面板。

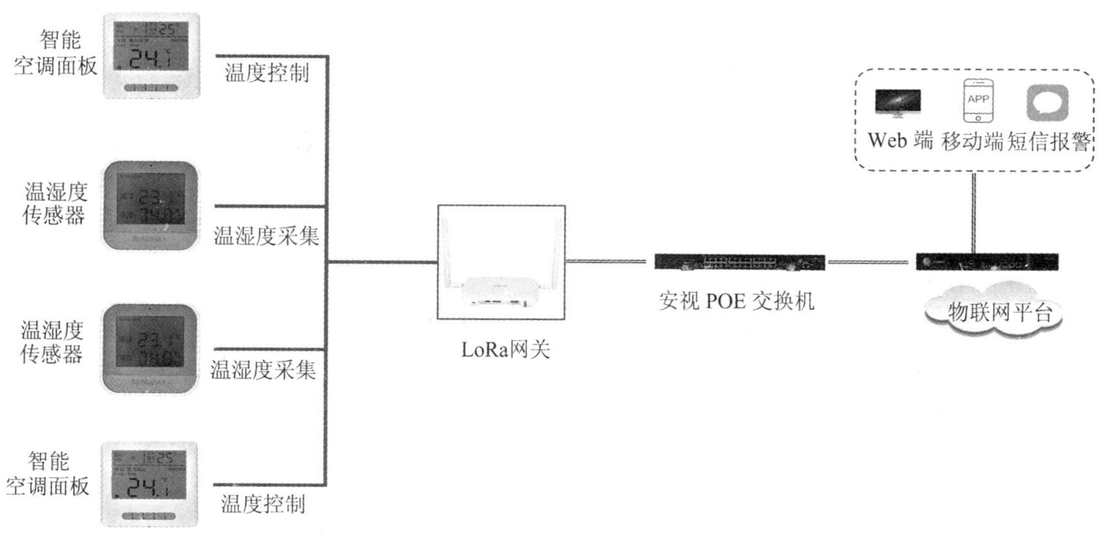


图 9-22　中央空调监控架构

在本系统中，精密空调、普通空调以及中央空调这三种调温设备的监控架构的技术实现和特色功能对比如表 9-6 所示。

表 9-6　三种监控架构的技术实现和特色功能对比

| 空调类型 | 通信接口 | 系统设备组件 | 监控状态参数 | 传感器回传 | 特色功能 |
|---|---|---|---|---|---|
| 精密空调 | RS232<br>RS485 | 数据采集器、采集主机、数据转发器-串口版 | 回风及出风温度和湿度、空调运行状态、风机运行状态、压缩机运行状态 | 基于 TCP/IP 的 Modbus | 精密空调状态实时查看、异常监控、主动告警 |
| 立柜空调、壁挂空调 | 红外 | 温湿度传感器、红外遥控器、智能排插/插座、加湿器/除湿器 | 环境温湿度、空调模式及开关状态 | 不支持 | 温湿度监测下的红外空调调节、智能插座控制以及除湿加湿控制 |
| 中央空调 | LoRa | 温湿度传感器、智能空调面板 | 环境温湿度、空调模式及开关状态 | LoRa | 温湿度监测下的定时或远程开启、关闭空调 |

## 2. 动力监控子系统

机房的关键动力设备主要包括市电电源、UPS、PDU、发电机、蓄电池、三相电量仪等。动力监控子系统主要负责对这些关键动力设备实施集中式实时监控和远程运维。如图 9-23 所示，在上行方向(动力设备到物联网平台)，支持串口的数据转发器从各种动力设备获取相关电力参数，并将参数数据经由交换机回传至物联网平台。当动力设备运行发生异常，平台可以采用多种方式(Web 端、移动端及短信)向管理员告警。此外，采用智能延迟上电策略可保障机房精密仪器的高效可靠运行。

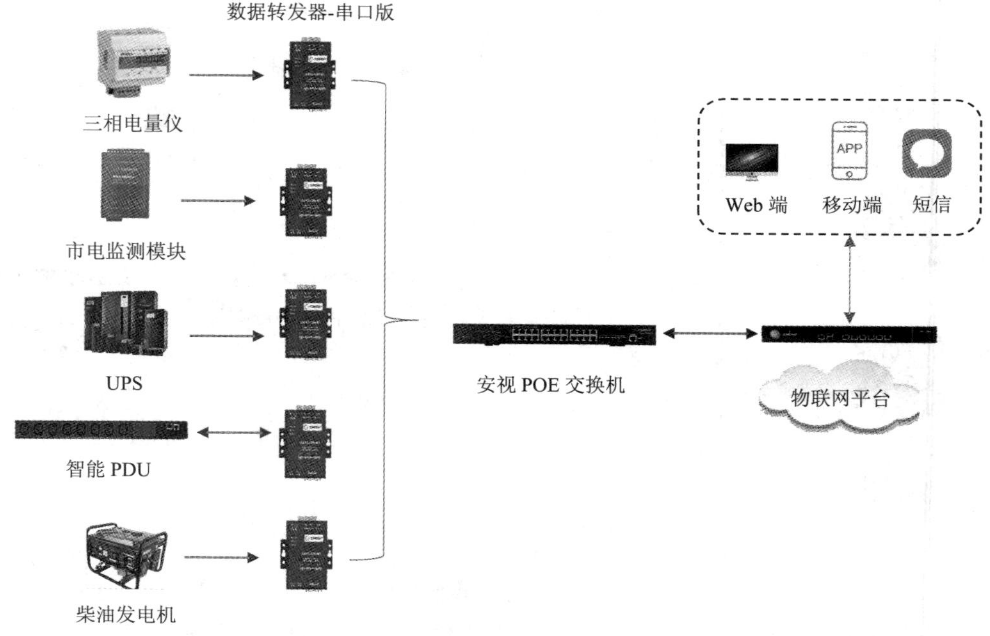


图 9-23　动力监控子系统

1) 市电参数监测

机房配电柜的市电进线总线供电质量的好坏直接影响机房内设备的安全，如图 9-24 所示，采用智能电量监测仪(三相电量仪)对机房市电供电参数实行监测。物联网平台可监测的市电三相电源参数包括相电压、相电流、频率、有功功率、无功功率等。此外，市电监测模块负责监测各条电路通断情况并通过串口数据转发器和交换机向物联网平台上报。

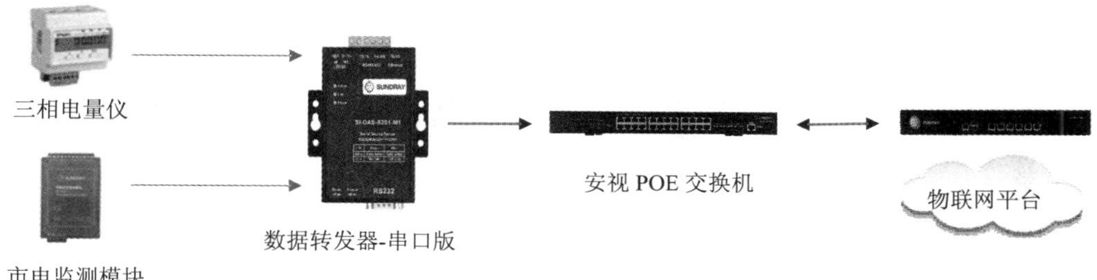


图 9-24　市电参数监测架构

2) UPS 监测

UPS(Uninterruptible Power System，不间断电源)是电力设备系统正常运行的基础，对 UPS 进行实时监控十分必要。物联网平台从 UPS 获取的电力参数主要包括输入电参数、输出电参数和蓄电池参数，如图 9-25 所示。

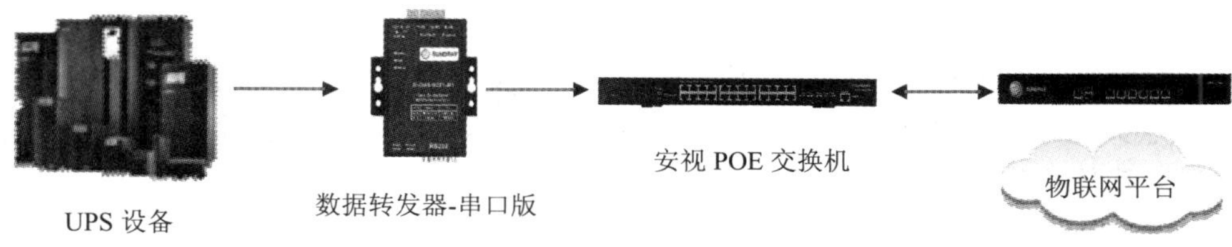


图 9-25　UPS 监测架构

3) 蓄电池监测

蓄电池是供电系统中重要的备用储能单元，在机房中被广泛使用。传统的蓄电池维护工作普遍存在流程复杂、针对性差、隐患不易提前检出等问题。如图 9-26 所示，物联网平台利用蓄电池监测套件从蓄电池实时获取电力参数，主要包括每节电池电压、电池组温度、电流强度等。

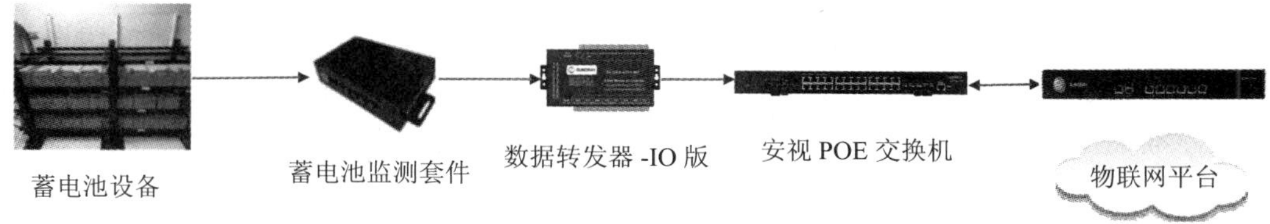


图 9-26　蓄电池监测架构

4) PDU 监控

PDU(Power Distribution Unit，电源分配单元)又称机柜用电源分配插座。在我们所提出的动力监控子系统中，智能 PDU 替代了传统普通 PDU，支持串口的数据转发器从智能 PDU 处获取电力参数，经交换机将数据回传至物联网平台，如图 9-27 所示。智能 PDU 和物联网平台之间的数据传输是双向的。在上行方向上(智能 PDU 至物联网平台)，物联网平台实时监测的电力参数包括输入电压、输入输出电流、位电流、有功功率、每位电能、总电能等。下行方向上(物联网平台至智能 PDU)，物联网平台可以发出的控制参数包括每位输出通断、顺序上电、通断状态维持等。如此，单个用电设备的运行情况可以获得实时监测，断电重启功能则能通过物联网平台远程下发控制指令的方式实现。

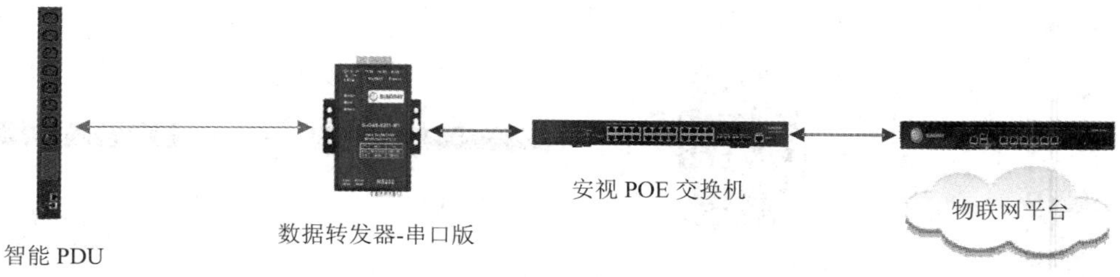


图 9-27　PDU 监控架构

5) 智能延迟上电策略

停电后，来电瞬间存在较高电流，极易造成机房精密设备受损。我们提出的动力监测子系统通过智能插座(插排)延时通电的方式可以有效避免这个问题。来电后，内置随机算法进行自动计算，在预设的固定时长(设定为 30 s)内开启全部电子设备，既能有效避免瞬间负载过大烧毁线路，也能保证各设备可在预设时长内恢复供电，确保用电效率。

6) 安防监控子系统

安防监控子系统通过部署烟雾传感器、门磁/门磁开关、水浸传感器、人体红外传感器以及摄像头，可以实现烟雾监测、门禁系统、漏水监测、红外入侵监测、视频监控联动共五项安防措施，安防监控子系统的组网架构如图 9-28 所示。

7) 烟雾监测

烟雾传感器部署在机房天花板，数据转发器负责采集传感器输出信号并将其经由交换机回传至物联网平台。

8) 远程门禁管理

门禁记录(开关状态及对应时间段)数据同样由数据转发器进行采集后，经由交换机被回传和保存在物联网平台。物联网平台支持门禁记录查询以及开关门指令远程下发。

9) 漏水监测

机房内，空调冷凝水管滴水、低温导致空气凝水都会导致漏水现象，威胁机房设备。我们在可能造成漏水的水源附近(如空调周围)安装定位式漏水监测装置，一旦有水泄漏碰到漏水监测绳，数据转发器实时采集感应绳数据并经由交换机回传至物联网平台。

10) 红外入侵监测

为实现防盗功能，可在机房关键位置部署红外人体感应传感器。在设置的监测时间内，如有人非法入侵，情况被采集并回传至物联网平台。

11) 视频监控

为实现视频监控联动的安防措施，我们主要在机房门口、机柜上方以及漏水监测点等重要位置部署摄像头。如图 9-28 所示，摄像头将图像及视频存储到网络视频摄像机

(Network Video Recorder, NVR)，继而 NVR 可利用用户专网、互联网或 GPRS/CDMA/3G/4G 等广域网回传至物联网平台。视频监控可与其它措施形成联动，例如当异常状况发生时，平台可下发指令联动视频监控设备进一步确定告警实际情况。

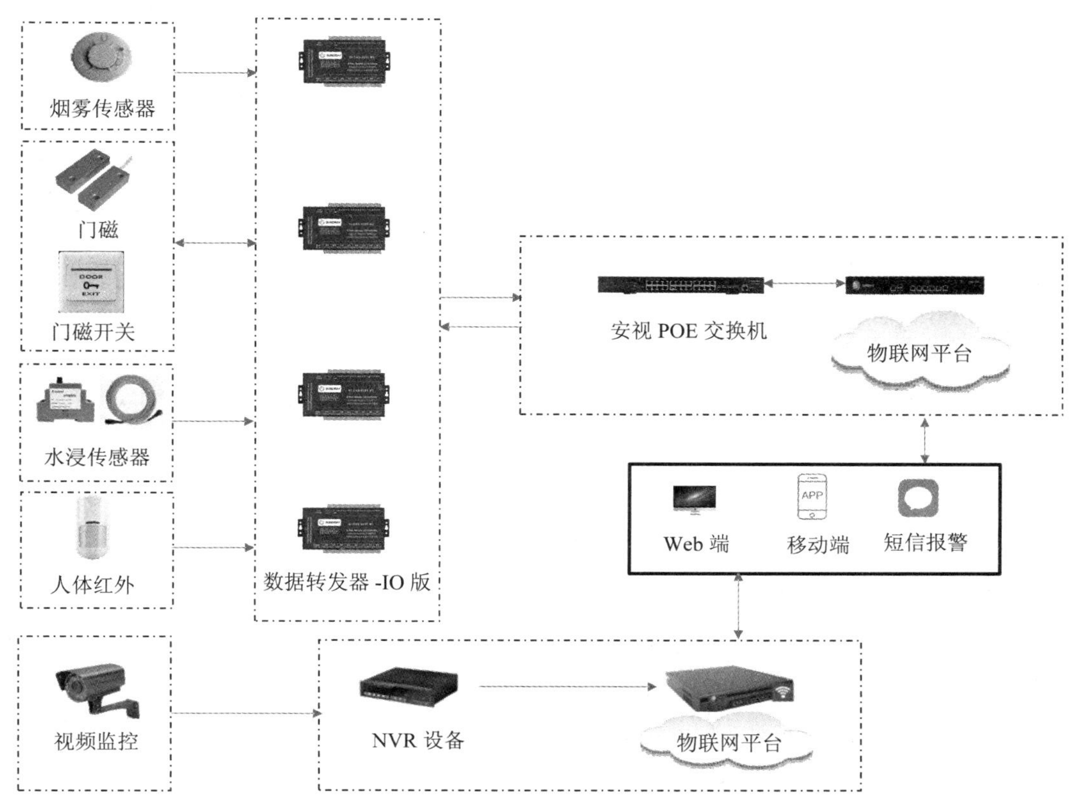


图 9-28　安防监控子系统

图 9-29、图 9-30 和图 9-31 给出了所提出的智慧机房动环系统监控的可视化效果的部分展示。如图 9-29 所示为环境监测的可视化效果，包括给定时间尺度下的温湿度趋势分析以及温湿度分布比例可视化分析。

图 9-29 彩图

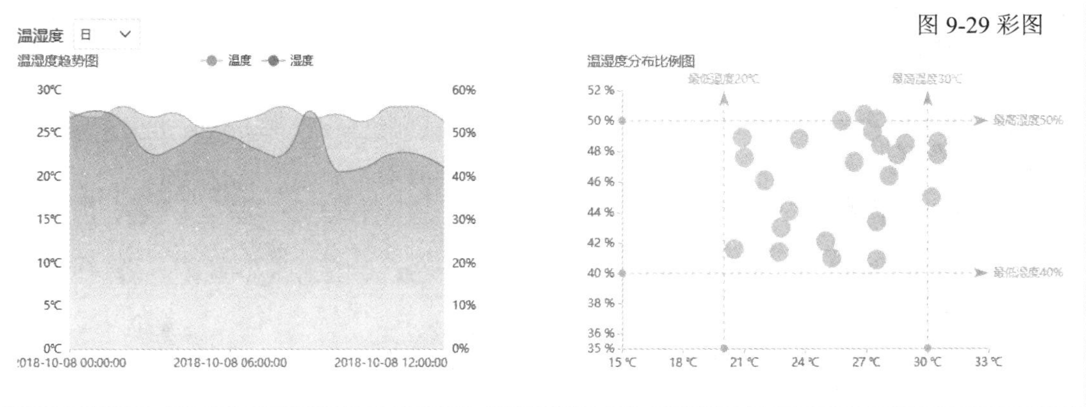


图 9-29　温湿度监测可视化分析

如图 9-30 所示为给定监控区域告警事件可视化效果，包括基于时间(月历)的告警事件展示以及告警事件的逐项列举和内容明细查看。

图 9-30 彩图

告警事件

2021 年 1 月　　严重告警　重要告警　次要告警　一般告警

| 日 | 一 | 二 | 三 | 四 | 五 | 六 | |
|---|---|---|---|---|---|---|---|
| 27 | 28 | 29 | 30 | 31 | 1 | 2 | 第1周 - |
| 3 | 4 | 5 (100) | 6 | 7 (25) | 8 | 9 (25) | 第2周 - |
| 10 | 11 (25) | 12 | 13 | 14 | 15 | 16 | 第3周 ↓83.33% |
| 17 | 18 | 19 | 20 | 21 | 22 | 23 | 第4周 ↓100% |
| 24 | 25 | 26 | 27 | 28 | 29 | 30 (25) | 第5周 - |
| 31 | 1 | 2 | 3 | 4 | 5 | 6 | 第6周 - |

2021-01-30　星期六
30
未消警：　25
已消警：　0
严重告警：25/25
重要告警：0/0
次要告警：0/0
一般告警：0/0

刷新　处理告警　所有等级　所有状态　展开

| 时间 | 告警设备 | 告警内容 | 告警等级 | 确认状态 | 消警状态 | 快照 | 视频 |
|---|---|---|---|---|---|---|---|
| 2021-01-30 20:37:46 | 教学楼A-101... | [插座][插座]... | 一般告警 | 未确认 | 未消警 | - | 查看 |
| 2021-01-30 19:25:46 | 教学楼A-101... | [插座][插座]... | 一般告警 | 未确认 | 未消警 | - | 查看 |
| 2021-01-30 18:13:46 | 教学楼A-104... | [插座][插座]... | 一般告警 | 未确认 | 未消警 | - | 查看 |

20条/页　　当前 1-20，共 20 条，选择所有页中的记录　　1

图 9-30　系统告警事件可视化

如图 9-31 所示为多机房监控场景下的动力监控可视化分析效果的部分展示，包括各机房能耗排行、各机房 UPS 蓄电池供电总时长分布以及各机房告警排行。

图 9-31 彩图

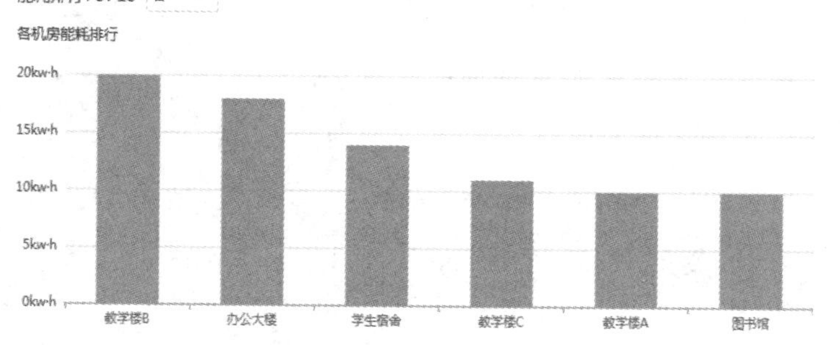


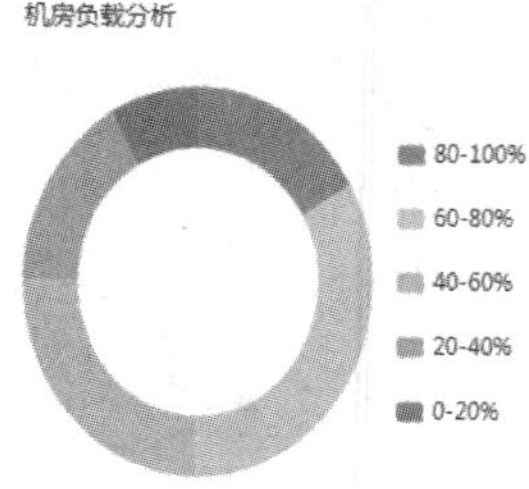

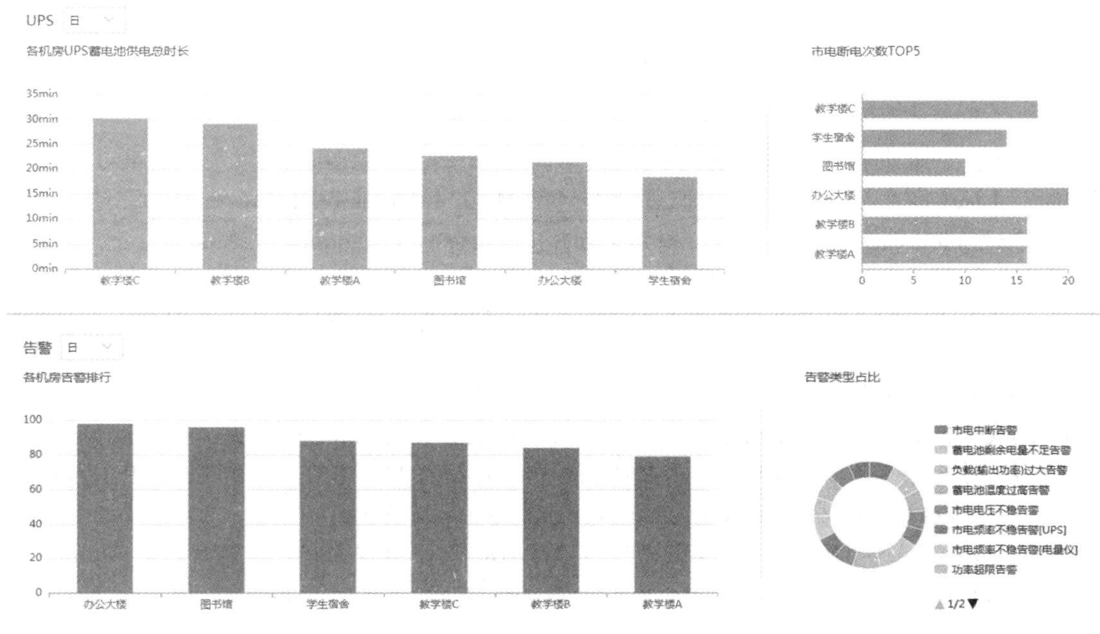


图 9-31　多机房监控场景下的动力监控可视化

# 参考文献


[1] 王军选. 未来移动通信系统机器关键技术[J]. 通信技术，2009，42(09)：142-147.

[2] SALEEM Y, CRESPI N, REHMANI MH, et al. Internet of Things-aided Smart Grid: Technologies, Architectures, Applications, Prototypes, and Future Research Directions[J]. IEEE ACCESS, 2019, Volume 7: 62962-63003.

[3] SUNG J, SANCHEZ LOPEZ T, KIM D. The EPC Sensor Network for RFID and WSN Integration Infrastructure. in: Proc. of 5th IEEE International Conference on Pervasive Computing and Communications Workshops, 2007.

[4] WANG W, SUNG J, KIM D. Complex Event Processing in Epc Sensor Network Middleware for Both RFID and WSN. in: Proc. of the 11th IEEE International Symposium on Object Oriented Real-Time Distributed Computing (ISORC), 2008.

[5] TOMAS SANCHEZ L, DAMITH C. R, MARK H, et al. Adding Sense to the Internet of Things: An Architecture Framework for Smart Object Systems. Pers Ubiquitous Comput, 2012, Volume 16: 291–308 .

[6] LUIGI A, ANTONIO I, GIACOMO M, et al. The Social Internet of Things (SIoT) - When Social Networks Meet the Internet of Things: Concept, Architecture and Network Characterization. Comput, Networks 2012, Volume 56, Issue 16: 3594–3608.

[7] AMENDOLA S, LODATO R , MANZARI S, et al. RFID Technology for IoT-Based Personal Healthcare in Smart Spaces. IEEE Internet of Things Journal, 2014, Volume 1, No.2: 144-152.

[8] COSKUN V, OZDENIZCI B, OK K. The Survey on Near Field Communication. Sensors, 2015, 15: 13348-13405.

[9] BONOMI F, MILITO R, ZHU J, et al. Fog Computing and Its Role in the Internet of Things. Proc. of the First Workshop on Mobile Computing, 2012.

[10] KSHETRIMAYUM R. An Introduction to UWB Communication Systems. IEEE Potentials, 2009, Volume 28, No.2: 9–13.

[11] MCDERMOTT-WELLS P. What is Bluetooth. IEEE Potentials, 2005, Volume 23, No.5: 33–35.

[12] DUNKELS A, GRONVALL B, VOIGT T. Contiki – A Lightweight and Flexible Operating System for Tiny Networked Sensors. Proc. of 29th Annual IEEE Conference on Local Computer Networks, 2004: 455–462.

[13] BUDHWAR P. TinyOS: An Operating System for Wireless Sensor Networks. International Journal of Computer Science and Technology, 2015, Volume 6, Issue 1: 141–145.

[14] CAO Q, ABDELZAHER T, STANKOVIC J, et al. The LiteOS Operating System: Towards Unix-like Abstractions for Wireless Sensor Networks. Proc. of International Conferenceon Information Processing in Sensor Networks, 2008: 233–244.

[15] BACCELLI E, HAHM O, GUNES M, et al. RIOT OS: Towards an OS for the Internet of Things. in Proc. IEEE INFOCOM, 2013: 2453–2454.

[16] KOMNINOS N, PHILIPPOU E, PITSILLIDES A. Survey in Smart Grid and Smart Home Security: Issues, Challenges and Countermeasures. IEEE Communications Surveys & Tutorials, 2014, Volume 16, Issue 4: 1933-1954.

[17] TSAI CW, LAI CF, CHIANG MC, et al. Data Mining for Internet of Things: A Survey. IEEE Communications Surveys & Tutorials, 2014, Volume 16, No. 1: 77–97.

[18] RAZA U, KULKARNI P, SOORIYABANDARA M. Low Power Wide Area Networks: An Overview. IEEE Communications Surveys & Tutorials, 2017, Volume 19, No.2: 855-873.

[19] 曾剑秋. 5G 移动通信技术发展与应用趋势[J]. 电信工程技术与标准化，2017(2)：1-4.

[20] BOULOGEORGOS A A, DIAMANTOULAKIS P D, KARAGIANNIDIS G K. Low Power Wide Area Networks (LPWANs) for Internet of Things (IoT) Applications: Research Challenges and Future Trends. Computer Science, 2016.

[21] POPLI S, JHA R K, JAIN S. A Survey on Energy Efficient Narrowband Internet of Things (NBIoT): Architecture, Application and Challenges. IEEE Access, 2019, Volume 7.

[22] MEKKI K, BAJIC E, CHAXEL F, et al. A comparative study of LPWAN technologies for large-scale IoT deployment. ICT Express, 2019, Volume 5, Issue 1: 1-7.

[23] QUTQUT M H, ALSAKRAN A, ALMASALHA F, et al. Comprehensive Survey of the IoT Opensource OSs. IET Wireless Sensor Systems, 2018, Volume 8, Issue 6: 323-339.

[24] DEVI K R D, SHERIN J, SANTHIYA G A. Internet of Things Based Smart Environment and Its Applications. International Journal of Trend in Scientific Research and Development, 2018, Volume 2, Issue 4: 2705-2713.

[25] DANGARE N W, SONALI G, TEJAS K, et al. Survey on IOT Based Bridge Monitoring System. International Journal of Innovative Research in Computer and Communication Engineering, 2018, Volume 6, Issue 11: 8977-8979.

[26] QUTQUT M H , AL-SAKRAN A , ALMASALHA F ,et al. A Comprehensive Survey of the Internet of Things Open Source Operating Systems[J]. IET Wireless Sensor Systems, 2018, 8(6):323-339.

[27] AGRAWAL G, JADHAV Y, NAIR S, et al. IOT Based Bridge Safety Monitoring System. International Journal for Research in Applied Science & Engineering Technology, 2019, Volume 7, Issue IV: 2326-2331.

[28] 刘瑾，冯瑛敏，黄丽妍，等. 基于物联网技术的智能电网[J]电力与能源进展，2017，05 (02)：46-49.

[29] MOHANTY S, PANDA B N, PATTNAIK B S. Implementation of a Web of Things based Smart Grid to Remotely Monitor and Control Renewable Energy Sources. Proc IEEE Students' Conference on Electrical, Electronics and Computer Science, 2014.

[30] ZHEN Y, LI X, ZHANG Y, et al. Transmission Tower Protection System based on Internet of Things in Smart Grid. Proc. 7th IEEE International Conference on Computer Science & Education, 2012: 863-867.